SVEN SCHRÖTER

ELEMENT

DER GLAUBE DES WASSERS

BAND 2

D1670534

SVEN SCHRÖTER

ELEMENT

DER GLAUBE DES WASSERS

BAND 2

FSC
www.fsc.org
MIX
Papier aus ver-
antwortungsvollen
Quellen
Paper from
responsible sources
FSC® C105338

ELEMENT – Der Glaube des Wassers
Band 2 der Elementreihe

1. Auflage
Deutsche Erstausgabe Juni 2021
© Sven Schröter
Umschlaggestaltung: © Farbenmelodie | Juliana Fabula –
julianafabula.de/grafikdesign
Unter Verwendung folgender Stockdaten:
shutterstock.com/Mariyana M; shutterstock.com/Kamira; shutter-
stock.com/Avesun; shutterstock.com/Paper Street Design; shutter-
stock.com/CK Foto; shutterstock.com/k_yu; shutterstock.com/TungCheung;
shutterstock.com/FootMade0525; shutterstock.com/Denis Doronin; shutter-
stock.com/Adrian Grosu; freepik.com
Satz: Sven Schröter
Lektorat: Charleen Bärbel Mark
Korrektorat: Stephanie Timm, Charleen Bärbel Mark
Illustrationen: Sven Schröter

Impressum:
Sven Schröter, Königswiesen 5, 21147 Hamburg
svesch88@web.de

Herstellung und Verlag: BoD - Books on Demand, Norderstedt
ISBN 978-3-7534-9064-9

Dieses Buch enthält Inhaltswarnungen auf der letzten Seite gegenüber der Deckel-Innenseite.

KARTE VON THESSALIEN

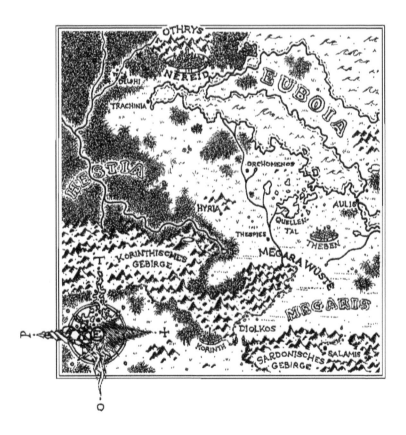

INHALT

Abschnitt VII
Ein Wink der seltsamen Zwischenfälle

Abschnitt VIII
Unzertrennlich

II

Abschnitt IX
Am Rande des Wahnsinns

IV

Früher dachten wir, dass wir die Welt verstehen würden, jetzt sind wir uns sogar ganz sicher sie zu kennen und bald werden wir mit beschämen feststellen, dass nichts so ist, wie wir einst glaubten.

Rückblick

Der 18 Jahre alte Holzelementar Xylon verlor schon früh seine Eltern und zog seitdem seinen jüngeren Bruder Riza in Thessaliens Hauptstadt Nereid allein groß. Um im Ansehen der Stadt aufzusteigen und ihnen beiden damit ein besseres Leben zu ermöglichen, nahm er mit anderen Elementaren seines Ranges an der 7. Theus-Prüfung teil. Das Ziel der Prüfung war es, zu zweit ein mächtiges Tierwesen kampfunfähig zu machen. Xylon wurde per Losverfahren der 17-jährigen Wasserelementarin Myra zugeteilt. Beide mussten sich gegen einen gewaltigen Kyklopen behaupten. Doch die Kommunikation untereinander funktionierte nicht. So kam es, dass sie den Kampf gegen den Kyklopen nicht nur verloren, sondern beinahe von ihm getötet wurden.

Da Xylon sich für Myras Niederlage schuldig fühlte und entschlossen war, dies zu ändern, setzte er sich ein, damit sie die Prüfung noch einmal wiederholen konnte. Sein Lehrer und gleichzeitig einer der Prüfer, Meister Terpsichore, sprach sich infolge einer Vorhersehung dafür aus. Auch Xylon bekam noch eine weitere Chance und sollte wieder mit ihr zusammen antreten.

Nicht alle Menschen waren den Elementaren wohlgesonnen. Auf dem Weg zu Myra wurden Xylon und sein bester Freund Ammos von einem jungen Krieger namens Ajax angegriffen. Er hasste Elementare und forderte daher den Holzelementar zu einem Zweikampf heraus. Xylon besiegte ihn, ohne seine elementarischen Kräfte einsetzen zu müssen, da seine körperliche Stärke und Geschwindigkeit der eines Menschen bei Weitem überlegen war. Nach dem Kampf überbrachte Xylon Myra die Nachricht von der erneuten Prüfung.

In einer Unterrichtsstunde erklärte Xylon seinem Bruder die Linien der Meridiane, die besagten, dass alles, was in der Natur existiert miteinander in Verbindung steht und dass man sie mit Hilfe von Schriftzeichen, Materialien und Farben beeinflussen kann.

Myra entschied sich, entgegen dem Willen ihrer Mutter Öryomai, die Prüfung mit Xylon noch einmal zu wiederholen. Beide begaben sich daraufhin zu Meister Terpsichore und erfuhren, dass der mächtige persische Herrscher König Kyros II. Krieg gegen Nereid führen würde. Aufgrund dieser bedrohlichen Ereignisse bot Terpsichore den beiden an, anstatt einer Prüfung auf eine längere Reise zu gehen. Sie sollten Nereid die nötigen Informationen über den Feind aus dem Süden bringen. Als Anerkennung würden beide nach einem erfolgreichen Abschluss zwei Klassen aufsteigen. Der Auftrag bestand im Detail darin, ungesehen zum südlichsten Punkt des Landes, dem Diolkos zu gelangen, um dort den Zustand der Verteidigungs-anlage zu prüfen. Dafür sollten sie sich durch den gefährlichen Wald Hestia, über die Wüste Megara zum korinthischen Gebirge begeben, um von dort aus den Diolkos zu erreichen, von wo aus Kyros Heer erwartet wurde. Beide stimmten dieser Unternehmung zu.

Noch bevor sie allerdings zu ihrer Reise aufbrechen konnten, stellte sich ihnen Xylons größter Konkurrent Kaysōn entgegen. Sein strenger Vater Zestos ging jedoch dazwischen und wies ihn zurecht. Dieser hat die Absicht seinen Sohn unter ein hartes Training zu stellen. Während der 7. Theus-Prüfung, an der Kaysōn zusammen mit dem Luftelementar Oyranos teilgenommen hatte und die sie als Einzige gewannen, schmolzen sie die elementare Kreatur Typhon ein. Kaysōn fertigte sich aus einem Teil davon einen Anhänger, den er seitdem durchgängig um den Hals trägt.

Als sich Myra und Xylon durch den Hestia Wald auf dem Weg machten, stellten sie schnell fest, dass sie trotz ihrer mächtigen elementarischen Kräfte bis an ihre Grenzen gehen mussten, um in dieser feindlichen Umgebung überleben zu können. Etliche wundersame Pflanzen, bizarre Geschöpfe und andere gefährliche Hindernisse kamen ihnen in die Quere, was ihre Aufgabe schon zu Beginn fast unmöglich erscheinen ließ. Zudem verlor Myra aufgrund eines unbeabsichtigten Mordes für einige Zeit ihre Kräfte und geriet während ihrer Rehabilitation in einen tranceähnlichen Zustand. In dieser Situation kamen sich die beiden näher und Xylon entwickelte tiefere Gefühle für sie, die Myra aber scheinbar nicht erwiderte.

Bei einer Jagd töteten sie das Muttertier einer kleinen Wildkatze, welches Myra daraufhin aus Schuldgefühl mitnahm und anschließend allein aufziehen möchte.

Das Katzenjunge, welches sie Pan nannte, wurde von da an ihr unschätzbarer Begleiter.

Nach einem grausamen Zwischenfall rettete Xylon Myra das Leben und trug ihren bewusstlosen Körper mehrere Tage allein durch den Wald. Als es ihr wieder besser ging, erklärte sie, mehr für ihn zu empfinden, als sie zuerst zugab. Dieses Geständnis brachte beide zusammen. Myra befürchtete jedoch, dass ihrer Mutter diese Entscheidung missfallen könnte, da sie die letzte Wasserelementarin ihrer Familie war und sich ohne einen Partner vom Typ Wasser, ihr Familienerbe nicht weitergetragen würde. Sie möchte aber ihren Gefühlen zu Xylon nicht länger im Weg stehen.

Ihre Mutter traf sich unterdessen mit ihrem totgeglaubten Mann und Vater von Myra, Reō in Nereid. Dieser hatte wichtige Informationen über die Gefahr aus dem Süden, die er dem König der Stadt Salos übermittelte. Während des Gesprächs zwischen Ōryomai und Reō erwähnten sie eine weitere Person, die wahrscheinlich im Zusammenhang mit ihrer Familie Ydōr stand. Um wem es sich dabei aber genau handelte, wurde aus dem Gespräch jedoch nicht ersichtlich.

Auf ihrer Reise passierten Xylon und Myra unerwartet die verlassenen Ruinen von Delphi. Die Handelsstadt wurde einst mitten im Hestia Wald errichtet. Dort versprach Myra, als Pythia für Xylon eine Zukunftsvorhersage zu machen.

Zeitgleich zu ihrem Auftrag forderte Ajax in Nereid weitere Elementare zu Duellen heraus. Diese gewann er sogar, da er auf die Schwachstellen ihrer Elemente zielte. Er gab auch schon klar zu verstehen, dass Riza der nächste auf seiner Liste sein würde, um sich für seine Niederlage gegen Xylon zu rächen.

Während sich die Länder weiter auf den bevorstehenden Krieg vorbereiten, wird vom Feind eine mächtige, jedoch zwielichtige Person namens Fengári angeheuert, die aufgrund eigener Interessen auf den Pakt mit Kyros II. eingeht.

ABSCHNITT V
DAS ORAKEL VON DELPHI

Kapitel 1
Die 13 Pneyma Agra

Ein leises Rauschen durchzog die Stille der Nacht. Der Schatten einer riesigen Gestalt zeichnete sich am sternenklaren Himmel ab und bewegte sich über ihn hinweg. Vom Boden aus gesehen wurde er allmählich größer. Die schwarze Gestalt kam langsam herunter und setzte dann, nach einem kurzen Gleitflug, dicht über dem Erdboden, sanft auf.

Es war ein Nimíel, ein eindrucksvolles, schwarzglänzendes Pferd mit prächtigen Adlerschwingen. Diese Flügel breitete es weit über das Plateau aus und schlug sie mehrmals auf und ab, sodass ein starker Windstoß entstand. Auf ihm saß ein Mann, gehüllt in einem schwarzen Umhang und einem langen, rotleuchtenden Schwert auf dem Rücken. Nachdem das Nimíel ruhig dastand, stieg er vom Rücken des Tieres, das fast zweimal so groß war wie er selbst.

Er strich dem Wesen beruhigend über den Kopf und flüsterte ihm in einer sanften männlichen Stimme zu: „Allaminoúr, mein treuer Gefährte. Von hier aus werde ich allein weitergehen müssen."

Er nahm den Kopf des Pferdes in beide Hände und

küsste ihm sanft auf die Nüstern. Daraufhin breitete das Tier seine gewaltigen Flügel weit aus und stieg mit einem kräftigen Abstoß von der Wiese wieder in die Luft auf. Mit leisen Flügelschlägen verschwand es in die Nacht.

Der Mann sah dem fliegenden Ross nach, bis dieses nicht mehr zu sehen war. Sein Blick blieb jedoch noch für einen kurzen Moment in den Sternen des wolkenfreien Firmaments hängen. In seinen schwarz ummalten Augen spiegelte sich die Faszination der unendlichen Weite des Himmels.

Er löste seinen Blick und strich sich dann den Umhang von seinem Kopf. Darunter kam ein stark tätowiertes, sanftmütiges Gesicht zum Vorschein, auf dessen Haupt sich ein kronenähnliches Gebilde aus Dornen und Knochen befand. Es war Fengári, der nach dem Pakt mit König Kyros II., nach Unterstützung suchte und er wusste, dass er sie hier bekommen würde. Auch wenn sie ihm nicht Untertan waren, hatte er sich in der Vergangenheit schon öfters auf sie verlassen können. Sogar so sehr, dass er für sie extra diese lange Reise jenseits des Indus unternahm.

Aus seinem umgehängten Beutel kramte er eine Karte hervor und sah sich dann in der Dunkelheit um. Bis auf ein paar grauweiße Granitsteine, die auf dem mit Gras überzogenen Plateau verstreut standen, konnte man im Erebos kaum etwas erkennen. Nachdem Fengári sich aber sicher war, hier richtig zu sein, steckte er die Karte wieder ein und schritt langsam den Hügel hinunter.

Große, steinerne Granitköpfe und auch andere Teile von Menschen- und Tierstatuen standen, völlig von der Natur zugewuchert, verstreut an einem langen moosbewachsenen Pfad zu einem verlassenen Heiligtum. Es war ein furchterregender Ort. In der kalten Luft lagen eine erdrückende Stille und ein schwacher wolkenartiger Dunst, den selbst einen unbeugsamen, starken Mann hätten erschaudern lassen. Fengári jedoch, davon vollkommen unberührt, ging einfach weiter und schaute weder nach links noch nach rechts, wo sich alle paar Fuß ein Podest befand, auf dem die vielen zerstörten Statuen einst gestanden hatten. Sein langer Umhang glitt dabei lautlos über den Erdboden.

Durch einen Eingang, der sich in einem Steinzaun befand, erreichte er ein kleines Waldstück. Auch hier lagen überall von der Vegetation zugewachsene Bruchstücke von Statuen am Boden. Kurz vor einer großen, beschädigten Statue eines sitzenden Mannes mit glänzendem Haupt blieb Fengári stehen und wartete. Ein verfallenes Holzbauwerk und eine steinerne Säule standen dahinter.

„Wer wagt es, unerlaubt das verbotene Heiligtum von Lumbini zu betreten?", sprach eine dunkle Stimme zu ihm, irgendwo aus dem Wald heraus.

Fengári, der die ganze Zeit nur geradeaus auf die Statue schaute, schwieg eine Weile, bevor er antwortete, was von mehreren flüsternden Stimmen wiederholt wurde.

„Ein Mann ohne Seele wagt es."

Die Stimme schwieg kurz, bevor sie erneut sprach, jedoch kam sie dieses Mal ganz aus der Nähe.

„Ein Mann ohne Seele? Dann seid Ihr verflu –"

Die Worte wurden unterbrochen. Denn Fengári hatte blitzschnell sein riesiges Schwert vom Rücken gezogen und stach es neben sich in die Luft.

„Nicht mehr, als Ihr es auch seid!", sagte er finster und starrte mit seinen rotfunkelnden Augen auf die leere Stelle über dem Schwert.

Aus dem Nichts tauchte plötzlich ein Kopf auf, der direkt über der Klinge hing. Die zwei Augen, die sich unabhängig voneinander bewegen konnten, blickten Fengári nervös an.

„Fengári?!", sprach der in der Luft schwebende Kopf überrascht. „Was verschafft uns die Ehre Eures Besuches?"

Der restliche Körper tauchte langsam auf. Es war eine kleine Person, die in geduckter Haltung dastand.

Neben seiner Möglichkeit, sich optimal in seiner Umgebung zu tarnen und seinen Augen, die beide gleichzeitig in verschiedene Richtungen sehen konnten, hatte er eine reptilienartige Haut, Greiffüße und einen breiten, muskulösen Schwanz. Jedoch fehlten ihm Nase und Ohren, an deren Stelle sich nur kleine Löcher befanden.

„Ein neuer Auftrag, Chamailéontas. Ich brauche wieder einmal Eure Hilfe und glaube mir, dieses Mal wird es ein weitaus verheerenderer Schlag für die Menschen sein, als jemals zuvor", erklärte Fengári ruhig, nahm sein Schwert wieder herunter und schwang es in einer schnellen, aber eleganten Bewegung zurück in die Scheide auf seinem Rücken.

„Was interessieren Euch denn die Menschen? Ihr wollt doch nur wieder, dass wir für Euch elementare Seelen sammeln, die Ihr dann in Euch aufnehmen könnt."

Chamailéontas` eines Auge sah noch immer zu Fengári. Das andere jedoch drehte sich in die Richtung, aus der die tiefe, allesdurchdringende Stimme herkam.

„Rinókeros?!", fragte Fengári und seine vielen nach-kommenden Flüsterstimmen ernst.

Der Boden erbebte bei jedem Schritt, den der monst-röse Schatten machte, während er aus dem Dickicht kam. Stabile Äste und Sträucher brach er beim Hin-durchgehen einfach zur Seite. Rinókeros war ein riesi-ger muskelbepackter Kerl, bestückt mit dicken Horn-platten am ganzen Körper und einer nach oben ge-krümmten Nase. Auf seinem Kopf trug er einen Helm mit zwei langen Eisenklingen, wobei eine der beiden sein Nasenhorn schmückte und an seiner spärlichen Kleidung hingen überall blutrote Zotteln, die in der Dunkelheit schwachglitzernd hervorschimmerten.

„Ja, der bin ich! Wie er leibt und lebt", dröhnte er und zerdrückte mit Leichtigkeit einen Marmorstein mit sei-ner bloßen Hand.

„Natürlich interessieren mich die Menschen nicht! Aber bei Eurem neuen Auftrag, den ich für Euch habe, geht es um Nereid, die Hauptstadt von Thessalien, in der mehr als 500.000 Menschen leben. Wenn wir alle Elementare in Nereid getötet haben, werden die Men-schen völlig wehrlos sein und Ihr könnt dann mit ihnen machen, was auch immer Ihr wollt und Euch auf jede erdenkliche Art und Weise an ihnen vergelten. Rächen dafür, dass sie Euch aus ihrem Land verstoßen haben, Euch als Peripsēma bezeichneten und dass alles bloß, weil Ihr anders seid als sie", erklärte Fengári, wobei er zu ihm hochsehen musste, da er so enorm groß war.

Rinókeros gab ein kräftiges Schnaufen von sich. Bei dem Gesagten kamen schlechte Erinnerungen in ihm hoch.

„Nereid? Ihr werdet es doch nicht allein angreifen.

Wer ist die Armee, die hinter Euch steht?", kam es von einer weiteren Stimme, die aus dem Dunkeln neben einem Statuenarm, der aufrecht im Boden steckte, sprach. Es war eine junge Frau, mit zu schlitzen geformten Augen, Schnurrhaaren und langen spitzen Ohren. Ihre Beine waren eigenartig nach hinten gebogen und an einigen Stellen am Körper hatte sie lange, farbige Haare. Weil sie ohne Oberteil dastand, konnte man zudem sehen, dass sie keine Brustwarzen auf ihren Brüsten hatte. Fengári wusste aber, dass sie zehn Brustwarzen am Bauch besaß, die sie immer mit einem speziellen Geschirr verdeckte. Es war ihr anscheinend unangenehm diese zu zeigen.

Bevor Fengári auf ihre Frage antworten konnte, kam noch eine weitere Gestalt aus der Luft zu ihnen, die sich vorsichtig auf einen der Finger des Arms der Statue setzte.

„Und was haben wir von der neuen Situation, wenn dieser Auftrag beendet ist? Bei Euren letzten Aufträgen konnten wir uns nur bedingt an den Menschen rächen."

Während sie das sagte, schwankte ihr Kopf merkwürdig hin und her. Man konnte nicht sehr viel von ihr erkennen, da sie eine ausdruckslose weiße Maske trug und in eine große, weiße Kutte gehüllt war, auf der sich längliche, schwarze Sterne befanden.

Fengári sah in die Richtung der beiden, ging ein paar Schritte auf sie zu und verbeugte sich ehrenvoll vor den Damen. Er wusste genau, wie er mit jeder einzelnen von ihnen umzugehen hatte. Denn die Kunst des Redens bestand darin, zu wissen, was man nicht sagen durfte.

„Seid gegrüßt, Pardalis und Strínkla! Bedingt gerächt? Ich habe allein im letzten Auftrag für Euch die gesamte

Stadt Al-Batrā dem Erdboden gleich gemacht. Mir war von Anfang an klar, dass ihr Herrscher Natnu den Pakt brechen wird. Ihr solltet Euch die Stadt heute Mal ansehen, sie würde Euch gefallen. Das was Ihr dieses Mal davon habt, ist allerdings größer, als alles jemals zuvor. Wenn es genauso verläuft, wie ich es mir vorstelle, braucht Ihr euch bald nie wieder an solch verbotenen Orten zu verstecken. Die Armee oder besser gesagt die Person, mit der ich den Pakt geschlossen habe, ist es vollkommen egal, was für Wesen in seinem Land herumlaufen. Allein seine Armee besteht schon jetzt aus Sumpf- und Bergmenschen, Cusco, Zoltaraner und Amazonen. Ihr werdet Euch nicht nur erneut rächen, sondern seid auch ein für alle Mal frei. Das bedeutet, wenn Kyros die Schlacht gewinnt, könnte das hier der letzte Auftrag Eures Lebens sein."

Pardalis und Strínkla sahen sich skeptisch an. Chamailéontas schaute nachdenklich zu Boden und sprach leise zu sich selbst immer wieder die Worte „endlich frei" und „letzter Auftrag".

Fengári blickte sich im dunklen Wald um, um auch die anderen, die die ganze Zeit mithörten, sich aber noch versteckt hielten, anzusprechen.

Plötzlich tauchten überall um ihn herum schwarze Schatten auf, die sich teils auf die Statuenteile setzten, auf den Ästen der Bäume hockten oder einfach nur so dastanden. Die Umrisse der Schatten ließen auch bei ihnen deutlich erkennen, dass sie keine gewöhnlichen Menschen waren. Bei einigen sah man Stacheln und Hörner aus den Gliedern ragen, manche machten seltsame Bewegungen und viele besaßen Fell, ledrige Haut oder hatten unnatürlich viele Gliedmaßen. Insgesamt waren es 13.

Einer der Schatten kam geduckt unter einer Liane aus dem Dunkeln hervor. Es war ein älterer Mann mit einem zerzausten, weißen Fell, der beim Sprechen seine langen, spitzen Eckzähne entblößte.

„Verlockende Worte. Doch ich sehe ein schwarzes Mal an Eurer Hand. Welch Ziel lässt Euch, großer Fengári, mit einem Menschen ein weiteres Mal solch ein riskantes Abkommen abschließen? Seelen oder Elementarstein? Nein! Es muss viel mehr dahinterstecken", sagte der Alte und leckte sich seine Vorderpfote.

„Ich sehe Lykos, Euch kann ich wie immer nichts vormachen", entgegnete Fengári ein wenig beeindruckt. „Ihr seid ein wirklich kluger Kopf. Es geht mir natürlich um mehr als nur Stärke. Ich will den Elementaren in ganz Gaía ein für alle Mal ein Ende bereiten. Und nur auf dem Berg Othrys, dessen Pfad hinauf von Nereid geschützt wird, kann ich dies auch bewerkstelligen."

Lykos' Gesicht sah unter dem vielen Fell ein wenig traurig aus. Fengári wusste, dass er der Einzige der Anwesenden war, der wusste, was dieses Vorhaben für Konsequenzen haben würde. Die Gruppe verließ sich oft auf seine Meinung, weil er an Weisheit und Intelligenz alle bei weitem übertraf.

Fengári wand sich wieder an die anderen.

„Und was sagt ihr? Werdet Ihr mich begleiten, auf den letzten Auftrag eures Lebens, auf die endgültige Rache und auf Eure Freiheit, hinzugehen und tun und lassen zu können, was und wo immer Ihr wollt? Was sagt Ihr, meine 13 Pneyma Agra?"

Chamailéontas schaute in die vielen Gesichter seiner Kameraden. Er war der Anführer, sein Urteil war

Gesetz, doch würde er keines fällen, was die gesamte Gruppe nicht tolerierte. Nach langen, schweigenden Blicken wandte er sich wieder an Fengári und schlug ein.

„So soll es geschehen!"

Kapitel 2
Morgendlicher Lärm

Am ersten Tag in Delphi wurde Myra früh von einem nervigen Krach geweckt. Sie drehte sich noch einmal um und versuchte weiterzuschlafen, doch das laute Rumsen machte es ihr unmöglich. Bei jedem Knall zuckte sie leicht zusammen und verzog angestrengt das Gesicht. Endgültig aufgebend öffnete sie schließlich ihre Augen, richtete sich auf und sah sich verschlafen im Lager um. Dabei strich sie mit ihrer Hand durch ihre zerwühlten blauen Haare und gähnte.

Sie lag mit der kleinen Pan, die nun aufgrund ihrer langen Tageswanderungen immer öfter in der Nacht mit ihnen zusammen schlief, auf dem unbequemen Kieselsteinboden ganz in der Nähe des Flusses. Dieser gab ein gleichmäßiges Rauschen von sich, welches gelegentlich durch ein leises Plätschern unterbrochen wurde. Da schon seit zwei, drei Stunden kein neues Holz mehr in das Lagerfeuer nachgeworfen wurde, glomm in ihm nur noch die erkaltete Glut. Alles befand sich noch genau an dem Platz, wo sie es, beim Abgeben ihrer Nachtwache an Xylon, hinterlassen hatte. Doch zwei Sachen fehlten und zwar Xylon und sein Wasserfass.

Myra schaute zur verlassenen Stadt Delphi, von wo der Lärm kam, der immer wieder aus den Ruinen erschallte. Die ersten Strahlen, der noch tiefhängenden Sonne leuchteten schwach über die Steinbauten hinweg und blendeten sie.

Sie stand schließlich auf und ging zuallererst gemütlich zum Fluss hinunter. Dort wusch sie sich den Schlaf aus den Augen und verrichtete ihr Morgengeschäft. Dann begab sie sich zurück ins Lager, um sicherzugehen, alles unbedenklich zurücklassen zu können, wenn sie sich von hier entfernte. Den für wilde Tiere interessanten Proviant besaßen sie nicht mehr und Pan war ja auch noch da, um auf die anderen Sachen aufzupassen. Guten Gewissens ging sie also zu den Ruinen hinauf, in die Richtung des Lärms.

Myra versuchte über die Hauptstraße zum Stadtzentrum zu gelangen, in der Hoffnung, dass dort weniger Geröll oder Gestrüpp die Zugänge versperrten. Doch auch hier lagen umgestürzte Gebäude auf den Straßen, die Bäume durchbrachen die Mauern und Pflastersteine und Kletter- sowie Rankenpflanzen durchzogen die breiten Pfade. Also musste sie sich auf ihrem Weg durch Geäst kämpfen und über Steine und Wurzeln klettern. Und wo es einmal gar nicht mehr weiterging, wechselte sie einfach, durch das Loch eines der Gebäude kletternd, auf die benachbarte Parallelstraße.

Während sich Myra alles mit großer Bewunderung ansah, tragträumte sie ein wenig vor sich hin. *Delphi muss einst eine große und prachtvolle Stadt gewesen sein. Vielleicht nicht so gewaltig wie Nereid es heute ist, aber dennoch äußerst eindrucksvoll. Wie es hier wohl ausgesehen hatte, als es noch mit seinen unzähligen Bewohnern bevölkert war?* Plötzlich wurde sie ein wenig betrübt. *Doch alles was die Menschen jemals errichten werden, egal wie bewundernswert es auch immer sein mag, holen sich die vier Schöpfer über die Natur mit der Zeit wieder zurück, so, als ob es nie existiert hätte. Da stellt man sich doch die Frage: Wozu sind wir überhaupt auf dieser Welt?*

Myra kam an dachlosen Tempeln vorbei, die von niemanden mehr angebetet wurden, offenen Stallungen, die keine Reittiere mehr versorgten und verlassene Häuser, die seit Ewigkeiten nicht mehr bewohnt wurden. Je weiter sie in Delphi eindrang, desto steiler wurden die Wege. Die ganze Stadt wurde einst am Abhang des Flusses erbaut und war nun halb vom Wald überwuchert, sodass alles in einem herrlichen Grün erstrahlte und seinen ganz eigenen Charme versprühte.

Auf einem großen Platz, welcher nach der ehemaligen Agora der Stadt aussah, fand sie schließlich Xylon, der akrobatische Bewegungen machte und mit etwas, was nach einer selbstproduzierten Ranke aussah, schnell um seinen Körper jonglierte. Sie stoppte ihre Schritte und fing an ihn, ohne ein Wort zu sagen, dabei zu beobachten.

Auf der Agora standen ein paar verfallene Häuser und vermoderte Stände der ehemaligen Händler, unterschiedliche kleine und große Baumarten und in der Mitte ein runder, mit Pflanzen überwucherter Brunnen. Myra spürte, dass dieser kein Wasser mehr enthielt, sondern nur noch mit ausgetrockneter Erde gefüllt war. Die mit Kletterpflanzen übersäten Gebäude sahen an einigen Stellen ungewöhnlich stark zerstört aus, als wären sie nicht durch den natürlichen Verfall so entstanden.

„Hey Xylon! Was treibst du denn so früh am Morgen hier?", brüllte Myra absichtlich lautstark, um seine volle Aufmerksamkeit zu bekommen.

Er hatte ihr Kommen jedoch schon längst bemerkt und ließ sich daher von ihrem barschen Auftritt nicht irritieren, sondern redete mit ihr, während er die Ranke weiter um den Körper schwang. Durch seine kräftigen, aber dennoch filigranen Bewegungen, zusammen mit den ersten Sonnenstrahlen und dem aufgewirbelten Staub, sah es aus Myras Perspektive äußerst imposant aus, was er da tat.

Xylon, der seine neu angefertigte Hose und Weste trug, rannte ein kurzes Stück eine Mauer entlang und machte an einem Eckpfeiler einen Salto in der Luft, achtete dabei aber stets darauf, die Spitze seiner umherschwirrenden Ranke nicht abzubekommen. Nur Fingerbreit flog das Ende der Ranke ständig mit einem surrenden Geräusch an seinem Kopf vorbei.

„Was ich hier mache? Trainieren natürlich! Jetzt, wo wir nicht mehr ständig aufpassen müssen, von irgendetwas angegriffen zu werden, kann ich mich wieder ernsthaft meinem Training zuwenden. Vorsicht, ducken!", rief Xylon amüsiert, schwang die Ranke in einer fließenden Bewegung um seinen eingeknickten Arm, drehte sich schnell zu Myra um und schleuderte sie ihr mit ungeheurer Geschwindigkeit entgegen.

„So schnell?! Was ist das?", fragte sie verwundert und versuchte sich rasch zu ducken, um sie nicht abzubekommen.

Doch Xylon zog geschwind die Ranke mit der linken festhaltenden Hand wieder nach hinten und trat mit dem rechten Fuß darauf. Die im Flug rabiat aufgehaltene Spitze der Ranke flog, bevor sie Myra erreichen konnte, blitzschnell wieder zurück und er fing sie gezielt mit einer Hand auf.

„Das ist eine ideale Technik, das Geschick, die Reflexe und den Geist gleichzeitig zu trainieren und schließlich alle drei perfekt in Einklang zu bringen."

Xylon zeigte Myra das Ende der Ranke, welches er nun mit seiner rechten Hand hochhielt. An ihr befand sich zu ihrem Überraschen ein dicker schwerer Rankenknoten.

„Pass auf, ich zeige dir was!"

Er schwang wieder den Knoten gekonnt um seinen Körper. Immer wieder um die Arme und Beine, auch mal um den Hals, aber ohne selbst dabei getroffen zu werden oder sich einzuwickeln.

Einmal prallte das verknotete Ende ungünstig auf dem Erdboden ab. Xylon machte, um ihn nicht abzubekommen, einen seitlichen Sprung um seine eigene Achse, gefolgt von einer flinken Rolle in der Luft, wobei das Rankenende wieder einmal nur knapp seinen Kopf verfehlte. Myra sah ihm dabei fasziniert zu.

Es überraschte sie immer wieder, wenn Xylon eine für Erdtypen ungewöhnlich feine Technik, wie diese hier, vollführte. Doch wenn er auch nur einmal nicht richtig aufpassen sollte, bekam er den schweren Rankenknoten ab und das würde für ihn nicht nur gebrochene Knochen, sondern im ungünstigsten Fall sogar den Tod bedeuten.

Xylon schwang nun die Ranke elegant um das erste und dann um das zweite Bein, hielt aber mit der Linken immer jeweils die Enden fest, sodass sie sich nicht vollständig um seine Beine wickeln konnten. Nach einem weiteren Schwung der Ranke und einer zur selben Zeit ausgeführten Drehung seinerseits, ließ er die Enden wieder los und schleuderte sie mit der dadurch entstandenen hohen Drehgeschwindigkeit auf eins der steinernen Gebäude zu.

Mit einem lauten Krachen und viel aufgewirbeltem neuen Staub zerbarst die Felswand des Hauses und der Knoten flog wieder zu ihm zurück. Xylon nutze zudem die Geschwindigkeit des Rückfluges und schwang sich das knorrige Ende dreimal um seinen Körper, hielt aber wieder die Enden nach jeder Umdrehung fest, damit er sich darin nicht versehentlich selbst einwickelte. Aus der neuen Bruchstelle der Ruine hüpften kleine, zweibeinige Echsen mit unnatürlich langen Schwänzen aufgebracht heraus, sprangen zuerst mit einem lauten Quicken wild umher und versteckten sich dann wieder in den umliegenden Mauerruinen.

„Wow, ich bin schwer beeindruckt! Einen schönen Lärm, den du hier veranstaltest, aber so ein Mauervorsprung kann sich weder wehren noch ausweichen. Wie wäre es, wenn wir mal zusammen trainieren würden?", fragte Myra selbstbewusst und verschränkte ihre Arme.

Xylon schaute sie argwöhnisch an.

„Liebend gerne, aber das würde nicht funktionieren. Schon vergessen, was bei unserem letzten Streit im Wald passiert ist? Unsere Elemente haben die des anderen einfach selbstständig in sich aufgenommen oder aufgelöst, ohne die Techniken zu vollenden. Bevor die Ranke dich also erreichen würde, wäre sie vertrocknet und diese Technik hier um Beispiel schon nach einem Angriff zerstört", erwiderte Xylon ungläubig und betrachtete den zur Ruhe gekommenen und schon leicht zerschlissenen Rankenknoten.

Auf Myras Gesicht breitete sich ein finsteres Lächeln aus.

„Ach ja, und hast du schon vergessen, dass wir, nachdem unsere Elemente einander vertrauen, unsere Fähigkeit gegeneinander verwenden können, auch wenn wir den anderen dabei verletzen würden?"

Xylons Augen weiteten sich.

Sie hatte recht, musste er zugeben. Die Situation mit dem Messer, wo Myra ihn schneiden konnte. Sie könnte ihn jetzt rein theoretisch einfach so wie eine Rosine vertrocknen lassen, wenn sie wollte.

Bei dem Gedanken lief ihm ein kalter Schauer über den Rücken. Noch so einen Streit, wie damals mit ihr, würde er wahrscheinlich nicht überleben. Aber das würde bedeuten, dass sie ihm auch seine Techniken nicht mehr so leicht kaputt machen konnte und das wäre endlich seine Chance, ihr einmal sein volles Potenzial zu zeigen.

„Ist gut, ich bin dabei!", rief Xylon entschlossen, ließ die Ranke wieder kreisen und warf das verknotete Ende mit einem kurzen, aber kraftvollen Schwung hinter sich in einen alten vermoderten Holzstand, der bei dieser immensen Wucht einfach in sich zusammenfiel.

Kapitel 3
Das gemeinsame Training

Xylon schnappte sich sein Wasserfass, welches er zum Training abgelegt, aber wegen möglicher Gefahren, mitgenommen hatte und ging mit Myra zusammen durch die Stadtruinen wieder hinunter zum Fluss. Nachdem sie ihr Nachtlager erreicht hatten, holte sich Myra ihren Bogen und versuchte ihn mit Hilfe der Bänder auf den Rücken zu schnallen. Mit einem kräftigen Ruck an den Schnüren band sie ihn eng an ihren Körper und begab sich dann in den Fluss. Erst als sie bis zur Hüfte tief im Wasser stand, machte sie halt. Xylon wollte ihr folgen, doch sie hielt ihm ihre Handfläche entgegen, um ihm damit zu signalisieren, dass er noch kurz am Ufer warten soll.

„So, jetzt kannst du das allererste Mal sehen, was ich alles tun kann, wenn mir so große Mengen Wasser zur Verfügung stehen, wie hier. Also bist du breit?", fragte sie hochmütig, drehte sich zu ihm um und deutete ihm an, sie jetzt anzugreifen.

Doch Xylon stand nur völlig betreten am Rand des Flusses, welcher friedlich vor sich hinplätscherte und versuchte seine momentane Lage von allen Seiten genauestens zu analysieren. Wer weiß, was sie mit dem vielen Wasser alles anstellen konnte? Ihm blieb nichts anderes übrig, als irgendwo eine Lück zu finden. Nur wo?

„Gut, wenn du nicht anfangen möchtest, dann tue ich es eben!", sagte Myra nach einer Weile gelassen und fasste auf die Wasseroberfläche, wobei Xylon angespannt auf ihre Hand starrte. Zu seiner Verwunderung fischte Myra jedoch nur ein paar Blätter aus dem Wasser und hielt sie sich vors Gesicht.

„Ich verhärte das Wasser in den Blättern, damit sie stabil und spitz wie Dolchklingen werden und wenn ich mich weiterhin stark darauf konzentriere, kann ich die Festigkeit vielleicht auch noch nach dem Loslassen beibehalten", sagte sie leise zu sich selbst und warf die gehärteten Blätter mit weit ausgeholtem Arm Xylon entgegen.

Mit einem Mal beschleunigte sich Xylons Puls auf ein Maximum. Für den Bruchteil einer Sekunde blieb die Welt um ihn herum stehen. Plötzlich sah er es - eine Lücke!

Eilig hob er seinen Arm vor sich, um welchen sich einzelne Wurzelstränge schlangen, die sich zu einem großen hölzernen Schild verbanden. Auf diesem schlugen die Blätter so heftig ein, dass sie sogar noch in ihrem instabilen Zustand darin steckenblieben. Xylon drehte sich danach schnell um seine eigene Achse und warf den Schild aus dieser Drehung heraus wie einen Diskus, auf Myra zu. Anschließend sprintete er dem Holzschild hinterher, um sich dahinter vor Myras Blick versteckt zu halten.

Ohne, dass Myra sich von der Stelle bewegen musste,

hob sie lässig eine Hand in die Höhe und ließ damit eine Wassersäule zwischen sich und dem Schild entstehen. Mit zwei flinken Fingerbewegungen spaltete sie die Säule sauber in der Mitte zu zwei schmalen Wasserschläuchen und zerschlug mit einem anschließenden Schnipsen das Holzschild mit Leichtigkeit zwischen diesen beiden. Doch zu ihrem Erstaunen, war Xylon nicht mehr dahinter, sondern einige kleine Holzdolche, die direkt auf sie zukamen. Im letzten Augenblick zog sie ihr Kinn reflexartig nach oben, um vor sich eine Wasserwand entstehen lassen, an der die Dolche dann abprallten.

Holzdolche? Wo zum Hades steckt er? Myra blickte sich überrascht um. Über ihr? Hinter ihr? Neben ihr? Unter ihr! Er musste zusammen mit ihrer Wassersäule in den Fluss gesprungen sein.

Sie schaute unter sich. Da man aber nichts in dem unruhigen Wasser sehen konnte, versuchte sie Xylon mit Hilfe ihrer Fähigkeit zu erspüren. Doch dies stellte sich als schwieriger heraus, als zuerst gedacht, denn er hatte in Windeseile überall große Holzstämme um sie herum im Ausläufer verteilt.

„Tss ... nette Idee!", rief Myra ihm zu. „Aber du vergisst, dass du der Einzige im Fluss bist, der sich im Strom auf der Stelle hält und nicht weggetrieben wird."

Mit einem weiteren lockeren Wink mit der Hand ließ sie eine Wassersäule aus dem Fluss aufsteigen und war sich schon sicher, dass der Kampf nun vorbei war, doch mit einem Mal wurde sie ganz blass im Gesicht. Denn anstelle von Xylon, hatte sie nur ein großes Stück Holz aus dem Wasser geangelt, welches sie in ihrer transparenten Wassersäule wunderbar erkennen konnte.

Unmöglich!, dachte Myra fassungslos. *Wie hat er das gemacht?*

Doch dann fiel ihr Blick auf eine Ranke, die an dem Stamm befestigt war. An der anderen Seite der Ranke war ein schwerer Stein gebunden, sodass er sich im fließenden Wasser nicht weiterbewegen konnte. Er hatte sie reingelegt. Verärgert warf sie das Holzstück zurück ins Wasser.

Zur gleichen Zeit sprang Xylon hinter ihr so leise er konnte aus dem Gewässer und versuchte einen Angriff aus der Luft auf sie zu starten. Er erzeugte einen hölzernen Stamm um seinen rechten Arm und holte zum Gegenschlag aus. Dabei machte er in der Luft sogar noch zusätzlich eine Drehung, um die Geschwindigkeit seines ausgeholten Schlages zu erhöhen.

Myra spürte deutlich Xylons Absichten und, dass er ganz in ihrer Nähe war, aber sie wusste noch immer nicht, wo er sich gerade befand. In ihrer Verzweiflung hob sie daher panisch beide Arme in die Luft und drückte alles Wasser in ihrem Umfeld mit aller Kraft nach unten, sodass um sie herum eine runde Vertiefung im Gewässer entstand. Auch das Wasser an Xylons Kleidung wurde davon nach unten gezogen, was ihn daraufhin unfreiwillig mit einem lauten Platschen wieder zurück in den Fluss fallen ließ. Myra drehte sich sofort nach dem Geräusch um und entdeckte Xylons Schatten im Wasser.

„Ha! Jetzt habe ich dich!", rief sie freudig und wollte ihn mit einer Wasserblase aus dem Ausläufer holen.

Oh nein! Sie weiß jetzt, wo ich bin, dachte Xylon panisch, tauchte rasch auf und versuchte halb schwimmend, halb springend aus Myras angefangener Wasserblase zu entkommen. Doch so schnell gab er noch nicht auf! Nachdem Xylon sich daraus befreit hatte, lief er das letzte Stück zum Ufer. Doch als ihn nur noch wenige Fuß vom sicheren Land trennten, knallte es.

BUMM!

Vor Xylons Augen drehte sich die Welt in dreifacher Ausführung. Ein riesiger aus Wasser bestehender Hammer traf ihn schmerzvoll auf den Hinterkopf und er fiel leicht benommen mit dem Gesicht voran ins kühle Nass. Myra löste sofort ihre Technik auf und eilte, so schnell sie konnte, zu ihm hin, bevor er noch in dem Gewässer ertrank. Sie holte Xylon, an seiner Weste ziehend, aus dem Fluss, drehte ihn anschließend auf den Rücken und hockte sich vor ihm hin.

„Xylon, alles in Ordnung mit dir? Das war vielleicht doch ein wenig zu hart. Entschuldige!", sagte sie sichtlich besorgt und lehnte sich dicht über ihn. Myra nahm sein Gesicht in beide Hände und küsste ihn zärtlich auf die Stirn.

Wieder langsam zu sich kommend, lehnte er sich sofort zur Seite und hustete einen Schwall Wasser aus. Danach sinnierte Xylon ganz benebelt vor sich hin: „Das ist wirklich unfair. Eine Ydōr in ihrem Element zu schlagen ist doch unmöglich."

Myra musste über seine Aussage leicht schmunzeln.

„Dummerle, du solltest mich doch gar nicht besiegen können. Das war dein Training, nicht meines. Aber für das erste Mal, hast du dich doch gar nicht so schlecht geschlagen", gab sie in einem liebevollen Ton zu und half ihm, sich wieder aufzurichten.

„Hä?", stieß Xylon sofort ungläubig aus und stützte sich an ihrer Schulter ab.

„Na ja, jetzt bist du dran! Nun kannst du dir einen Kampfplatz für mich aussuchen!"

Das ließ sich Xylon nach so einer Blamage nicht zweimal sagen. Er stand, zu Myras Verwunderung, sofort wieder auf und stolperte, noch nicht ganz beisammen, auf den Fluss zu. Er watete durch ihn hindurch und deutete Myra an, ihm zu folgen.

Nachdem Xylon die andere Seite des Ausläufers erreicht hatte, betrat er den angrenzenden Wald gegenüber der Stadt Delphi. Myra drehte sich noch einmal zu ihrem Lager um, welches sie von hier aus gut zwischen der Hafenruine und der Wiese mit den grasenden Gregis sehen konnte und ging dann zögerlich hinterher. Beide drangen immer tiefer in den Wald ein, bis Xylon eine geeignete Stelle gefunden hatte.

„Warte hier! Bleib genau dastehen, wo du gerade bist!", befahl er Myra mit dem Finger auf dem Boden zeigend und sie tat wie ihr geheißen.

Verwirrt schaute sie sich um. Sie befand sich auf einer großen, freien Fläche mit einem von Blättern übersäten Waldboden, der umringt war von majestätischen Riesenbäumen. Selbst so nahe am Waldrand drang nur wenig Licht bis auf den Boden. Es behagte ihr nicht, wieder im Hestia Wald zu sein, doch sie verstand auch, warum Xylon gerade diesen Ort für ihr Training ausgewählt hatte, denn der Wald und die Bäume waren immerhin ein Teil seines Elements.

Sie schaute wieder in Xylons Richtung. Überrascht beobachtete sie ihn dabei, wie er eine Öffnung in einem der Bäume freimachte und ihr noch einmal zuwinkte, bevor er vollständig darin verschwand. Auch wenn Xylon jetzt für sie nicht mehr zu sehen war, ließ sie den

Baum, in den er gegangen war, keine Sekunde aus den Augen.

Eine kurze Zeit passierte nichts, bis sich auf einmal ein lautes Rumoren auf dem ganzen Platz breit machte. Myra blickte verwundert vor sich. Breite Luftwurzeln und Äste kamen mit einem hölzern klingenden Knarzen aus Xylons Baum und verbanden sich mit den benachbarten Bäumen. Sobald sie diese erreicht hatten, kamen auch aus diesen Wurzelstränge, bis der gesamte Platz einmal komplett mit Luftwurzeln und Ästen umzäunt war. Xylon ließ sie immer mehr verdicken und zog sie am Ende straff, sodass es um Myra herum wie eine Art Arena aussah.

„Das nenne ich den tartarlorischen Käfig und deine Aufgabe besteht nun darin, den Ring zu verlassen!", kam es von Xylon, wobei seine Stimme mehrmals im Wald zurückgeworfen wurde und dadurch seine Herkunft nicht mehr genau festzustellen war.

Myra vermutete, dass sich Xylon, nun da alles miteinander verbunden war, über die Luftwurzeln, unbemerkt von einem Baum zum anderen bewegen konnte.

„Na dann, Myra! Algu di Sindré."

Dieses Mal war es Myra, die verkrampft über ihre momentane Situation nachdachte. Sie nahm den künstlichen Zaun um sich herum ganz genau unter die Lupe, um vielleicht eine Schwachstelle darin zu entdecken, doch sie fand keine. Sie ging davon aus, dass er sie sofort angriff, wenn sie versuchte, sich ihm zu nähern.

„Gut, wenn du nicht anfangen möchtest, dann tue ich es eben!", rief Xylon ihr so zu, wie sie es vorhin unten am Fluss auch getan hatte, wobei Myra bei seiner Aussage nur genervt mit ihren Augen rollte.

Plötzlich bewegte sich der Boden unter ihren Füßen, was sie leicht ins Wanken brachte. Überrascht sah sie unter sich, wie überall um sie herum der Waldboden anfing sich zu rühren und an einigen Stellen sogar aufbrach. Zum Vorschein kamen die Spitzen von Xylons künstlich erschaffenen Wurzeln, die durch die Erde heraus nach draußen wuchsen und versuchten ihre nackten Beine zu umfassen. Zuerst machte sie ein paar Schritte davon weg, doch immer weitere Wurzeln kamen aus dem Boden geschossen und fingen an, nach ihr zu greifen.

Als sie keinen Ausweg mehr fand, ging sie tief in die Hocke und sprang dann hoch in die Luft, wo sie hoffte, außerhalb Xylons vieler Wurzeln zu kommen. Doch neben den Wurzeln am Boden, die er auch nach oben sprießen lassen konnte, kamen auch noch Ranken aus einigen Stellen der Bäume direkt auf sie zu.

„Uha! Jetzt wird es aber eng", rief Myra panisch aus und schlug mit den Füßen in einer Drehung die dichtesten Ranken von sich weg.

Sie könnte zwar den Ranken und Wurzeln oder sogar Xylons gesamter Technik einfach so das Wasser entziehen und damit auf der Stelle alles zerstören, aber dann wäre ihr ganzes Training, welches Xylon sich für sie ausgedacht hatte, für die Katz. Entschlossen verzog sie ihr Gesicht. Wenn sie den Ring verlassen wollte, blieb ihr wohl nichts anderes übrig, als sich hier durchzukämpfen.

Myra griff sich, weil sie keinen anderen Ausweg mehr fand, eine der auf sie zufliegenden Ranken und schwang sich an ihr festhaltend nach vorne. Mit einem Salto durch zwei Luftwurzeln hindurchspringend, schnappte sie sich auf der anderen Seite gleich die nächste und schwang sich waagerecht um sie herum. Dabei trat sie ein paar, nach ihr schlagende Ranken weg oder duckte sich unter ihnen hindurch. Von dort aus sprang sie zur nächsten Ranke herüber und balancierte sich zwischen weiteren hindurch, bis sie den Zaun fast erreicht hatte.

Myra wurde vor Anstrengung schon ganz rot im Gesicht. Es war ihr ein Rätsel, wie Xylon das immer mit so einer Leichtigkeit vollführte. Diese Übung erforderte unheimlich viel Konzentration und Geschick. Auf ihrer Reise würde sich dieses Training für sie aber sicherlich noch bezahlt machen.

Doch gleich war sie hinter dem Wurzelzaun, der jeweils zwei Bäume miteinander verband. Mit einem weiteren Sprung über eine Ranke hinweg versuchte sie das letzte Stück über den Zaun zu hechten. Doch auch dort wuchsen wieder Unmengen von Ranken heraus und attackierten sie breitgefächert.

Wasser überzog ihre Hände. An beiden Armen bildeten sich lange, messerscharfe Wasserklingen. Mit ein paar schnellen Handbewegungen zerschnitt sie damit die auf sie zukommenden Ranken.

„Haha! Geschafft!", rief sie siegessicher und konnte schon ein kleines Stück über den Zaun schauen.

Während einer kurzen Unachtsamkeit von ihr, ergriff jedoch eine der Ranken ihren Fuß und zog sie gewaltsam zurück in den Ring. Myra durchschlug etliche Luftwurzeln, bevor sie mit einem schmerzhaften Rumsen in der Mitte der Arena aufprallte, noch einmal kurz hochgestoßen wurde und zum Schluss unsanft mit ihrem gesamten Körper gegen einen der Bäume knallte.

Dutzende Blätter kamen über ihr vom Baum hinuntergesegelt.

„Argh, das tat weh", stöhnte sie schmerzerfüllt und schaute über sich.

Aus dem Baum, an dem sie lag, kam plötzlich Xylons Kopf heraus und sah sie breitgrinsend an.

„War das etwa schon alles? Aber für das erste Mal hast du dich doch gar nicht so schlecht geschlagen", wiederholte Xylon auch das, um ihr zu zeigen, wie demütigend es sich anhörte.

Sie vermutete, dass Xylon sie gerade absichtlich soweit hatte kommen lassen, bevor er sie wieder zurück in den Ring warf, da sie ihm vorhin auch kurz vor seinem Gegenschlag mit einer unfairen Methode, alles Wasser herunterzudrücken, seinen Sieg gegen sie genommen hatte.

„Aber warte es nur ab!", rief sie grimmig, zog ihre Augenbrauen wütend zusammen und stemmte sich mit ihren Armen wieder vom Boden auf. „Dir werde ich es noch zeigen! Spätestens in fünf Minuten bin ich hier wieder raus."

Kapitel 4
Zeichen setzen

Fünf Minuten später saß Xylon unten am Fluss und tröpfelte kühles Wasser auf Myras Stirn. Sie lag besinnungslos am Boden und stöhne leise vor sich hin. „Du musstest es ja auch übertreiben!", sagte Xylon gutmütig und strich ihr zärtlich über die Wange. „Ich besorg uns jetzt erst einmal etwas zum Frühstück. Pan wird hier solange auf dich aufpassen."

Kaum ausgesprochen, kam die kleine gepunktete Katze auch gleich zu Myra gelaufen und kletterte auf ihren Bauch. Dort rollte sie sich ein und fing dann an, zufrieden zu schnurren. Bei diesem Anblick musste sogar Xylon ein wenig schmunzeln, bevor er wieder eine ernste Miene aufsetzte und zu den verfallenen Ruinen von Delphi herüberschaute. Er richtete sich auf und begab sich anschließend wieder in die Stadt.

Auf dem Platz mit den Handelshäusern, wo er vorhin allein trainiert hatte, wuchsen unterschiedliche exotische Pflanzen, an denen Früchte und andere fremdartige Köstlichkeiten hingen. Sie waren wahrscheinlich aus den Kernen der damals angebotenen Früchte dort gewachsen, als die Stadt zurückgelassen wurde. Xylon bediente sich und sammelte so viel davon ein, wie er in seiner selbstgemachten Tragetasche, die nur aus großen Blättern und Schilf gefertigt war, mitnehmen konnte.

Beim Einsammeln drang Xylon immer tiefer in Delphi ein. Er ging durch Alleen, sprang über eingestürzte Brückenübergänge und verlief sich fast zwischen den endlosen verworrenen Pfaden, die die Natur noch für ihn freigehalten hatte. Als er an einer breiten mit Moos und Kletterpflanzen überwucherten Mauer vorbeikam, befiel ihn auf einmal ein ungutes Gefühl, was ihn sofort zum Anhalten verleitete.

Davon neugierig geworden, schaute er durch ein großes Mauerloch auf die andere Seite und erblickte dort voller Verwunderung einen riesigen verfallenen Tempel, der bei weitem größer war, als jedes andere Heiligtum in der gesamten Stadt. Fasziniert davon verweilte Xylon auf der Stelle und sah sich das genauer an. Der Tempel war umringt von Ölbäumen und Götterstatuen, die, wie auch der Rest des Gebäudes, aus dem feinsten Marmor gefertigt waren und offenbar das Abbild des Gottes Apollon, dem Gott des Lichtes, darstellten. Die majestätischen Säulen des Gebäudes gingen bis unter die Dachkante, an der ein sehr aufwendig verziertes Kranzgesims verlief.

Xylon bekam am ganzen Körper eine Gänsehaut. Es ging irgendwie eine wundersame, mysteriöse Aura davon aus. Außerdem klang in seinen Ohren ein unheilvolles Rauschen. Das, je länger er auf den Tempel starrte, so hatte er zumindest das Gefühl, immer dichter kam. Es kam näher, bis es auf einmal direkt hinter ihm war und plötzlich aufhörte. Erschrocken drehte sich Xylon danach um, doch hinter ihm war nichts. Seine

Augen wanderten mehrmals durch Delphis Straßen, doch auch dort war niemand zu sehen.

„Ich muss unbedingt mit Myra zusammen noch einmal hierherkommen", flüsterte Xylon zu sich selbst und ließ diesen unbehaglichen Ort vorerst hinter sich.

Zurück im Lager, saß Myra wieder wohlauf an der erloschenen Feuerstelle und spielte mit der kleinen Pan. Sie erschuf in der Luft eine oval förmige Wasserscheibe und reflektierte die Sonne damit. Den dadurch entstandenen Lichtpunkt ließ sie kreisend über den Boden sausen, der Pan dann instinktiv hinterherjagte. Aber jedes Mal, wenn sie glaubte, ihn zwischen den Klauen festzuhalten, glitt der unmöglich zu fangende Lichtpunkt einfach über ihre Pfoten hinweg weiter die Kieselsteine des Flussbettes entlang. Pan gab jedoch nicht auf und lief ihm sofort wieder energisch hinterher, was Myra immer wieder aufs Neue zum Lachen brachte.

Im Augenwinkel erblickte sie plötzlich Xylon, wie er von den Ruinen zu ihnen herunterkam, wodurch sich schlagartig ihr freudiger Gesichtsausdruck zu einem wütenden änderte. Sie ließ die Wasserlinse wieder verschwinden und funkelte ihn böswillig an.

Myra schien echt sauer auf ihn zu sein, stellte Xylon schlechten Gewissens fest. Er setzte sich ihr, ohne ein Wort zu sagen oder sie direkt anzusehen, gegenüber. Vielleicht hätte er beim Training doch nicht so gemein zu ihr sein sollen. Sie hatte es ja immerhin nur gut gemeint. Eine Beziehung war wirklich nicht einfach, wenn man diese hier überhaupt schon als solch eine bezeichnen konnte. Er hoffte inständig, dass das, was er alles aus der Stadt mitgebracht hatte, die Stimmung zwischen ihnen wieder ein bisschen heben konnte und breitete stolz seinen gesammelten Proviant zwischen ihnen aus. Myra überblickte Xylons gesamte Ausbeute und schien trotz ihrer Wut auf ihn sehr zufrieden damit. Seitdem sie aus Nereid losgereist waren, hatte sie kein so ausgiebiges Mahl mehr gesehen. Es gab Früchte in allerlei Farben und Formen, essbare Kräuter, Pilze und Wurzeln, exotische Gewürze und Schoten, sogar einige Nüsse und Knollen. Sie konnte sich gut vorstellen, zur Mesembria eine schöne leckere Suppe daraus zu kochen. Doch vorerst begnügte sie sich zum Frühstück mit einer pelzigen lila Frucht. Sie winkte zu Xylon herüber, um ihm zu signalisieren, sein Schnitzmesser zu bekommen, da sie sonst nicht anders an den leckeren Inhalt kam.

„Ich glaube, ich bin vorhin in der Stadt auf das Orakel von Delphi gestoßen", berichtete Xylon, zog sein Messer aus der Gürteltasche und warf es zu ihr herüber. „Das ist ein gewaltiger Tempel, in einer Einebnung etwas abseits der Stadt. Alles ziemlich kaputt, sollte sich aber leicht wiederfinden lassen!"

Er nahm sich nun auch etwas vom Proviant und zeigte dann in die genannte Richtung.

„Das ist das Plistos-Tal, es müsste direkt über der Kastaliaquelle liegen. Nach dem Frühstück können wir es uns genauer ansehen und schauen, wie viel heute von dem berühmtberüchtigten Orakel noch übriggeblieben ist. Aber dann müssen wir auch so schnell wie möglich weiter! Wir liegen schon viel zu weit hinter unserem Zeitplan", erklärte Myra und fing dann an zu essen.

„Verstehe! Geht in Ordnung", antwortete Xylon

knapp und nagte an einer seltsamen, zähen Frucht, die einen Knochen in der Mitte besaß.

Kurze Zeit verging, in der keiner der beiden etwas sagte, da sie mit ihren Früchten beschäftigt waren. Man hörte nur die im Wind rauschenden Baumkronen des angrenzenden Waldes und das Plätschern des Flusses. Xylon schaute hinauf zu dem herrlich blauen Himmel, den er seit so langer Zeit schon vermisst hatte und genoss die warmen Strahlen der Sonne auf seiner Haut. Tief in Gedanken kratzte er sich über den Arm, genau über eines der blauen Schriftzeichen, die seinen gesamten Körper zierten. Myra bemerkte dies flüchtig und blieb dann mit ihrem Blick an diesem Schriftzeichen hängen.

„Diese vielen Zeichen. Sie bedeuten ‚Wasser', oder?", fragte sie und durchbrach damit die Stille. Sie rückte ein wenig näher und schaute sich eines seiner, für Xylons Verhältnisse sehr sauber geschriebenen, Symbole noch genauer an. „Zusammen mit dem Aquamarin kannst du doch das Wasser in deiner Umgebung geringfügig damit beeinflussen. Ist der Wasserverbrauch für deine Fähigkeit denn wirklich so enorm?"

Xylon senkte schweigend seinen Blick vom Himmel, sah sie kurz verwundert an und dann auf seine Körperbemalungen.

„Ja, leider. Warte, ich zeige es dir", entgegnete Xylon, wieder mit den Gedanken voll und ganz bei ihr und legte seine angebissene Frucht beiseite.

Er löste die Schlaufen von seinem Wasserfass und stellte es vor sich ab. Dann brach er vorsichtig den neu angefertigten Deckel auf und tauchte, für Myra gut sichtbar, seine linke Hand in das Wasser des Fasses. Es war nun, durch die Wasserverdrängung, bis zum Rand gefüllt. Mit der anderen zur Faust geballten Hand holte er weit aus und schlug sie vor sich mit aller Kraft in den Kieselsteinboden.

„Aufgepasst! Jetzt, ohne die Hilfe des Steines und der Bemalung", sagte Xylon und deutete mit einem Kopfnicken zum Fassinneren.

Der Boden fing an zu beben und drückte die Steinchen neben sie zur Seite. Zuerst entstand nur ein kleiner Hügel, der dann jedoch aufriss und unzählige Wurzelstränge zum Vorschein brachte. Sie drehten sich zu einer stabilen Spirale und wuchsen gen Himmel. Mit entsetztem Gesicht beobachtete Myra, wie der Wasserpegel im Fass rapide absank. In kürzester Zeit war der Wasserstand schon fast bis auf die Hälfte abgesunken.

Xylon nahm seine Hand kurz wieder aus dem Wasser und erklärte weiter: „Und jetzt dasselbe, nur mit der Hilfe des Steines und der Bemalungen."

Er steckte seine linke Hand erneut in das kühle Nass und sofort traten die Wurzeln weiter in die Höhe. Sie bildeten um das Gebilde herum einige Ausleger und breite Äste, die sich mit einer Borke überzogen und langsam anfingen über den beiden die Sonne zu verdunkeln. Der Wasserstand in dem Fass blieb dabei aber fast vollkommen unberührt.

„Normalerweise verabscheue ich solche Manipulationen mit Hilfe der Meridiane, vor allem wenn es um mein Element ,Wasser' geht, aber in deinem Fall, muss ich gestehen, scheint es wirklich notwendig zu sein", gab Myra mit Bedauern zu und schaute verblüfft zu dem gigantischen Holzgebilde hinauf, das Xylon gerade aus dem Nichts heraus erschaffen hatte. Dadurch, dass es keine Blätter besaß, sah es wie ein alter, verstorbener Baum aus, der nun am Flussufer stand.

„Ja klar, verstehe ich. Mein Vater kam einst auf diese unmoralische Idee, meinte aber auch zu mir, dass es für unsere Familienfähigkeit unabdingbar wäre.", erklärte Xylon und stellte dann selbst eine Frage. „Welchen Zweck erfüllt eigentlich deines?"

„Hä?", machte Myra verdutzt.

Xylon tippte mit dem Finger auf seine rechte Schulter, deutete aber mit dem Kopf auf ihre. Sie hob an der angedeuteten Stelle überrascht ihren Chiton ein Stück an und sah auf ihre Schulter. Darauf war ein kleines verschnörkeltes Symbol gezeichnet. Es sah wie drei ‚S' aus, die ineinander verschlungen waren.

„Ach das, tut mir leid. Ich vergesse manchmal, dass ich das habe", sagte sie etwas ausdruckslos. „Das besitze ich schon seit meiner Geburt. Meine Mutter hat mich damit bemalt. Ich weiß aber auch nicht genau, was es bewirkt. Ich bin mir aber sicher, dass sie auch so eines auf ihrer Schulter hat."

Xylon lehnte sich weit nach vorne und versuchte, es genauer unter die Lupe zu nehmen. Myra schaute etwas verdutzt, weil Xylon ihr immer näher kam.

„Ich glaube, dass ich das irgendwo schon einmal gesehen habe. Ich weiß nur nicht mehr genau, wo. Wenn man die Wirkung solcher Symbole kennt, kann man in unserer Welt eine Menge anstellen", erklärte Xylon und rückte unbeabsichtigt noch ein Stück weiter zu ihr heran, sodass er schon fast über ihr war.

Myra wurde von Xylons Nähe ganz rot im Gesicht, glitt daher elegant unter ihm hindurch und rappelte sich hinter ihm schnell wieder auf.

„Was ist los?", erkundigte sich Xylon verwundert und drehte sich zu ihr um.

„Äh, wir soll… sollten jetzt los. Ja, dass … sollten wir jetzt tun", antwortete sie leicht verunsichert und hob ihren Bogen vom Boden auf, der neben ihr lag.

Was hat sie denn plötzlich?, überlegte Xylon fieberhaft, nahm sich das letzte Stück seiner Frühstücksfrucht und steckte es sich hastig in den Mund. *Liegt es an diesem Symbol? Darf ich es nicht zu nahekommen?*

Ohne, dass er sich noch länger darüber Gedanken machte, sammelte er den restlichen Proviant zusammen, damit sich die Tiere, während sie weg waren, nicht daran bedienen konnten. Er band alles fest über sein wieder mit einem Deckel und neuem Wasser versehenes Fass.

„Pan bleibt am besten hier!", schlug Xylon vor und Myra nickte zustimmend. „Sie wird sich hier wahrscheinlich selbst ein wenig umsehen und auf Futtersuche gehen. Wir holen sie auf dem Rückweg wieder hier ab."

Neugierig kam Xylon wieder dichter an Myra heran und schaute ihr direkt ins Gesicht.

„Was ist?", fragte sie ernst und wich leicht von ihm weg.

Eigenartig, dachte er und lehnte sich wieder zurück. *Jetzt ist sie wieder ganz normal.*

„Ach nichts, ich finde nur, dass du heute wieder ganz besonders hübsch aussiehst!", künstelte Xylon, um sein merkwürdiges Verhalten vor ihr zu kaschieren. Genau genommen, war es ja auch nicht gelogen.

„Oh, äh, danke!", sagte sie verlegen und strich sich mit einem Finger durch ihr Haar.

Jetzt war es Myra, die von Xylons seltsamen Benehmen verwundert war. Dennoch lächelte sie zufrieden. Denn wie hieß es so schön: ‚Ein süßes Wort erfrischt oft mehr als Wasser und Schatten'.

Fröhlich nahm sie Xylons Hand und begab sich mit ihm zusammen in Richtung Stadt, wo sich ihr nächstes großes Ziel, das sagenumwobene Orakel von Delphi, befand.

Kapitel 5
Das Ritual der Pythien

Dicke Schäfchenwolken zogen über den ansonsten klaren, blauen Himmel und das herrliche Gezwitscher der vielen Vögel des Waldes ließen die Überreste des Orakels von Delphi wie ein idyllisches Paradies erscheinen. Gras und einige bunte Blumen wuchsen zwischen den Pflastersteinen des weitläufigen Vorplatzes hindurch und die Wurzeln der Bäume, sowie Kletter- und Schlingpflanzen durchbrachen die Mauern und Tempelanlagen. Überall sah man zerstörte Säulen, Statuen und Wandstücke, die teilweise sehr kunstvoll verziert waren.

Myra und Xylon gingen, fasziniert um sich schauend, über den großen Platz, in dessen Mitte sich ein mit Moos bewachsener Springbrunnen stand, in dem sich noch etwas Wasser vom letzten Regen befand. Kurz vor dem Absatz der langen, breiten Treppe, die hinauf zum Heiligtum führte, stoppte Myra auf einmal ab, wodurch Xylon auch stehen blieb.

„Alles in Ordnung mit dir?", erkundigte er sich und blickte verwundert zu ihr, ahnte aber schon, was es sein konnte.

Myra umklammerte ihre Arme und rieb sich über die Haut, als ob ihr kalt wäre, bevor sie ihm antwortete: „Ich weiß auch nicht so genau. Obwohl hier so viel Natur ist, fühle ich mich, je näher ich diesem Tempel komme, immer mehr von ihr im Stich gelassen. Es ist ein unheilvoller Ort, als würde er nicht wollen, dass wir ihn betreten."

„Das kommt dir bestimmt nur so vor", tat es Xylon sofort unbedenklich ab, da er Angst hatte, sie würde sich so kurz davor doch wieder umentscheiden. „Das liegt bestimmt nur daran, dass hier alles verlassen ist und vielleicht sogar noch einige Geister der ehemaligen Pythien durch die Gewölbe des Orakels irren. Warum sollte ein Tempel nicht wollen, dass man ihn betritt?"

„Hörst du das?", fragte Myra, unabhängig davon, was Xylon gerade zu ihr gesagt hatte.

Er hörte sich, mit seinem Kopf drehend, um, was seine langen Filzlocken leicht hin und her schwingen ließ, doch er konnte nichts Ungewöhnliches feststellen.

„Nein, wieso? Was denn?", fragte Xylon unwissend und schaute danach wieder zu ihr.

„Genau das. Nichts! Bis eben waren noch überall Vogelgesänge und andere Tierlaute zu hören, doch nun, gar nichts mehr. Es herrscht Totenstille!"

Xylon musste zugeben, dass sie recht hatte. Sein Unwohlsein vor diesem Ort, welche er schon seit seinem ersten Besuch hier hatte, wurde jetzt sogar noch größer. Er konnte, aufgrund seiner mentalen Verbindung zu ihr, seinen momentanen Gemütszustand sowieso nicht vor ihr verheimlichen. Es war albern zu denken, dass sie das nicht bemerken würde. Mal abgesehen davon, dass jeder es selbst spüren konnte, der dem Heiligtum zu nahe kam. Daraufhin ließ er enttäuscht seine Schultern hängen.

„Hm … ich weiß, was du meinst. Tut mir leid, ich hatte das schon vorhin hier gefühlt und habe nichts gesagt, da ich wusste, dass du sonst gar nicht erst mit mir hierhergekommen wärst", beichtete Xylon endgültig aufgebend und drehte sich schon von dem riesigen Tempel weg, um wieder umzukehren. „Dann lass uns wieder zurückgehen, wenn es dir nicht behagt."

Myra schaute mitfühlend in sein trauriges Gesicht. Dieses ganze Zukunftsvorhersagethema schien ihm wirklich etwas zu bedeuten. Diese Chance würde er wahrscheinlich niemals wieder in seinem Leben bekommen. Außerdem hatte sie ihm versprochen, mit hierherzukommen und für ihn als Pythia zu versuchen, seine Vorhersage zu machen. Es wäre jetzt irgendwie nicht fair, wegen eines leichten Unbehagens, seinen Wunsch so kurz davor doch wieder auszuschlagen.

Xylon war schon auf dem Rückweg, als Myra ihn plötzlich aufhielt: „Hey, warte!"

Er drehte sich zu ihr um und sah ihr überrascht in die Augen. Sie stand zuerst nur so da und sah aus, als ob sie innerlich noch mit ihrer Entscheidung ringen musste, bevor sie etwas zu ihm sagte: „Wir sind vielleicht die letzten Menschen, die das Orakel noch zu Gesicht bekommen werden. Es wäre doch schade, wenn wir jetzt einfach wieder gehen würden." Myra pausierte kurz, bevor sie fortfuhr, während sich Xylons Gesichtsausdruck immer weiter aufhellte. „Ich glaube kaum, dass ein für Apollon geweihter Tempel etwas dagegen haben wird, wenn wir uns hier ein bisschen umsehen werden."

„Ist das wirklich in Ordnung für dich?", fragte Xylon noch einmal, um sicherzugehen.

Myra blickte zur Kante der Dachspitze hinauf, wobei sie ihren Kopf weit in den Nacken legen musste. Durch das Vorüberziehen der vereinzelten Wolken, kam es einem so vor, als würde das Tempeldach leicht hin und her schwanken.

„Klar, wird schon alles gut gehen. Hier ist doch niemand mehr. Was kann da also schon groß passieren?", antwortete sie ihm mit einem leichten Zögern in der Stimme.

Trotz dieser erdrückenden Aura, welche das Heiligtum permanent ausstrahlte, begaben sie sich also die vielen Stufen hinauf in den Tempel.

„Warum konnte man eigentlich nur von hier aus die Zukunft vorhersehen?", fragte Xylon und duckte sich unter einer herabgestürzten Dachsteinplatte hindurch, die quer über der Treppe lag.

Myra sah sich beim Gehen die gigantischen Eingangssäulen an, die links und rechts von der Treppe standen. An einigen von ihnen war teilweise die schmale Marmorschicht abgeplatzt. Andere Säulen waren sogar vollständig umgestürzt und wurden nur noch durch ihre Nachbarsäulen gestützt. Sie war beeindruckt von dieser schieren Größe und davon, dass selbst nach so langer Zeit noch so viel erhalten war.

„Delphi befindet sich genau auf dem Hauptknotenpunkt aller existierenden Meridiane. Daher ist an diesem Ort die Wirkung der Symbole auch am stärksten. Dieser Mittelpunkt gilt auch als das Zentrum unserer Welt. Man glaubt, dass alles, was auf der Welt geschieht, hier ihren Ursprung hat. Das heißt, dass was wir als unsere Zukunft sehen, folgen wir den Rest unseres Lebens und treffen immer wieder auf die aus dieser Vorhersage festgelegten Ereignisse. Andere Kulturen machten zwar ähnliche Behauptungen über ihre Orakel, aber keines war je so präzise, wie dieses hier in Delphi", antwortete sie ihm und schaute sich die Verzierungen an dem brüchigen Durchgang zum Eingang des Tempelinneren an, die gut erkennbar die Geschichte des Heiligtums in wenigen Bildern wiedergaben.

Myras Erläuterungen brachten Xylon zum Nachdenken. Wenn alles schon von hier aus ganz und gar festgelegt war, könnte er auch sehen, wann er starb und es doch nicht verhindern. Es war wie mit einem Zaubertrick. Man sah ihn und überlegte, wie er wohl funktionieren könnte. Doch im Grunde genommen, wollte man es gar nicht so genau wissen wie es geht, weil dann der gesamte Zauber verflog und auch nie mehr zu einem zurückkehren konnte, da man die Lösung jetzt bereits kannte. Xylon war nun so kurz davor gar nicht mehr so sicher, ob er seine Zukunft überhaupt noch wissen wollte, doch seine Neugierde trieb ihn dennoch immer weiter voran.

Als sie den letzten Absatz der Treppe erreicht hatten, erkannten sie über dem Eingang neben den Geschichtsbildern auch noch eine Inschrift in der alten Sprache. Beide blieben kurz stehen, auch da das erdrückende Gefühl immer stärker wurde, welches eindeutig aus dem Inneren des Tempels kam und ihre Entscheidung, das Heiligtum zu betreten, immer mehr in Frage stellte.

„Kannst du das lesen?", erkundigte er sich bei Myra und zeigte mit dem Finger auf die Schrift.

„Es ist in der alten Sprache geschrieben, die heute von

niemanden mehr gesprochen wird, aber ich werde es versuchen. Also das erste, äh … ‚Gnóti sautón‘, das heißt so viel wie ‚Erkenne dich selbst‘", übersetzte sie relativ sicher. „Dann ‚medèn ágan‘, das bedeutet ‚finde immer das rechte Maß‘ und das letzte ‚eî‘ heißt einfach nur ‚sei‘ oder ‚lebe‘."

„Aha!", rief Xylon leise aus.

‚Erkenne dich selbst‘, das hatte Meister Terpsichore zu ihm einmal gesagt, als er nach der durchgefallenen Prüfung nicht mehr ganz Herr der Lage war. Dieses Heiligtum gehörte offenbar zur Grundlektüre weiser Lehrmeister, kam es Xylon in den Sinn.

„Können wir jetzt bitte weiter?", fragte Myra etwas bedrückt und schaute sich argwöhnisch um, so als würde sie jemand verfolgen. „Dieser Ort macht mir irgendwie Angst. Wir gehen rein, sehen, was wir für deine Vorhersage tun können und verschwinden dann schnell wieder, verstanden?"

„Ja natürlich, lass uns weiter", bestätigte er und durchschritt mit ihr das große Eingangsportal.

Im Inneren tat sich vor ihnen ein langer breiter Korridor auf. Licht schien zwar durch einige wenige Löcher und Risse in den Wänden, wo gelegentlich auch feiner Steinstaub hindurchrieselte, aber noch war es zu dunkel, als dass sie viel hätten sehen können. Erst nachdem sich ihre Augen an die Dunkelheit gewöhnt hatten, konnten sie links und rechts des Ganges auf einigen steinernen Podesten Tierwesenstatuen erkennen, die offenbar aus reinsten Smaragden gefertigt waren.

„Die sind ziemlich gut gemacht und sehen erschreckend echt aus", sagte Xylon leise und schaute einer der Statuen, welche einen Kentauren darstellte und genauso groß war wie er selbst, von ganz Nahem in ihr Gesicht. „So etwas habe ich noch nie gesehen."

„Ich auch nicht", musste Myra zugeben und blickte mit zu Schlitzen geformten Augen zum Ende des Korridors, an dem sie jetzt schon einen schwach beleuchteten Raum sehen konnte, in dessen Mitte sich ein einfacher Brunnen befand. „Am besten, wir fassen hier nichts an. Wer weiß, womit sie ihr Heiligtum alles geschützt haben, bevor sie es für immer verließen, damit ihre einzigartige Magie von niemanden jemals missbraucht werden kann."

„Ist gut", stimmte Xylon ihr zu, machte von der Smaragdstatue einen Schritt zurück und begab sich dann mit Myra durch den langen Korridor. Dabei stiegen sie vorsichtig über die am Boden liegenden herausgebrochenen Wand- und Deckenstücke. „Was glaubst du, wie verständlich sind diese Vorhersagen formuliert?"

„Das ist nicht so einfach zu sagen. Ich habe gelesen, dass sie sehr genau, aber leider auch schwer zu interpretieren sind. Es gab einmal einen König, der nur aufgrund der Vorhersage einer Pythia einen Krieg gegen ein benachbartes Reich geführt haben soll. Sie sagte zwar, dass es dort bald einen neuen Herrscher aus seinem eigenen Land geben wird, es wurde aber mit keinem einzigen Wort erwähnt, dass er es sein würde. Der König starb bei einer seiner Schlachten und sein Vize und gleichzeitiger Erzrivale übernahm dann den neuen Platz auf dem Thron in dem eroberten Reich, was einen jahrzehntelangen folgenschweren Bürgerkrieg zur Folge hatte. Hätte er sich damals nie die Zukunft vorhersagen lassen, hätten er und sein Volk vielleicht noch ein langes unbeschwertes Leben genießen können", berichtete Myra mit Bedauern und schaute beim Voranschreiten immer wieder hinter sich zum Ausgang, um wirklich sicher zu sein, dass er stets für Notfälle frei blieb.

„Willst du mir damit etwa sagen, dass ich mir hier lieber keine Zukunft vorhersagen lassen soll, da mir sonst etwas schlimmes wiederfahren könnte?", fragte Xylon nun gänzlich verunsichert.

„Das habe ich so nicht gesagt. Man sollte nur nichts leichtfertig hineininterpretieren, sondern nur das nehmen, was einem vorgegeben wird, sprich sein Glück nicht erzwingen. Im Umkehrschluss bedeutet es aber auch, wenn du hier erfahren solltest, dass du den Verlust einer geliebten Person vorhergesagt bekommst, könntest du ihn selbst auslösen, indem du versuchst, ihn zu verhindern. Was aber glaube ich, sowieso keine Rolle spielen wird, da es eh passiert. Egal was auch immer du tust."

„Glaubst du echt, dass irgendetwas auf der Welt ganz genau wissen kann, was in der Zukunft wirklich geschehen wird?", zweifelte Xylon und blickte Myra dabei ungläubig an, woraufhin sie anfing leicht zu schmunzeln.

„Woher weißt du, dass heute noch der Helios untergeht? Weshalb sammelst du Nahrung, noch bevor du Hunger hast? Warum weichst du einem großen Felsen aus, wenn er auf dich zurollt? Wir machen tagtäglich vorhersagen, jeder von uns. Die ganze Sache mit den Zukunftsvorhersagen ist im Prinzip nichts anderes als eine gigantisch komplexe, jedoch vorhersehbare Kettenreaktion von Ereignissen. Wenn man jedes Detail kennt, kann man bis zu einem gewissen Grad ganz genau wissen, was in der Zukunft passieren wird."

Nun war es Xylon, der zu Grinsen anfing.

„Und was wäre, wenn ich dem Felsen nicht ausweichen, sondern ihn lieber zerschlage würde?"

Myras Schmunzeln veränderte sich zu einem finsteren Lächeln.

„Tja, das ist hier die Frage, die wir uns stellen müssen und wahrscheinlich auch schon bald beantwortet bekommen", sagte sie eindringlich und deutete mit einem Nicken vor sich, denn sie hatten nun beide das Ende des langen Korridors erreicht. „Ich finde, die beste Möglichkeit seine Zukunft vorherzusagen ist immer noch, sie selbst zu gestalten."

Myra und Xylon blieben stehen und überblickten mit Ehrfurcht den großen runden Saal.

In der Mitte des riesigen Raumes stand ein schlichter, aus groben Steinen gefertigter Brunnen, der allerdings fast bis zum Rand mit einer dunklen Flüssigkeit gefüllt war. Am Boden waren, in den ringförmig angelegten Steinplatten Schriftzeichen eingraviert und drumherum war alles abwechselnd mit Säulen und Smaragdstatuen umsäumt. Auf der gegenüberliegenden Seite des Brunnens gab es ein hohes Podest auf dem ein kleiner, matter Stein lag, worauf auch gleich der Blick der beiden haften blieb.

„Der Podeststein!", flüsterte Xylon und deutete aufgeregt mit dem Finger auf ihn.

„Ja, ich weiß. Ich fühle es auch. Diese erdrückende Aura des gesamten Tempels hat dort offenbar ihren Ursprung und wird wohl über die vielen Symbole am Boden verstärkt."

Mit Bedacht begab sich Myra langsam in den Raum

und ließ ihren Blick zunächst über die kuppelförmige Decke schweifen, durch deren Risse und Furchen Lichtscharten schienen. Dann ging sie auf den Brunnen zu. Als sie ihn erreicht hatte, lehnte sie sich darüber und schaute neugierig hinein. Nichts schien sich in dem schwarzen Wasser zu spiegeln. Es kam einem so vor, als würde es das ganze Licht einfach in sich aufnehmen. Eigenartigerweise konnte sie dieses Wasser auch nicht mit ihrer elementarischen Fähigkeit erspüren, geschweige denn kontrollieren.

„Nun denn, jetzt sind wir also hier und es sieht alles noch ganz gut erhalten aus, wenn du mich fragst. Dann können wir ja loslegen, oder? Wie genau funktioniert das mit den Vorhersagen?", fragte Xylon mit einer deutlich erkennbaren Ungeduld in seiner Stimme und machte nun auch ein paar Schritte in den Saal, blieb aber weiterhin in der Nähe des Eingangs stehen.

Myra wandte sich vom Brunnen ab und sah sich noch einmal etwas genauer in dem großen Raum um. Dabei ging sie im Kopf die alten Pergamentrollen über das Orakel von Delphi durch, als würde sie gerade darin lesen.

„Äh ja … also, ich werde versuchen alles wiederzugeben, was ich weiß", fing sie vorsichtig an zu erzählen und ging dabei gemächlich um den Brunnen herum. Ihre rechte Hand ließ sie dabei sanft über das unebene kalte Gestein streichen. „Laut der Sage, stellt der Brunnen den Mittelpunkt unserer Welt da. Von hier aus kamen die Weissagungen der Pythien. Meiner Erkenntnis nach, nahm sich die Pythia zuallererst etwas von der jeweiligen Person, wie ein Haar oder einen Fingernagel. Danach entkleidete sie sich vollständig und nahm ein reinigendes Bad in der Kastaliaquelle dort hinter dir."

Xylon drehte sich überrascht um und erblickte hinter sich ein kleines Becken mit Wasser darin, welches ihm vorher noch gar nicht aufgefallen war. Stetig floss Wasser aus dem Gestein und füllte das Becken, was an anderer Stelle über ein Rinnsal, der aus dem Tempel führte, wieder abfloss.

„Als Nächstes ging sie zum Brunnen und trank etwas von dem heiligen Wasser. Danach inhalierte sie den Rauch eines Fichtenholzfeuers, in dem zusätzlich Weihrauch, Laudanum, Bilsenkraut und anderes halluzinogenes Räucherwerk verschwelt wurden", erklärte Myra weiter und Xylon hörte interessiert zu, wobei sich sein Gesichtsausdruck mit jedem ihrer Worte immer mehr anspannte. „Sobald die Frau dann einen tranceähnlichen Bewusstseinszustand erreicht hatte, wurde sie mit Hilfe anderer Pythien in das Adyton geleitet und dort auf einen dreibeinigen Hocker gesetzt, da sie dies in ihrem berauschten Zustand selbst nicht mehr konnte. Abschließend sagte die Pythia dann dort in einer langwierigen Zeremonie die Zukunft der jeweiligen Person in einer gleichnishaften Sprache voraus."

Bei ihrer Erzählung beschleunigte sich Xylons Herzschlag und seine Hände wurden schwitzig. Er stand sprachlos da und starrte sie fassungslos an. Er stellte sich gerade vor, wie die schlanke, bildhübsche Myra vor ihm ganz nackt in dieser Quelle badete und sich dann mit Rauch in einen hilflosen halluzinogenen Zustand brachte. Xylon wurde bei dieser Vorstellung ganz nervös. Seine Gedanken rasten, sodass ihm beinahe schwarz vor Augen wurde.

„Und … das … würdest du … für … mich … alles

tun?", stammelte Xylon und wusste nicht so recht, was er davon halten sollte.

Myra schaute ihn verlegen an, senkte dann schweigend ihren Blick und ging langsam auf Xylon zu, da sich hinter ihm das Wasserbecken befand.

„Na ja", sagte sie schüchtern. „Wenn es dazugehört, dann geht es wohl nicht anders. Ich habe dir ja versprochen, zumindest zu versuchen, deine Vorhersage zu machen. Also lass es uns schnell hinter uns bringen."

Kapitel 6
Die erste Vorhersage

Xylon ging es überhaupt nicht gut. Er war zwar in gewisser Hinsicht überglücklich, aber sein gesamter Körper schien ihm nicht mehr zu gehorchen. Ihm war ganz schlecht vor Nervosität. Er konnte keinen klaren Gedanken mehr fassen. In seinem Kopf spielten sich schon die traumhaftesten Vorstellungen ab, was hier gleich alles passieren würde. Myra ließ sich davon jedoch nicht verunsichern und stellte sich vor das Becken, mit dem Rücken zu ihm gedreht. Mit leicht gerötetem Gesicht blickte sie über ihre Schulter, über die sie langsam ihren ledernen Chiton strich. Kaum hatte sie diesen auch über die zweite Schulter gestrichen, glitt er schon bis zur verschnürten Hälfte ihrer Taille herunter, sodass sie obenrum nun unbekleidet dastand.

Xylon starrte mit großen Augen auf ihren nackten Rücken. Myra ließ ihre Arme hängen und wollte sich offenbar, ohne diese vor ihre Brüste zu halten, zu Xylon umdrehen. Seine Hände zitterten und sein Herz schlug immer heftiger. Jetzt konnte er gleich wieder ihre schönen, wohlgeformten Brüste sehen und vielleicht sogar noch vieles mehr. Kaum zu glauben, dass das hier gerade wirklich passierte. Aber warum tat sie das?

Ihr Körper drehte sich immer weiter in seine Richtung. Nur noch wenige Fingerbreit und er konnte die Spitzen ihrer Brustwarzen sehen. Diese leichte Körperdrehung kam ihm wie eine Ewigkeit vor.

„My… My… Myra?", stotterte er fassungslos und dachte schon, sie würde einen Rückzieher machen, doch sie brach ihre Drehung nicht ab. Mit einem letzten Ruck drehte sie sich vollständig zu ihm um und …

Xylon stand schweißgebadet, mit offenem Mund, da.

„Wa… wa… was ist denn das?", lallte er verwirrt.

Anstatt auf ihre nackten Brüste blickte Xylon nur auf ein Busenband, das aus den Überresten ihres alten Kleides bestand, welches sie noch zusätzlich unter ihrem Chiton trug. Man konnte es vorher nicht richtig sehen, da ihre langen blauen Haare darüber lagen.

„HA, HA, HA!"

Myra fing plötzlich lauthals an zu Lachen, wobei ihr Lachen mehrmals in dem Saal widerhallte und dadurch doppelt so laut war. Sie strich sich ihren Chiton wieder über beide Schultern und blickte mit Freudentränen in den Augen in Xylons perplexes Gesicht. Seine Mundwinkel zogen sich verkrampft nach oben. Völlig verwirrt suchte er nach dem Ursprung des Witzes.

„Was sollte denn das jetzt? Was gibt es denn da zu lachen?", fragte er verzweifelt und musste erstmal all seine Gedanken neu sortieren.

Myra versuchte, sich wieder zu beruhigen, damit sie ihm normal antworten konnte, doch sie bekam ihren Lachkrampf einfach nicht unter Kontrolle.

„Ach Xylon, ha, ha, du dachtest doch wohl nicht im

Ernst, dass ich mich hier vor dir ausziehe und mich willenlos in Trance versetze, oder? Diese Zeremonie war doch nur Show für die damaligen Besucher. In Wirklichkeit brauchte man nur das vorher eingesammelte Haar von der jeweiligen Person in den Brunnen zu werfen. Dieser sagte der Pythia dann die Zukunft voraus. Sie machte dies immer dann, wenn sie so tat, als würde sie aus dem Brunnen trinken, ha, ha, ha."

„Hä? Was? Und warum erzählst du mir denn das alles? Warum tust du mir das an? Was stimmt mit dir nicht?!", rief Xylon ganz durcheinander und fuhr mit seinen Armen verständnislos auseinander.

„Ich wollte mich rächen, weil du mich beim Training so verspottet hast. Meine Worte waren nur gut gemeint und deine Reaktion danach total daneben. Darum tue ich das. Ha, ha, ha, oje, du hättest mal dein dämliches Gesicht sehen sollen, ha, ha!"

Myra fing wieder an herzhaft zu Lachen und legte dabei sogar ihre Arme um den Bauch, da dieser schon weh tat vom vielen Lachen.

Xylon konnte einfach nicht glauben, was sich hier gerade abspielte. Das viele Wasser aus dem Fluss schien ihr wohl zu Kopf gestiegen zu sein. Mit einem ernsten Blick, schaute er auf ihre beim Lachen wild hin und her schwingenden Haare.

„Na warte!", grummelte er und ging zielstrebig auf sie zu. Myra hörte sofort mit ihrem Gelächter auf und wich überrascht ein Stück von ihm zurück.

„Das wirst du mir büßen!", drohte Xylon und durchbohrte sie mit einem finsteren Blick.

Schockiert über seinen harschen Ansturm starrte sie ihn an. Sie ging wohl doch ein wenig zu weit, befürchtete sie. Myra wich zurück, bis sie auf einmal mit ihrem Rücken gegen den Brunnen stieß.

„Tut mir leid, Xylon. Aber das war doch lustig. Komm schon, jetzt sind wir wieder quitt und vergessen die Sache einfach wieder, in Ordnung?!", versuchte sie ihn zu beruhigen, doch Xylon hörte ihr nicht zu.

Er lehnte sich dicht über sie, wodurch sie sich stark zurücklehnen musste und zog ihr flink eines ihrer langen blauen Haare heraus.

„Autsch!", quickte sie und kniff dabei ein Auge schmerzlich zusammen. „Was tust du denn da? Was hast du vor?"

Ihr Blick wanderte erschrocken zum Haar und dann schnell wieder zurück zu Xylon.

„Jetzt sind wir wieder quitt!", sagte Xylon knapp und ließ das herausgerissene Haar einfach fallen.

„Nein bitte, tue das nicht!", schrie sie, aber es war schon zu spät.

Ihr Haar segelte in den Brunnen und kam auf dem schwarzen Wasser sanft auf. Myra stieß Xylon daraufhin rücksichtslos mit ihrem Ellbogen zur Seite und starrte verzweifelt auf ihr in der undurchsichtigen Flüssigkeit schwimmendem Haar. Das Wasser fing an es zu verschlucken und ein mystischer Schein, welcher sich in Myras blauen Augen widerspiegelte, kam aus dem Brunnen und erhellte den gesamten Saal.

„Du Idiot! Ich will doch keine Vorhersage von mir!", wollte sie brüllen, aber ihre Worte verstummten in der Stille, als plötzlich eine wundersame Stimme in einem herrlichen Sing Sang anfing in ihrem, sowie auch in Xylons Kopf zu sprechen und keine anderen Klänge mehr hindurchließ.

Ein Junge aus Holz wird dir begegnen,
verschließe nicht vor ihm dein Herz.
Denn er wird dich führen, glauben, segnen
und erspart dir großen Schmerz.

Hoffnung gibt die Schlange,
auch gibt sie sehr viel Leid.
Doch der Abschied währt nicht lange,
das Ziel ist nicht mehr weit.

Der Schatten wird dir folgen,
die Vergangenheit holt dich ein.
Jetzt bloß keine Zeit vergeuden,
zu dritt wird's leichter sein.

Dunkelheit kommt über dich,
Schmerz, Trauer, Angst in den Gassen.
Am Ende des Weges leuchtet dir das Licht,
also lerne loszulassen.

Denn bedenke,

nur der Tod schafft neues Leben,
nimmst du ihn hin, wird er es dir geben.

Beide standen stillschweigend da und hörten noch immer die Worte in ihren Köpfen widerhallen. Selbst als der Brunnen, sowie auch der gesamte Raum, wieder seine ursprüngliche Dunkelheit angenommen hatte, sagte keiner der beiden ein Wort.

Doch Myras Anspannung wurde immer größer, bis

plötzlich all ihre Emotionen mit einem Mal aus ihr herausbrachen.

„Das … war … ja, FURCHTBAR!", rief sie panisch und drehte sich aufbrausend zu Xylon um, der vor Schreck zurückwich. „Du dämlicher Holzkopf. Jetzt weiß ich, dass ein Mitglied aus meiner Hera oder Bekannter aus meinem Umfeld sterben wird."

Kapitel 7
Die zweite Vorhersage

„Was?! Wie kommst du darauf?", fragte Xylon vollkommen irritiert, der noch immer dabei war, das gerade gehörte zu verarbeiten.

„Lerne loszulassen und der Tod, dass ich ihn hinnehmen soll. Das deutet alles auf das Ableben eines mir nahestehenden Menschen hin", erklärte sie ihm außer sich.

Xylon dachte kurz darüber nach und verfiel dann auch in Panik.

„Ah, du hast recht und der könnte ich sein. Ich werde, denke ich, doch keine Vorhersage mehr von mir machen lassen."

Kaum hatte Xylon dies gesagt, sah ihn Myra an, als würde sie ihn gleich mit hunderten von Wassernadeln durchbohren.

„Natürlich wirst du eine machen. Mich ins offene Messer laufen lassen und selbst einen Rückzieher machen. Das kannst du schön vergessen", sagte sie eindringlich und stürmte auf Xylon zu, mit der Absicht, ihm eines seiner verfilzten langen Haare herauszureißen.

Doch er hielt schnell ihre beiden Arme fest und versuchte sie auseinander zu stemmen. Myra drückte sich aber mit aller Kraft dagegen, sodass sie Xylon zum Rückwärtsgehen zwang. Er stolperte dabei über eine herausstehende Steinplatte und verlor das Gleichgewicht, wodurch er nach hinten überfiel. Er ließ Myra dabei allerdings nicht los, sodass sie unbeabsichtigt mit ihm zusammen zu Boden gezogen wurde und, auf ihm liegend, mit ihm weiterrang.

„Nein, ich will noch nicht wissen, wann ich sterbe", klagte Xylon und versuchte aus Verzweiflung seine Rankenfesseln aus seinem Handgelenk hervorzuholen, doch es passierte nichts. „Dekára, meine Holzfähigkeit funktioniert nicht mehr."

„Was sagst du?", stöhnte Myra und sah ihn mit ihrem, vom schweren Gerangel knallrotem Gesicht, fragend an.

Xylon nutzte die kurze Ablenkung, ließ ihre Arme los und stieß Myra vorsichtig mit seinem Fuß nach hinten. Doch sofort, als ihre Hände wieder frei waren, sammelte sie mit einem blitzschnellen Handgriff ein Haar von seiner Lederweste, rollte sich elegant nach hinten ab und kam mit einem leichten Schwung wieder in der Hocke zum Stehen. Sie richtete sich auf und sah dann verwundert auf ihre Handfläche. Doch bei dem Versuch über ihr eine Wasserkugel erscheinen zu lassen, geschah nichts.

„Unsere Verbindung mit der Natur ist vollständig blockiert. So etwas habe ich noch nie erlebt. Ob das Heiligtum einen speziellen Schutzmechanismus gegenüber Elementaren besitzt?", fragte sie verwundert und blickte auf die vielen verschiedenen Symbole auf den

Bodenplatten.

Doch das war Xylon völlig egal und versuchte schnell abzuhauen, bevor sie wieder auf die Idee kam, ihm eines seiner Haare herauszuziehen. Er richtete sich rasch auf und wollte schon durch den Korridor verschwinden, durch den sie einst gekommen waren, doch bevor er ihn erreichte, fragte Myra etwas, was ihn sofort zum Anhalten verleitete.

„Hey Xylon! Wo willst du denn so schnell hin? Willst du denn nicht auch den Rest der Weissagung hören?"

Xylon drehte sich überrascht zu ihr um und musste tatenlos mit ansehen wie Myra ein geschwungenes braunes Haar in den Brunnen segeln ließ. Grauen zeichnete sich auf seinem Gesicht ab.

„Unmöglich! Wo hast du das her?", wollte Xylon fragen, doch bevor die Laute ihre Ohren erreichen konnten, wurde wieder alles in ein mystisches Licht getaucht und dieselbe seltsame Stimme sang von Neuem in ihren Köpfen.

Das Element des Wassers wird dich begleiten,
widerstehe der Versuchung und glaube mir.
Das Schicksal wird euch beide leiten,
also verlange nicht so viel von ihr.

Mehr Zeit im Herzen gibt dir Freud,
trotz schwerer Last und viel Gefahr.
Leichtsinn wird erst spät bereut,
der gekreuzte Mond kommt dir sehr nah.

Die Prozedur schon kennend schlenderte Myra, nun nicht mehr so gefesselt davon, um den Brunnen und hörte weiter zu.

Eine einsame Entscheidung gibt Eifersucht,
höre auf den Dritten zur richtigen Zeit.
Denn es wäre nicht klug auf langer Flucht
und auch nicht am Ort der Schaffenheit.

Myras Aufmerksamkeit fiel wieder auf den kleinen, grauen Stein auf dem Podest. Sie hockte sich vor ihm hin und spürte, wie dieses bedrückende Gefühl sogar noch an Stärke zunahm, je näher sie ihm kam. Sie neigte ihren Kopf und kniff die Augen leicht zusammen. Denn ein schwachschimmerndes Schriftzeichen, welches sie nicht kannte, war auf dem Stein eingraviert.

Furcht umschließt so viele Seelen,
vertraue auf die Gunst der Vier.
Den Einbeinigen wirst nur du verstehen,
die Hoffnung kommt dann auch zu dir.

Doch sei gewarnt,

Xylon blieb von Anfang an wie gebannt stehen und wartete mit großer Anspannung auf das Ende. Myra jedoch beäugte weiter neugierig den Stein und versuchte ihn sich dann vorsichtig zu nehmen, um das Schriftzeichen noch genauer unter die Lupe zu nehmen.

der gekreuzte Mond kennt deine Vergangenheit,
doch dieses Wissen bringt ...

KRACKS!

Der Brunnen bekam plötzlich einen Riss und die Vorhersage wurde unterbrochen. Schockiert starrte Xylon auf die dunkle Flüssigkeit, welche wieder ihren Glanz verlor und durch die Bruchstelle aus dem Brunnen floss.

„Wa… was ist passiert?", japste er verzweifelt und suchte mit seinem Blick instinktiv nach Myra.

Sie stand mit dem grauen Stein in der Hand auf der gegenüberliegenden Seite des Brunnens und schaute so zu Xylon, als ob er sie gerade bei etwas Verbotenen erwischt hätte.

„Ups!", machte sie überrascht und versuchte schnell wieder den Stein auf seinen Platz zu legen.

Doch es war schon zu spät, der gesamte Gebäudekomplex fing plötzlich an zu beben. Gesteinsbrocken brachen aus der Decke und knallten ihnen vor die Füße und die Risse in den Wänden wurden immer größer.

Kapitel 8

Pythons Zorn

Xylon sah nach oben und musste mit Erschrecken zusehen, wie die kuppelförmige Decke über ihnen langsam anfing wie ein zerrüttetes Puzzle auseinanderzufallen und die Wurzeln der Bäume freigab, die einst durch diese Mauern gewachsen waren.

„Myra, raus hier! Es stürzt alles ein!", rief Xylon panisch und drehte sich zum Korridor, da dies ihr einziger Ausweg war.

Doch er erstarrte bei dem, was er dort zu sehen bekam. Denn die Tierwesenstatuen regten plötzlich ihre Köpfe und streckten ihre Glieder, als ob sie gerade aus einem langen Schlaf erwachten.

Währenddessen versuchte Myra so schnell wie möglich an dem Brunnen vorbei zu Xylon zu gelangen. Sie rutschte unter umstürzenden Säulen hindurch und sprang über Spalten im Boden, aus denen heiße Dämpfe emporstiegen. Als sie Xylon schweratmend erreicht hatte, klammerte sie sich an seiner Weste fest, um sich abzubremsen.

„Was ist los? Warum stehst du hier immer noch wie angewurzelt?", fragte sie verwundert und schaute in seine nach vorne starrenden Augen.

Xylon deutete, ohne ein Wort zu sagen, vor sich, während Myra seinem Blick in den Korridor folgte. Mit großen Augen beobachtete sie, wie die Smaragdstatuen gemächlich von ihren Plattformen stiegen und sich dann argwöhnisch umsahen. Nun stand auch Myra sprachlos da und rührte sich nicht.

Doch beide schreckten mit einem Mal zusammen und drehten ihre Köpfe ruckartig zur Seite, als plötzlich eine der Statuen in dem auseinanderbrechenden Saal, laut anfing zu brüllen. Es war eine, ebenfalls aus Smaragd bestehende, Statue, die einen Greif darstellte und wütend mit ihren Flügeln schlug. Kaum hatte sie die beiden erblickt, stürmte sie, durch die heißen Dämpfe springend, auf sie zu.

„Vorsicht!", rief Xylon, schob sich mit ausgebreiteten Armen schützend vor Myra und stellte sich dem Wesen todesmutig entgegen.

Da er noch immer keine elementarischen Fähigkeiten benutzten konnte, nutzte er die Schwungkraft der Statue aus, rutschte unter ihrem Sprung hindurch und ergriff ihre steinernen Schwanzfedern. An diesen hielt er sie fest und schleuderte sie mit aller Kraft gegen einen der Wände. Die Greifenstatue zerbarst in hunderte Teile, die sich über den gesamten Boden kreisförmig verteilten.

„Puh, das war knapp", stöhnte Myra hinter ihm und schaute nachdenklich zurück zum Ausgang mit den vielen Statuen. „Zum Glück sind sie nur aus diesem steinartigen Material und zerbrechen sehr leicht, wenn sie irgendwo gegengestoßen werden. Es wird langsam Zeit, dass wir hier verschwinden."

Xylon stimmte ihr zuerst nickend zu, doch dann zögerte er und schaute zum angebrochenen Hellseherbrunnen herüber.

„Halt! Warte noch! Was ist mit der Weissagung?", fragte Xylon verzweifelt und hielt sie am Arm fest.

„Was, vergiss sie?! Sie ist verloren! Alles hier ist verloren!", rief sie kopfschüttelnd und sah ihn an, als ob er nicht mehr alle Blätter am Ast hatte.

„Nein, du verstehst nicht. Trotz schwerer Last, hatte der Brunnen gesagt. Ich bin mir ziemlich sicher, dass dieser erdrückende Stein damit gemeint ist. Ich werde ihn mitnehmen!", erklärte Xylon und rannte, ohne auf ihre Antwort zu warten sofort los, um ihn zu holen.

Myra wollte ihn reflexartig an der Weste festhalten, doch erneut brach eine großes Deckenstück aus der Kuppel und knallte zwischen ihnen auf, wodurch sie schnell wieder ihre Hand von ihm wegzog.

„Xylon! Spinnst du? Komm sofort zurück! Verdammt, du bist ja verrückt!", schrie sie ihm fassungslos hinterher, doch durch den bebenden Lärm, war es kaum zu hören.

Myra war vollkommen außer sich. Die Ruine stürzte über ihren Köpfen zusammen, der Boden unter den Füßen verschwand, in dem Ausgang wimmelte es von Statuen, die ihnen an den Kragen wollten, beide hatten aus irgendeinem Grund keinen Zugang mehr zu ihren Elementen und das Einzige, woran er denken konnte, war das Entziffern dieser Weissagung.

Sie stand verzweifelt auf der Stelle und wusste nicht genau, was sie tun sollte. Daher blieb sie einfach dort, wo sie gerade war, und schaute zu Xylon, wie er durch die herabfallenden Trümmer und heißen Dämpfe hindurch auf das Podest zueilte.

Beim Laufen bemerkte Xylon auf einmal, wie der Boden unter seinen Füßen immer schwammiger wurde und die Luft um ihn herum anfing zu kochen. Von der enormen Hitze ganz schweißüberströmt kam er schließlich am Podest an, auf dem der Stein lag.

Plötzlich wurde ihm klar, dass er den Apollon Tempel nicht mehr lebend verlassen würde und mit genau diesem entsetzten Blick drehte er sich zu Myra um. In dem kurzen Moment, wo Xylon stehenbleiben musste, um sich den matten Stein zu holen, versank er schon mit den nackten Füßen in dem schmelzenden Gestein und konnte sich nicht mehr bewegen.

„Hier Myra, fang und dann verschwinde!", rief Xylon ihr zu und warf den Stein im hohen Bogen zu ihr herüber, den sie überrascht mit beiden Händen auffing.

Verzweifelt sah sie zu ihm herüber und wusste nicht genau, wie sie ihm helfen konnte, da sie Angst hatte, auch wie er im geschmolzenen Gestein zu versinken. Doch einfach so abzuhauen und ihn zurückzulassen, kam für sie auch nicht in Frage.

Für Xylon wurde es währenddessen immer heißer. Bei jedem Atemzug, den er machte, brannte ihm die Lunge. Auch die Wände um ihn herum und das Podest fingen nun an zu schmelzen. Ihr Proviant, den Xylon auf sein Fass geschnallt hatte, war nur noch ein einziger matschiger Haufen. Sogar die Nüsse, die zuerst aufgepoppt waren, wurden in Sekunden schwarz und vereinten sich zu einer Masse.

„Ich sagte doch, du sollst verschwinden! Du kannst mir hier nicht mehr helfen, niemand kann das!", brüllte er ihr noch ernster und lauter zu, da er dachte, dass sie ihn beim ersten Mal vielleicht in diesem tosenden Lärm nicht gehört hatte.

Bei dem Versuch das Gleichgewicht zu halten, versank er mit den Beinen immer tiefer in dem verflüssigten Gestein, das sich wie Feuer schmerzvoll in seine Haut brannte. Es roch schon entsetzlich nach seinem eigenen verbrannten Fleisch. Da er keine Verbindung zu seinem Element herstellen konnte, kam auch seine Rinderüstung nicht zum Vorschein, aber sie hätte ihm hierbei sowieso nicht viel helfen können.

„Nein, ich lasse dich nicht im Stic…", fing Myra an zurückzurufen, doch plötzlich wurde hinter ihr eine weitere Statue auf sie aufmerksam und hielt sie nun von hinten mit seiner aus Smaragd bestehende Langaxt am Hals fest.

Sie schob schnell ihre Hände zwischen ihrem Hals und den Stab und stemmte sich dagegen, damit er sie nicht erwürgen konnte. Verzweifelt versuchte sie das tonnenschwere Smaragdwesen, das offenbar einen Minotaurus darstellte, abzuschütteln. Doch das immense Gewicht drückte sie immer wieder zu Boden. Die restlichen im Gang befindlichen Statuen wurden durch Myras hektische Bewegungen nun auch neugierig und kamen langsam mit einem schweren, donnernden Getrampel auf sie zugerannt.

Das ist das Ende, dachte Xylon und sah verzweifelt zu Myra herüber, deren Anblick langsam in der Hitze der Luft verschwamm.

Ihnen beiden fiel kein einziger Ausweg mehr ein. Hier noch irgendwie lebend herauszukommen, war unmöglich. Sie mussten irgendetwas in der Vorhersage falsch verstanden haben, denn dort wurde nichts über ihren baldigen Tod erwähnt.

Das Wasser in Xylons Fass begann zu kochen und fing an zu verdampfen. Die sengende Hitze und die unerträglichen Schmerzen an den Beinen waren kaum noch auszuhalten, doch je mehr er sich bewegte, desto tiefer versank er und desto größer wurden die Schmerzen. So langsam machte ihn das ganz benommen und er verlor allmählich das Bewusstsein.

Doch als für beide alle Hoffnung verloren schien, erschütterte plötzlich ein weiteres Beben den Boden, gefolgt von einem tiefen, alles durchdringenden Dröhnen. Die Statuen bremsten schlagartig im Korridor ab und zogen sich auf einmal winselnd zurück. Auch die Taurenstatue, die Myra festhielt, ließ überraschend seine Langaxt locker und verschwand auf seinen Hufen mit den anderen im Gang.

Myra fiel auf alle viere, musste einmal husten und schaute dann durch ihre blauen zerzausten Haare zu Xylon. Doch es sah nicht so aus, als ob sich auch seine Lage auf irgendeine Weise gebessert hätte. Denn hinter dem noch immer im Boden steckenden Xylon, schossen breite Flammen aus den Rissen des Bodens und zwei tiefrote Augen starrten, aus einem riesigen Loch in der zerschmolzenen Wand, aus dem Dunkel hervor.

Die Spitzen seiner Haare fingen an rotfunkelnd zu glühen und die unbändige Hitze, die offensichtlich von dem Wesen mit den roten Augen kam, stach auf seiner Haut wie tausend scharfe Messerspitzen. Xylon drehte sich eingeschüchtert um und konnte sich bei dessen Anblick vor Angst nicht mehr rühren. Das lag nicht nur an dieser übermächtigen Präsenz, sondern auch daran, dass das Wesen, wie bei einem schweren Brand,

Unmengen Hitze und Feuer ausstrahlte, was Xylons größte Furcht darstellte.

Das Monstrum kam mit einem tiefen Knurren ein Stück aus dem Dunkeln hervor, wobei es mit jedem Schritt, den es machte, ein kleines Beben unter seinen Füßen verursachte. Es öffnete langsam seinen riesigen Schlund, welcher wie ein Mahlstrom aus Feuer aussah und fing dann an laut zu brüllen, wodurch es die Flammen um es herum noch stärker entfachte. Funken und verbrannte Asche ließ Xylon einfach ungehindert auf sich einprasseln, da seine Glieder wie erstarrt waren und ihm nicht mehr zu gehorchen schienen.

„Python, der Bewahrer von Delphi!", entgegnete Myra ehrfurchtsvoll und wagte es nicht, sich zu bewegen.

Eine Gestalt, die so eine gewaltige Energie ausstrahlte und so angsteinflößend war wie diese, hatten sie beide noch nie gesehen. Die gigantische Flammenkreatur machte einen Schritt mit ihrer glühenden Klaue in den großen Raum hinein, doch der bereits mehrfach aufgerissene Boden konnte das immense Gewicht des Wesens nicht halten und so gab dieser plötzlich nach.

Xylon brach aus dem schmelzenden Gestein und drohte in den sich unter ihm auftuenden Abgrund zu fallen, doch noch immer rührte er sich nicht.

„XYLON! Was machst du? Nun tue doch endlich was!", rief Myra verzweifelt, da sie nicht untätig mit ansehen konnte, wie Xylon in den Untiefen und somit für immer aus ihrem Leben verschwinden würde.

Wie ein elektrischer Schlag durchfluteten Myras Worte seinen Körper und lösten auf der Stelle seine Angststarre auf. Die unheimliche Feuerkreatur ignorierend, griff er schnell nach den herabstürzenden Steinen und versuchte daran hinaufzuklettern. Da aber immer weitere Steine nachrückten und das Loch im Boden immer größer wurde, kletterte und rannte Xylon, so schnell er konnte, über die wegbrechenden Steinplatten. Selbst der Brunnen brach, während er an ihm vorbeilief, vollständig auseinander und fiel in die unendlichen Tiefen des Abgrunds. Fast hatte er Myra erreicht, die ihm schon mit ausgestrecktem Arm ungeduldig erwartete, doch die Bodenplatten unter seinen Füßen brachen schneller weg, als er über sie hinweglaufen konnte. Mit einem letzten Sprung versuchte er, mit einem weit ausgestreckten Arm, mit der rechten Hand an die äußerste Kante des Korridors zu gelangen, doch er verfehlte sie nur um Haaresbreite und stürzte zusammen mit den vielen anderen Steinplatten des Bodens hinab.

Doch auf einmal ergriff etwas sanft seine Hand und bremste schlagartig seinen Fall. Xylon schaute hinauf und erblickte Myras angestrengtes Gesicht.

„Eh … jetzt komm schon! Mach dich doch nicht so schwer!", ächzte sie und versuchte Xylon nun mit beiden Händen mit aller Kraft zu sich hinaufzuziehen.

„Danke, dass du trotz meiner Worte geblieben bist, Myra. Was würde ich nur ohne dich machen?", fragte Xylon völlig fertig und kletterte mit ihrer Hilfe aus dem Loch. Er musste sich an Myra stützend hochziehen, da die Verbrennungen an seinen Beinen so schlimm waren, dass er sich kaum darauf halten konnte.

„Wohl nicht mehr viel", erwiderte Myra und sah panisch zum Python herüber, der auf der anderen Seite des Abgrunds stand und erneut seinen gewaltigen Schlund öffnete. „Da, ich habe deinen Stein! Nun wird es aber wirklich Zeit, dass wir hier endlich verschwinden."

Mit einem weiteren tiefen Dröhnen, stieß der Python eine große Feuerkugel aus, die quer durch den bodenlosen Raum auf sie zuflog. Bevor die Kugel die beiden jedoch erreichte, waren sie schon in dem Korridor verschwunden und rannten ihn eiligst entlang. Die Kugel traf den Zugang des zerstörten Saales und brachte den Korridor an dieser Stelle zum Einsturz. Die Kreatur stieß daraufhin wütende Schreie aus, da sie die beiden nun nicht mehr verfolgen konnte.

„Wir müssen runter zum Fluss!", japste Myra und sprang mit Xylon an der Seite über unzählige Trümmerteile hinweg. Ab und zu drehte sie sich um, doch das mythische Feuerwesen war hinter ihnen nirgends mehr zu sehen.

„Ja, aber pass auf, vor uns!", warnte Xylon und deutete auf die lebendig gewordenen Statuen, die ihnen den Ausgang versperrten.

Mit ihren seelenlosen Blicken starrten sie die beiden böswillig an und kamen wieder auf sie zugestürmt. Doch weit kamen sie nicht, da der auseinanderfallende Korridor sich, aufgrund der immer weiter voranschreitenden Zerstörung des Tempels, zur Seite hinneigte und alle Statuen überrascht zur rechten Wand wegrutschten. Auch Xylon, der noch immer von Myra gestützt wurde, rutschte mit ihr beim Laufen an die Wand. Da durch diese überraschende Aktion viele der Statuen nun auf der Seite lagen oder sogar auf dem Rücken und sich erst wieder aufrappeln mussten, war der Gang über ihnen, welcher die ehemals linke Wand war, nun frei. Eine erfrischende Brise der Morgenluft war bereits auf der Haut zu spüren.

Xylon nutzte sofort diese Lücke und erschuf schnell, ohne darüber nachzudenken, ob es überhaupt funktionieren könnte, eine Ranke aus seinem Handgelenk und warf sie nach draußen auf eine der breiten Eingangssäulen zu, um diese zu umwickeln.

„Ja! Es geht wieder", rief Xylon voller Begeisterung und sah Myra freudestrahlend an, die überrascht zu ihm zurückblickte. „Halt dich fest!"

Myra tat, wie ihr geheißen und klammerte sich an Xylon, der zu einem Sprung an der Ranke mit ihr ansetzen wollte. Doch plötzlich brach der gesamte schon völlig zerrüttete Gang um 45 Grad nach oben und sie fielen von ganz allein im Lauf nach vorne, durch den nun abschüssigen Korridor. Sie wurden über die, sich verzweifelt an den Wänden festklammernden Smaragdstatuen herüber, nach draußen geworfen.

Beide kamen durch das Eingangsprotal geflogen und wollten sich schon freuen, endlich wieder an der frischen Luft zu sein, doch der Tempel fiel auch hier immer weiter auseinander. Die vielen gigantischen Säulen zerbrachen an den unterschiedlichsten Stellen und brachten damit das Dach vor ihnen zum Einsturz.

„Jetzt wird es aber eng!", brüllte Xylon, der noch immer seine Ranke fest in der Hand hielt und versuchte, sich schwingend, so schnell wie möglich mit Myra im Arm aus der Gefahrenzone zu bringen.

Hin- und herschwingend gelang es ihm an den vielen vor ihnen umkippenden Säulen vorbeizukommen. Abgeplatzter Marmor und herumfliegende Gesteinsbrocken flogen ihnen dabei um die Ohren und der Schatten des Daches zog langsam immer weiter über ihre

Gesichter. Myra klammerte sich noch enger an Xylon, damit sie beide kleiner und windschnittiger wurden. Kurz vor der herunterkommenden Kante des Tempeldaches schwang er sich im letzten Moment unter ihr hindurch, bevor sie beide unter den Trümmern begraben werden konnten. Da Xylon seine Ranke wieder loslassen musste, weil er sonst mit ihr vom herabfallenden Dach heruntergezogen worden wäre, kam er mit Myra unsanft auf dem Vorplatz des Tempels auf. Nachdem Xylon ihren langen Sturz rabiat mit einer neuen Ranke, die er um den in der Mitte des Platzes befindlichen Springbrunnen gewickelt hatte, stoppte, glitt ihm Myra aus seinen Fingern, die daraufhin ein paar Fuß abseits von ihm liegen blieb.

Hier draußen hatte sich von den paradiesisch wirkenden Ruinen nichts verändert. Die Sonne stand noch immer hoch am leuchtendblauen Himmel und die üppige Pflanzenwelt ließ auch weiterhin alles in einem herrlichen Grün erstrahlen.

Xylon schaute, auf dem Bauch liegend, zu Myra, die dabei war, sich eiligst aufzurappeln. Danach drehte er sich um und blickte hinter sich zu dem höllischen Krach des zusammenfallenden Heiligtums, welches unter einer gigantischen Staubwolke begraben wurde. Die Wolke kam durch die enorme Zerstörung, nun auch auf sie beide in einem hohen Tempo zugerast. Es war noch nicht vorbei! Xylon richtete sich, trotz der unerträglichen Schmerzen an seinen Beinen, hastig auf und versuchte, wie Myra, vor der Wolke über den großen Vorplatz davonzurennen.

Das brachte jedoch nichts, da diese deutlich schneller war, als sie beide und sie einfach in sich verschluckte.

Der tosende Lärm, um sie herum, wechselte schlagartig zu einem gedämpften dunklen Ton. Mit dem Arm vor dem Gesicht irrte Xylon, nun fast blind, durch den feinen Steinstaub, auf der Suche nach einer Erhöhung. Da er Myra, dank ihrer Verbindung, trotz des ganzen Durcheinanders erspüren konnte, bewegte er sich zuerst zielstrebig in ihre Richtung und kam, vollkommen eingestaubt, auf einer Anhöhe wieder aus der Schuttwolke.

Dort stand bereits Myra und beobachtete völlig fertig, wie der Rest des sagenumwobenen Orakels von Delphi langsam in sich zusammenstürzte. Xylon hustete einmal stark und drehte sich dann auch zum Orakel um oder das, was davon noch übrig war. Schweratmend stützte er dabei die Hände auf seinen Knien ab. So dastehend, schauten beide dem Spektakel eine Weile schockiert zu.

„Iy nabaar, das hätte echt böse enden können", beklagte sich Myra auf einmal und klopfte sich den Staub von ihren Klamotten und aus den Haaren.

„Da hast du Recht. Doof nur, dass das alles deine Schuld war!", beschuldigte Xylon sie und kam nun schwer gestikulierend auf sie zu.

Ihn ärgerte es, dass gerade seine Vorhersage, wegen ihr, an der wichtigsten Stelle unterbrochen wurde. Jetzt, wo es wieder sicher war, konnte er endlich seinen Frust an ihr darüber herauslassen.

„Meine Schuld?", fragte sie ungläubig und fuhr mit ihren Armen verständnislos auseinander.

„Ja, natürlich! Hättest du den Stein nicht entwendet, wäre es erst gar nicht so weit gekommen. Soviel zu nichts anfassen."

„Was? Es ist doch nur so weit gekommen, weil du dir unbedingt eine Zukunftsvorhersage von dem Orakel machen lassen woll…"

Ein lautes Dröhnen unterbrach sie. Erschrocken schauten sie beide zu dem zusammengefallenen Apollon Tempel herunter. Zuerst fing der Boden dort unten zu beben an und dann mischte sich eine verschwommene Hitze dazu, die immer intensiver wurde. Es baute sich eine gewaltige Anspannung auf, die sich mit einem Mal in einem großen lauten Knall entlud. Die gewaltigen Brocken des Gebäudes flogen hoch durch die Luft und der mächtige, flammenumströmte Python richtete sich mit einem allesdurchdringenden Brüllen und weit ausgebreiteten Flügeln aus den Trümmern heraus auf.

Er war ein haushohes drachenähnliches Geschöpf, was nur aus Feuer zu bestehen schien. Myra und Xylon zuckten vor Schreck zusammen, als es die beiden sofort wieder ins Visier nahm und mit einem alles erschütternden Satz aus dem Geröllberg sprang.

„Ah … LAUF!", schrien beide zugleich und stürmten in die Stadt hinunter.

Kapitel 9
Ein großer Fehler

Unten in der Stadt angekommen, rannten beide durch die labyrinthartigen Wege der zugewachsenen Ruinen vor dem Python um ihr Leben. Sie trennten sich dabei absichtlich und versuchten möglichst oft im Zickzack durch die Pfade zu sprinten, um die riesige Kreatur damit zu irritieren, die mit enormer Geschwindigkeit hinter ihnen herflog.

Xylon hatte noch nie zuvor so eine große Angst verspürt, wie vor diesem Ungetüm. Er wusste, dass auch nur ein einziger Treffer von dem Feuerwesen ausreichen würde, ihn zu töten, und er im Gegenzug ihm selbst kein Haar krümmen konnte, egal was auch immer er tat. Und als würde das nicht schon ausreichen, kamen über ihnen auch noch kleine und große geschmolzene Gesteinsbrocken mit einem pfeifenden Geräusch herunter, die der Python aus dem zerstörten Tempel emporgeschleudert hatte. Mit langen rauchenden Schweifen flogen sie hoch durch die Luft und schlugen überall vor und hinter ihnen in den Wegen und Häusern ein.

ZISCH! RUMMS!

Ein Brocken durchschlug direkt über Xylon den

Aussichtsturm der Stadt und ließ ihn brennend in sich zusammenstürzen. Geduckt, unter den Trümmern hindurchspringend, hielt er nach Myra Ausschau. Er erreichte die Hauptstraße der Stadt. Am anderen Ende glaubte er, ihre Silhouette erspäht zu haben. Xylon lief daher in diese Richtung, trotz der fürchterlichen Schmerzen an seinen verbrannten Beinen.

Aber plötzlich kam eine der gewaltigen Eingangssäulen des Tempels direkt vor ihm herunter und schlug mit voller Wucht auf der gepflasterten Straße auf. Doch Xylon stoppte nicht ab, sondern rannte einfach an der benachbarten Hauswand hinauf, schnappte sich eine der vielen Kletterpflanzen, die an den Wänden wuchsen, und hangelte sich an ihr festhaltend die Mauer entlang. Daran abstoßend, erschuf er schnell eine Ranke aus seinem Handgelenk und schwang über den Säulenrest herüber auf die gegenüberliegende Seite der Straße. Sich am Boden gekonnt abrollend, kam er wieder auf seinen Knien zum Stehen und erblickte Myra vor sich, wie sie gerade auf eines der steinernen Gebäude zulief, um vor den vielen herabfallenden Felsbrocken in Deckung zu gehen und sich gegebenenfalls darin vor dem Python zu verstecken.

Mit Erschrecken stellte Xylon aber fest, dass in dieses gleich ein Teil des gigantischen Stylobat des ehemaligen Heiligtums einschlug, was das kleine Gebäude niemals standhalten würde.

„Myra, Vorsicht!", rief Xylon ihr zu, doch durch den vielen Lärm, konnte sie ihn nicht hören. Daher erschuf er flink eine weitere Ranke, dieses Mal jedoch mit einem verdickten Ende, um sie weiter werfen zu können.

Diese schleuderte er im hohen Bogen auf Myra zu,

sodass sie ihren Rücken erreichte. Kaum hatte sich das knorrige Ende an ihrer Kleidung festgekrallt, zog Xylon sie sofort mit aller Kraft zu sich heran, aus der Todeszone. Mit einem lauten Knall begrub die gewaltige Steinplatte anschließend das Wohnhaus und erzeugte dabei eine dichte Staubwolke, die sich mit dem Dunst der vielen anderen Einschläge der Stadt vermischte.

„Uff, danke!", schnaufte Myra erschöpft, blickte dann aber angsterfüllt zum Himmel und brachte kein weiteres Wort mehr heraus.

Ein schleierförmiger Schatten auf ihrem Gesicht verriet ihm, was sie da gerade sah. Xylon drehte sich danach um und spürte sofort wieder eine ungemütliche Wärme auf seinem Gesicht. Der Python hatte sie inzwischen eingeholt und breitete über ihnen seine brennenden Flügel aus. Erneut öffnete er seinen monströsen Schlund, der einer Brunnenöffnung ähnelte, und drehte in dessen Mahlstrom aus Flammen eine große Feuerkugel zusammen, die er dann direkt auf sie beide mit hoher Geschwindigkeit abschoss. Myra und Xylon sprangen auf der Stelle auseinander und warfen sich flach auf den Boden, schützend mit den Händen über den Kopf, doch die Explosion des Aufschlags war zu gewaltig. Eine gigantische, von dem Aufschlag erzeugte Druckwelle riss beide mit einer Menge Pflastersteinen und Geröll vom Boden und schleuderte sie in die links und rechts von der Straße stehenden Gebäude. Die Mauern, in die sie hineinbrachen, stürzten anschließend lärmend in sich zusammen.

„Argh … bei den Göttern. Wir sind diesem mächtigen Wesen voll und ganz ausgeliefert", stöhnte Xylon schmerzerfüllt und versuchte sich langsam wieder aus den Gebäudetrümmern aufzurichten. Staub und Schmutz rieselte von seiner Weste und seinem zerschundenen Körper, an dem sich wieder automatisch seine Rüstung aus Rinde gebildet hatte und nun langsam wieder verschwand. Schockiert blickte er auf die gewaltige Zerstörung, die die Explosion hinterlassen hatte. Von der Straße war nur noch ein einziger großer Krater übriggeblieben. Die gesamte Stadt glich mittlerweile einem Kriegsschauplatz.

Xylon versuchte, mit zu Schlitzen geformten Augen, durch den vielen Rauch hindurch, auf der gegenüberliegenden Seite des brennenden Kraters, Myra zu entdecken. Das, was er dabei als Erstes von ihr zu sehen bekam, waren ihre mit Blut und Dreck verschmierten Arme, die sie, auf dem Rücken liegend, gen Himmel richtete.

„Dich werde ich löschen!", schrie sie wutentbrannt, doch zu ihrer Verwunderung kam kein Wasser aus der Luft über ihr zusammen. „Was? Wieso funktioniert das denn nur bei mir nicht mehr?"

Das verblüfft beobachtend, schaute Xylon wieder zum Python und musste mit Erschrecken zusehen, wie das Wesen erneut tief Luft holte und eine weitere Feuerkugel produzierte.

„Ich muss ihr unbedingt helfen, dass schafft sie sonst nicht allein", entgegnete Xylon panisch, kam, ohne lange darüber nachzudenken, aus dem eingefallenen Mauerrest des Hauses und erzeugte eine Ranke. Das eine Ende wickelte er dann eilig um seine Hand und das andere um sein Wasserfass.

Anschließend zog er kraftvoll an der Ranke und schleuderte sein Fass geschwind um seine eigene Achse.

Genau in dem Moment, als der Python den Feuerball abschoss, ließ Xylon die Ranke mit einem lauten Kampfschrei wieder los und schleuderte sein Fass genau in die Flugbahn der Feuerkugel. Es war ein perfekter Treffer. Das Fass zerbarst in der Luft und das Wasser darin machte die Kugel instabil. Zuerst schien sie nur das Wasser lautlos in sich aufzusaugen, doch dann löste der große Temperaturunterschied eine noch heftigere Explosion aus als alle zuvor.

Ein unerträgliches Donnern dröhnte ihnen in den Ohren und vibrierte unangenehm zwischen den Zähnen. Selbst der Python schreckte davor zusammen und ruderte hastig mit seinen Flammenflügeln zurück. Die Druckwelle zog als sichtbarer, flammender Schein über sie hinweg und traf hinter ihnen auf dem Boden auf. Sie riss eine tiefe Furche in den Erdboden und zerteilte sogar einige Häuser aus massivem Gestein sauber in zwei Hälften.

Was für eine gewaltige Energie! Das können unmöglich herkömmliche, aus Feuer bestehende, Kugeln sein, die das Monster da produziert, überlegte Xylon überrascht, der mit den Händen über dem Kopf auf dem Boden hockte, da kochend heiße Wassertropfen über ihnen herabrieselten.

Beim vorsichtigen Hinaufschauen weiteten sich plötzlich seine Augen. Denn eine weiße pilzartige Wolke stieg über der Explosionsstelle auf. Das war ihre Chance! Die Wolke könnte sie beide für eine kurze Zeit vor dem Flammenwesen verstecken.

Obwohl ihm jeder Knochen im Körper wehtat, richtete sich Xylon dennoch geschwind auf und stieß sich so heftig vom Boden ab, dass er einen tiefen Fußabdruck im Erdboden hinterließ. Er sprintete, so schnell er konnte, in Myras Richtung, die noch immer grübelnd am Boden auf ihrem Bogen lag. Xylon griff sich im Lauf ihre Hand und zog sie eilig hoch, um mit ihr zusammen hinunter zum Fluss zu rennen.

„Los, komm! Wir sollten zum Hafen zurück, wo unser Lager ist", rief Xylon und bahnte sich mit ihr einen Weg um die vielen verfallenen und zugewucherten Pfade, Brücken und Straßen.

„Ach Xylon, was soll denn das bringen. Ohne meine Wasserfähigkeit sitzen wir unten am Fluss, auch nur wie auf dem Präsentierteller. Warum kann denn nur ich keine Kräfte mehr benutzen?", fragte sie Xylon verwirrt, der nichts anderes im Kopf hatte, als diesem schrecklichen Albtraum endlich zu entfliehen.

„Das weiß ich leider auch nicht, aber wir müssen irgendetwas tun. Hier weiter untätig herumzuliegen würde uns auch nicht viel weiterhelfen. Vielleicht kann uns der Ausläufer ja -", fing Xylon an zu erklären, unterbrach sich dann aber plötzlich selbst, woraufhin Myra ihn fragend ansah. „Hey, warte Mal, hast du den Stein noch?"

Myra nickte, verstand aber nicht genau, worauf er hinaus wollte.

„Im Heiligtum konnten wir doch keine Fähigkeiten mehr benutzen. Ich denke, dass der Ursprung dieser kleine graue Stein ist und seine Wirkung über die vielen Schriftzeichen im gesamten Raum verstärkt wurde. Du trägst ihn, seitdem ich ihn dir im Tempel zugeworfen habe, die ganze Zeit über bei dir."

Kurz darüber nachdenkend, warf Myra ihm den Stein sofort wie angeekelt herüber und schaute, im Laufen breitlächelnd, auf ihre Hände, die sie wieder mit einer hauchdünnen Wasserschicht überziehen konnte.

„Ja! Ich fühle, wie mich meine elementarische Energie wieder durchströmt. Danke dir, Xylon. Ich werde das Ganze jetzt beenden", rief sie hochmütig, bremste auf der Stelle ab und drehte sich entschlossen zum Python um, der ihnen die ganze Zeit über beim Fliegen wütende Schreie hinterherbrüllte.

„JETZT STIRB!"

Myra hob beide Hände zum Gegenschlag in die Luft und schien, mit einem ungeheuren Druck, alles Wasser in ihrer Umgebung gewaltsam zu sich heranzuziehen. Alles, was Wasser enthielt, oder an sich hatte, flog zu ihr. Pflanzen, Steine sogar Kleintiere, wie Nager und Käfer. Blut tropfte ihr von der großen Kraftanstrengung aus Nase und Ohren. Da ihre Energie schwach, aber spürbar auch auf Xylon einwirkte, blieb er stehen und schaute verwirrt zu ihr zurück.

Myra schien es wirklich ernst zu meinen! Was hatte sie bloß vor? Xylon blickte sich überrascht um und sah, wie allerlei Kleinstteile quer durch die Luft an ihm vorbeiflogen und starrte dann, tief in Gedanken versunken, unter sich auf den Boden. Ihre Worte waren für einen Elementar schon sehr untypisch. Auch er hatte eines dieser Smaragdwesen im Brunnensaal getötet, ohne selbst Schuldgefühle zu bekommen oder wegen seines Elements zu sterben. Irgendetwas stimmte hier auf jeden Fall nicht.

Kleine dunkle Punkte auf dem Boden zogen Xylons Aufmerksamkeit wieder auf das umliegende Geschehen. Er schaute verwundert nach oben, wobei ihm kühles Wasser ins Gesicht tropfte. Eine gigantische

Wassersäule, mit all dem Wasser aus der näheren Umgebung und auch aus dem Gewässer, erhob sich über seinem Kopf, als würde ein Fluss in der Luft einfach über ihnen hinwegfließen. Wie eine gläserne Röhre stieg sie in den Himmel auf, in der man etliche Fische, Algen und Unrat treiben sah. Der Python stieß eine weitere Feuerkugel aus, die aber einfach in dem vielen Wasser erlosch. Myra zog ihre Arme nach hinten und breitete sie langsam immer weiter aus. Im selben Moment brach auch die Wassersäule an der Spitze auseinander und verhielt sich wie eine Schlange, die jeden Moment zubeißen konnte.

Xylon betrachtete währenddessen schwermütig den erdrückenden Stein in seiner Hand und dachte noch einmal intensiv darüber nach. Dieser Hass! Dieses extreme Verhalten! Das passte einfach alles nicht zu einem Elementar. Doch dann fiel es ihm wie Schuppen von den Augen. Der Stein entzog ihnen die elementarische Energie. Ohne diese waren sie nichts weiter als … natürlich, Menschen! Myra war ohne den Stein wieder ein Elementar, das bedeutete -?

„Oh nein, Myra! Das darfst du nicht tun!", brüllte Xylon sofort panisch, doch es war schon zu spät.

Sie holte, kontrolliert mit ihren Armen schwenkend, zum Gegenschlag aus und die Wassersäule schlug breitgefächert mit immenser Wucht auf das Flammenwesen ein und umschlang es vollständig. In einem gliederdurchdringenden Schrei verdampfte der Python in der Luft und knallte kurz darauf rauchend als kleines, schwarzes Etwas tot auf dem Boden auf. Myra stach zur selben Zeit, wie die Kreatur ihren letzten Atemzug machte, ein heftiger Schmerz in die Brust. Mit einem

Mal löste sich ihre Technik auf und das gesamte gesammelte Wasser regnete über ihnen zu Boden. Das letzte, was sie sah, bevor sie bewusstlos zu Boden ging, war eine wunderschöne Iris, die über ihr im Regen, aufgrund der hochstehenden Sonne, erschien.

Xylon stolperte hektisch durch das strömende Wasser zu ihr und warf sich vor ihr auf die Knie. Er hob ihren leblosen Körper vom Boden auf und hielt sie anschließend vorsichtig in den Armen.

„Als Elementar darf man doch nicht töten!", sagte Xylon niedergeschlagen und starrte auf sie. „Du darfst mich doch jetzt nicht im Stich lassen. Ich brauche dich doch."

Er legte sie wieder am Boden ab und lehnte sich dann dicht über ihren Brustkorb. Ihr Herz schlug nicht mehr. Mit zitternden Händen machte Xylon eine Herzrhythmusmassage und eine Mund-zu-Mund-Beatmung. Immer wieder legte er beide Hände auf ihren, vom vielen Wasser und Matsch glitschig gewordenen, Brustkorb und drückte ihn in regelmäßigem Abstand.

„Du hast Recht", schluchzte Xylon unter Tränen. „Es ist alles nur meine Schuld. Wenn ich nicht so auf diese verdammte Vorhersage versessen gewesen wäre, wäre das hier nie passiert. Es tut mir schrecklich leid. Bitte komm zu mir zurück!"

Xylon war völlig fertig und konnte sich kaum noch aufrechthalten, doch er gab nicht auf. Wieder und wieder drückte er ihren Brustkorb. Ab und zu hörte er an ihm und fühlte nach ihrem Atem, doch es tat sich nichts. Nach einiger Zeit sah er sich verzweifelt um und erblickte dabei den kleinen, matten Stein zwischen Myra und sich liegen. Wütend nahm er den Tempelstein in die Hand und schmiss ihn so weit weg, wie er konnte. „Das ist alles nur deine Schuld, du dämlicher Stein!", fluchte er verzweifelt und brach weinend über ihr zusammen.

Kaum hatte Xylon den Stein weggeworfen, machte Myra wieder einen Atemzug. Xylon schreckte hoch, sah sie kurz überrascht an und hörte dann schnell an ihrem Brustkorb. Ihr Herz, es schlug wieder! Nach den ersten sicheren Herzschlägen fiel er erleichtert und völlig erschöpft auf sie drauf. Sein Kopf schmerzte und der eisenhaltige Geschmack von Blut lag ihm auf der Zunge. Verkrampft zog er an ihren verschmutzten Klamotten und wischte sich damit seine Tränen aus dem Gesicht.

„Mach das bitte nie wieder mit mir! Ich liebe dich doch!", klagte Xylon, obwohl Myra noch immer bewusstlos war und ihn nicht hören konnte.

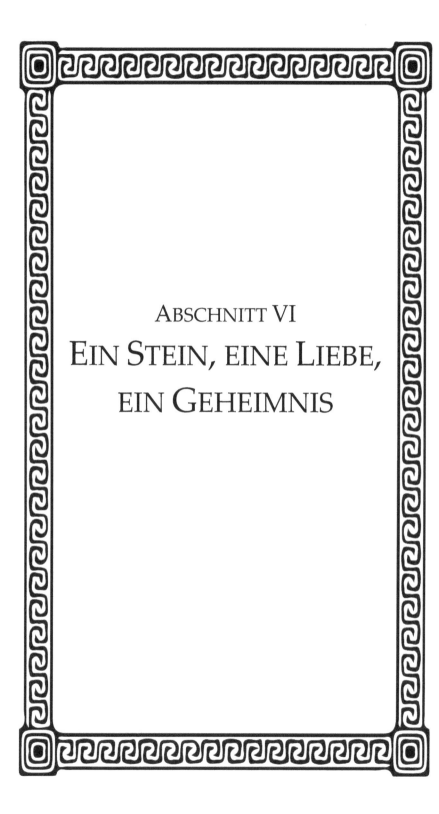

ABSCHNITT VI

EIN STEIN, EINE LIEBE, EIN GEHEIMNIS

Kapitel 10
Süchtig nach dem Stein

Tief betrübt starrte Xylon seit mehreren Stunden auf Myras regungslosen, vor ihm im ruhigen Gewässer treibenden, Körper. Damit sie nicht davon schwamm, hatte er ihren Fuß mit einer Ranke an einen Pfahl gebunden, den er fest im Flussbett verankert hatte. Ihre Kleidung und ihr Körper waren von dem vielen vorbeiziehenden Wasser mittlerweile von jeglichem Schmutz und Blut reingewaschen.

Xylon hoffte, dass es ihr bald wieder besser ging. Myra hatte wirklich Glück gehabt, dass trotz ihrer aggressiven Gedanken dem Python gegenüber, dessen Tötung von der Natur als Notwehr angesehen wurde, da er sie zuerst angegriffen hatte, sonst wäre sie sicherlich nicht so glimpflich davongekommen, befürchtete er. Obwohl es nicht das erste Mal war, dass er sie zu verlieren drohte, hatte er sich noch nie so niedergeschlagen und hilflos gefühlt wie jetzt. Selbst nach der Situation mit den widerwärtigen Parasiten nicht, wo sie mehrere Tage bewusstlos war. Doch wieso war das so?

Der Stein, kam es ihm gleich wieder in den Sinn. Menschen waren ihren Emotionen viel hilfloser ausgesetzt als Elementare. War es möglich, dass dies noch die Nachwirkungen des grauen, matten Steines waren, und das Element seine Gefühlswelt noch nicht wieder vollständig reguliert hatte? Immerhin trug er den Stein ja gerade nicht bei sich.

So dasitzend, dachte Xylon viel über den Stein und ihre beiden Vorhersagen nach. Dabei rieb er über sein Bein, um das er nach dem Säubern große Asklepiosblätter gelegt hatte, damit seine starken Verbrennungen schneller abheilen konnten. Auch wenn er sich sicher war, dass trotz seines robusten Körpers und hohen Regenerationsfähigkeit einige Narben zurückbleiben würden.

Er müsste eigentlich dringend sein Fass reparieren, aber er konnte Myra einfach keine Sekunde aus den Augen lassen. Jetzt wurde ihm erst so richtig bewusst, wie sehr er sie liebte. Ein Gefühl stärker als alles bisher Dagewesene. Furcht, Hoffnung, Liebe, so viele starke Emotionen und das alles aufgrund eines so kleinen Objektes? Als Elementar kannte er die vielen verschiedenen Gefühle zwar auch, jedoch waren sie noch nie so intensiv, wie diese, die er jetzt verspürte. Waren Elementare denn wirklich so gefühlskalt?

Trotz des entspannten Geplätschers des Wassers und der Idylle des umliegenden Waldes wurde Xylon immer unruhiger. Schließlich stand er auf und ging am Ufer ungeduldig auf und ab. Auch die kleine Katze Pan war mittlerweile von ihrer Jagd zurückgekehrt und sprang schon seit einiger Zeit am Flussrand aufgeregt auf und ab. Sie sah zwar Myra bewusstlos im Gewässer treiben, da sie aber Wasserscheu war, wagte sie sich nicht näher an sie heran.

Xylon blickte neben sich zu Pan. Ihre komischen Bewegungen amüsierten ihn. Einmal musste er sogar kurz kichern, als die Katze versehentlich ins kühle Nass trat und daraufhin schnell wieder verschreckt zurücksprang.

„Dekára!", fluchte Xylon sofort beschämt und kniff sich in den Unterarm.

Was war denn nur mit ihm los? Erst diese Überreaktion in dem Heiligtum, dann dieses extreme Angstgefühl, seine große Liebe zu verlieren und nun dieses unkontrollierte Kichern, wegen dieser dämlichen Katze, zu einem so unpassenden Zeitpunkt. Es kam ihm fast so vor, als hätte er in seinem Leben noch nie Gefühle besessen. Dabei waren sie doch etwas Gutes oder nicht? Es gab nur eine Möglichkeit das herauszufinden.

Nach der Auseinandersetzung mit dem mächtigen Python hatte Xylon, immer noch aufgrund seiner Vorhersage, den Tempelstein mit ins Lager genommen. Er begab sich zu dem, von Myra nicht weit abliegenden, Lager. Dort angekommen, betrachtete er neugierig den Stein von oben herab, wie er dort vor der erkalteten Feuerstelle auf dem Boden lag. Daneben befanden sich nur noch die verbogenen Eisenriemen seines zerstörten Wasserfasses, sowie Myras Umhängetasche und ihr Bogen.

Xylon strich sich mit seinen Fingern nachdenklich über sein Kinn. Der Stein sah so unscheinbar aus und dennoch befreite er die tief in ihm schlummernden Gefühle von seiner elementarischen Selbstkontrolle. Wenn selbst eine anhaltende, pulsierende Furcht, wie die vor dem Python, solch einen, beim erfolgreichen Entkommen, aufregenden Adrenalinausstoß in ihm freisetzte, was geschah dann erst bei großer Freude oder erregender Lust? Diese Intensität von Gefühlen konnte einen richtig süchtig machen. Dieser Stein konnte süchtig machen. Suchtgefühle, die ein Elementar überhaupt nicht besitzen dürfte.

Voller Ehrfurcht schaute Xylon eine ganze Weile zu dem vor seinen Füßen liegenden Stein hinunter. Schließlich bückte er sich und nahm ihn, nach kurzem Zögern, in die Hand. Und sofort spürte er es wieder. Einerseits dieses Schwermütige und Erdrückende, andererseits aber auch dieses eigenartige Glücksgefühl. Doch wodurch wurde es ausgelöst?

Überrascht blickte sich Xylon mehrmals um. Erst jetzt bemerkte er, dass er keine Tiere oder Pflanzen in seiner Nähe mehr erspüren konnte. Die Umgebung hatte sich vollständig verflüchtigt. Dieses schwere Gefühl, was von dem Stein ausging, war anscheinend das Abkapseln der Natur von seinem Bewusstsein. Er fühlte sich nicht mehr so beobachtet und unter Druck gesetzt. Er fühle sich irgendwie - frei.

Xylon bewunderte noch einmal den Stein in seiner Handfläche und begab sich dann zurück zum Ausläufer. Während er wieder sehnsüchtig zu Myra zurückging, die sich bisher noch nicht einmal bewegt hatte, erblickte er vor sich plötzlich ein paar kleine Fische, die auf langen, schmalen Flossen eiligst aus dem Fluss über das Festland flüchteten.

Was für ein ungewöhnliches Verhalten? Irgendetwas muss sie aufgeschreckt haben, überlegte Xylon und sah verwundert zu Pan herüber, die jetzt noch wilder am Ausläufer umhersprang und so heftig fauchte und keifte, wie sie konnte. Gefahr! Er konnte aber nichts erspüren. Der

Stein blockierte ihn. Sollte er ihn wieder wegwerfen? Myra war in Lebensgefahr? Aber als Mensch konnte er töten. Wollte er denn töten?!

Mit seinen Gedanken hin und her ringend, stand Xylon ganz aufgewühlt da und betrachtete nervös den grauen Stein in seiner zitternden Hand und wollte ihn irgendwie nicht wieder loslassen.

„Verdammt nochmal!", brüllte Xylon schließlich und warf ihn wütend zur Seite. „Myra ist jetzt wichtiger."

Er wollte schnell zu ihr in den Ausläufer springen, musste aber stoppen, weil ein gigantisches Wesen vor ihm im Wasser auf einmal seine Bahn kreuzte. Erschrocken machte er einen Schritt davor zurück.

Das für den Fluss scheinbar viel zu große Flussmonster tauchte noch einmal komplett unter und kam dann vor Myra mit weit geöffnetem Maul, an dem lange Barten hingen, wieder heraus. Dabei gab es ein tiefes Brummen von sich.

„Ah, ein Seelurch! Du hast dich wohl verirrt, was?", sagte Xylon erleichtert, erschuf schnell einen Holzdolch und warf ihn auf die Ranke die Myra am Bein festhielt.

Von der Fessel befreit, trieb Myra dann weiter Flussabwärts, wodurch der riesige, breitmaulige Lurch sein Ziel verfehlte. Erneut kurz untertauchend, versuchte er es ein weiteres Mal, doch da hatte Xylon Myra schon mit einem gezielten Rankenwurf am Oberkörper gepackt und aus dem Fluss geangelt. Sie flog im hohen Bogen durch die Luft und wurde, vom nach vorne hechtenden Xylon, sanft aufgefangen. Mit einem enttäuschten Schnaufen tauchte der Lurch wieder unter und schwamm den Flusslauf weiter entlang. Xylon hatte zwar noch nie einen gesehen, aber er wusste, dass diese riesigen Tiere sehr flach waren und deshalb sogar in Flüssen mit einem solch niedrigen Wasserstand vollständig untertauchen konnten.

Pan ging zwar noch immer nicht ins Wasser, aber sie rannte dem Lurch am Flussrand nach und keifte ihm wütend hinterher.

Mit der noch immer bewusstlosen Myra in den Armen lief Xylon währenddessen, wild um sich schauend, ob noch irgendwo Gefahr drohte, zurück ins Lager. Er setzte sich mit ihr neben die erloschenen Holzscheite der Feuerstelle und sah nun musternd zu ihr herunter, während er ihren Kopf mit der Armbeuge hochhielt.

Sie hatte eine unfassbar reine und glatte Haut, stellte Xylon ganz verzaubert fest und überblickte ihren mit kleinen Tropfen besprenkelten Körper von oben bis unten. Es gab so viele süße Details, die er erst jetzt anfing an ihr zu entdecken, wie die natürliche, rosa Färbung ihrer Wangen, die kurzen, weißen Härchen hinter den Ohren oder dieses kleine niedliche Muttermal in Form eines Wassertropfens unten an ihrem Hals.

Er strich sanft über ihr Gesicht, dabei pochte es stark an seiner Schläfe. Wie sie da so regungslos und ruhig in seinem Arm lag, machte ihn ganz verrückt. Zudem wurde sein Blick von den Wölbungen ihrer Brüste unter dem Chiton magisch angezogen. Seine linke Hand, die noch immer auf ihrem Gesicht lag, wanderte langsam nach unten. Xylons lustvolle Gedanken drehten sich nur noch darum, wie es unter ihrem Chiton aussah und dass, was immer er jetzt auch tat, sie in ihrem bewusstlosen Zustand nie erfahren würde. Kurz unter ihrem Schlüsselbein stoppte seine Hand für einen kurzen Augenblick, doch dann bekam er sie und seine Lust nicht mehr unter Kontrolle. Während er Myras Gesicht unentwegt anstarrte, rutschte seine linke Hand langsam unter den Chiton in Richtung ihrer Brüste. Sein Herz raste vor Nervosität. Vorsichtig fuhr er das Dekolleté entlang, wobei es sich unter seinen Fingern, je tiefer er ging, immer weicher anfühlte.

„NEIN! NEIN! NEIN!"

Xylon zog schnell seine Hand wieder aus ihrem Chiton und schlug sich danach mit der Handfläche schmerzvoll ins Gesicht, sodass es an dieser Stelle rot wurde und leicht brannte.

Was tue ich denn da bloß? Ich werde bestimmt noch von dem Stein beeinflusst!, rechtfertigte sich Xylon in Gedanken, kniff seine Augenlider fest zusammen und versuchte zwanghaft an etwas anderes zu denken. Er musste sich unbedingt wieder beruhigen.

Doch dann fiel sein Blick erneut träumerisch auf sie. So etwas Bezauberndes, wie Myra, war ihm noch nie zuvor begegnet. Wie konnte er auch nur mit dem Gedanken spielen, sich an ihr zu vergreifen, wo sie ihm doch mittlerweile so viel Vertrauen entgegenbrachte und was noch viel schlimmer war, wie konnte er sich nur zwischen ihr und dem Stein so lange nicht entscheiden?

„Du verfluchtes Ding!", schimpfte Xylon wütend, mit der Faust in den Himmel gerichtet.

„Redest du etwa von mir?", fragte Myra benommen, die genau in diesem Moment langsam wieder zu sich kam. Durch ihre halbgeöffneten Augen schaute sie schräg zu ihm hinauf.

Xylon blieb vor Schreck fast das Herz stehen.

„Myra, du bist wieder wach! Ich bin ja so froh!", sagte er dann voller Freude und umarmte sie dann liebevoll.

Doch plötzlich spürte er ihren Busen an seinem Brustkorb und schob sie schnell wieder von sich weg. Nach seinen schmutzigen Gedanken von eben, schämte er sich, ihr jetzt so nahe zu sein.

„Hust … hust … alles in Ordnung mit dir?", fragte Myra und verzog skeptisch ihre schmalen Augenbrauen. „Du hust … benimmst dich ja noch seltsamer als sonst. Was ist denn passiert?"

Sie zog sich vorsichtig an seiner Schulter hoch und setzte sich dann anschließend im Schneidersitz neben ihm hin. Myra starrte auf die kalte Asche der Feuerstelle, wodurch allmählich die unschönen Erinnerungen in ihr wieder hochkamen. In ihrem Gesicht zeichnete sich, je länger sie auf die Asche starrte, immer mehr das Grauen ab.

„Du standest zuerst unter dem Einfluss des grauen Tempelsteines und hast daraufhin gemordet", erklärte Xylon ihr mit tiefem Bedauern in der Stimme, wodurch sich in ihrem Kopf kleine Erinnerungsschnipsel der letzten paar Stunden langsam wieder zusammenfügten.

„Was wirklich? Ja, warte, ich kann mich noch an diesen Schrei erinnern", sagte Myra ganz aufgewühlt und schaute zu den völlig zerstörten Ruinen hoch, wo noch an einigen Stellen ein wenig Rauch aufstieg, doch die verkohlte Leiche des Python konnte sie von hier aus nirgendswo erkennen.

„Das Feuerwesen, oder was davon noch übrig war, habe ich schon begraben", erwiderte Xylon zögerlich und spürte deutlich, welch unerträglicher Kummer sich gerade in ihr aufbaute.

Myra, die sich nun wieder an alles erinnern konnte, fiel Xylon weinend in die Arme, wobei er sie gleich wieder etwas von sich wegdrückte.

„Das wollte ich alles nicht, das musst du mir glauben. Oh mein Gott, ich habe bei vollem Bewusstsein einen Mord begangen. Dafür werde ich nie wieder in Frieden ruhen können. Es war so schrecklich! Dieser unsägliche Todesschrei wird mich für den Rest meines Lebens in meinen Träumen verfolgen.“

„Ganz ruhig, Myra, ich glaube dir ja. Der Stein war an allem schuld, er ließ dich zu einem Menschen werden, der plötzlich mit elementarischer Energie durchströmt wurde. Du wurdest von diesem Hochgefühl regelrecht überflutet“, erklärte Xylon fürsorglich und tippte der völlig zerstreuten Myra mit seiner Hand nur zögerlich auf die Schulter.

Verwirrt sah sie daraufhin, mit Tränen in den Augen wieder zu ihm hoch.

Kapitel 11
Wer trägt die Last?

Nachdem Xylon ihr erzählte, was er in den letzten Stunden alles herausgefunden hatte, starrte sie nur gedankenversunken ins Leere. „Und dieser Stein macht uns wirklich zu Menschen?", erkundigte sie sich noch einmal vorsichtig und lehnte sich leicht nach hinten, um sich auf ihre beiden Hände zu stützten.

„Nun ja, genau genommen macht der Stein überhaupt nichts, vielmehr das Symbol darauf, aber auch dieses macht uns nicht wirklich zu Menschen. Es trennt unsere Körper nur von der Natur. Unsere Stärke und Geschwindigkeit bleiben, soweit ich das einschätzen kann, erhalten", antwortete Xylon ihr relativ sicher, behielt aber für sich, dass es auch Einfluss auf ihre Gefühle nahm.

Bei dem, was er vorhin noch alles mit ihr vorhatte, behagte es ihm nicht, ihr davon zu erzählen. Es war für ihn allein schon schwer genug, damit zurechtzukommen, rechtfertigte sich Xylon und schaute zu Myra, wie sie wieder einigermaßen beruhigt vor ihm saß. Er wollte ihr das jetzt nicht auch noch zumuten, wo das gerade erst mit ihr und dem Python passiert war. Solange er sie von dem grauen Stein fernhalten konnte, würde sie auch nichts von dessen unschönen Nebeneffekt mitbekommen. Das Gefühl ihrer Trauer noch zu verstärken, wäre für sie in diesem Moment sowieso nicht die klügste Idee.

„Und warum konntest du diese eine Statue im Heiligtum töten, ohne gleich um dein Leben bangen zu müssen? Da hattest du den Stein ja in dem Moment nicht bei dir?", fragte sie weiter.

Dieses ganze Thema mit einem Symbol, was einem die Fähigkeiten entziehen konnte, ließ sie so schnell nicht mehr los. Auch da sie selbst Opfer davon geworden war und wusste, mit welch einer Hilflosigkeit man diesem Effekt gegenüberstand. Ihr gesamtes Weltbild wurde dadurch auf den Kopf gestellt. Als Elementar war man mit der Natur wohl doch nicht so untrennbar verbunden, wie sie immer geglaubt hatte.

„Ich denke, dass die Eigenschaft des Steines über die vielen Symbole auf dem Boden über den gesamten Brunnensaal erweitert wurde und dadurch genau die gleiche Wirkung erzielte. Als wir ihn verließen, konnte ich meine Kräfte wieder benutzen und du nicht, weil du weiterhin der Träger des Tempelsteines warst."

„Unglaublich, dass so ein Symbol überhaupt existiert. Also so, wie ich das sehe, sollten wir alles daransetzen, ihn zu beseitigen", sagte Myra entschlossen und stand energisch auf, woraufhin Xylon überrascht zu ihr hinaufschaute. „Er wurde nicht umsonst von solch mächtigen, elementarischen Kreaturen bewacht. Die Seher aus Delphi würden lieber ihr Heiligtum und die gesamte Stadt zerstören, als den Stein irgendjemand Fremden zu überlassen. Deshalb hatten es diese Wesen auch nur auf mich abgesehen, weil ich den Stein aus dem Heiligtum geschafft habe. Am besten wir vergraben ihn irgendwo da, wo ihn niemals jemand wiederfinden wird oder vernichten ihn gleich hier an Ort und Stelle. Also, wo hast du ihn hingetan?"

Myra schaute sich suchend im Lager um. Als sie ihn dort jedoch nicht fand, fühlte sie einfach nach der Schwere, die von dem Stein permanent ausgestrahlt wurde und sah dann zielstrebig Richtung Flussufer. Von dort kam auch gerade Pan angerannt, die offenbar mit dem wütenden Anfauchen des Seelurches fertig war und Myra nun freudig erblickt hatte. Xylon schaute schockiert in die gleiche Richtung und stand hektisch auf.

„Halt warte! Wir dürfen ihn nicht zerstören. Laut Weissagung müssen wir ihn mitnehmen, schon vergessen?", sagte Xylon ganz nervös und hielt sie panisch mit beiden Händen am rechten Arm fest.

Mit ihrer Entschlossenheit, ihn zu zerstören, sucht sie doch nur einen Ausgleich für ihre schreckliche Tat, dachte Xylon überzeugt und befürchtete, sie von dem Tempelstein nicht mehr fernhalten zu können.

Myra schaute zuerst verwundert auf ihren festgehaltenen Arm und dann mit einem ungläubigen Gesicht zu Xylon.

„Ach, so ein Quatsch! Das ist doch paradox. Du hast ihn doch nur mitgenommen, da du es selbst aus der Weissagung so herausgelesen hast. Ohne diese hättest du lieber dein Leben gerettet, als noch einmal zurückzulaufen, um ihn zu holen. Außerdem wissen wir noch nicht einmal mit Gewissheit, ob dies wirklich die richtige Deutung dafür ist. Ich sagte dir doch schon, man sollte nicht so viel dort hineininterpretieren", erklärte sie zuversichtlich und versuchte sich Xylons Griff zu entziehen, doch er ließ nicht locker.

„Nein, du verstehst nicht. Eine Weissagung soll einem doch für die Zukunft weiterhelfen und mein Gefühl sagt mir gerade wirklich, dass wir den Stein irgendwann noch einmal gebrauchen werden."

Myra sah tief in seine Augen. Sie zögerte kurz, gab dann aber schließlich doch nach. Ernüchtert seufzte sie. Egal ob sie ihm jetzt zustimmte oder nicht, er würde ihn sowieso mitnehmen, befürchtete sie. Ihr erschloss es einfach nicht, wie ein Symbol, welches nur Elementaren Schaden konnte, für sie beide noch irgendwie von Bedeutung sein könnte. Sie hatte allerdings jetzt auch keine Lust, sich weiter mit ihm darüber zu streiten und gab einfach nach.

„Schon gut, dann nimm du ihn mit! Auch wenn ich das für keine so gute Idee halte. Wir hatten wegen diesem Ding schon mehr als genug Probleme", sagte Myra für sich abschließend, woraufhin Xylon ihren Arm wieder losließ.

Doch auf einmal wurde er noch panischer.

„Oh nein … ich kann ihn nicht mitnehmen!", stammelte Xylon verzweifelt, da er Angst hatte, dauerhaft diesem süchtig machenden Emotionsrausch ausgesetzt zu sein und sich vor Myra ein weiteres Mal mit seinem Gefühlschaos nicht mehr unter Kontrolle zu haben.

„Was soll denn das jetzt? Kannst du dich Mal entscheiden? Ich dachte, es stand in deiner Vorhersage, ihn mitzunehmen, oder etwa nicht?", entgegnete sie langsam richtig genervt von seinem ständigen hin und her.

„Aber wenn es unbedingt sein muss, dann trage ich ihn halt."

„NEIN! Keiner von uns beiden sollte ihn bei sich haben", unterbrach er Myra schnell und stellte sich mit den Händen warnend zwischen sie und dem Ufer, wo der kleine Stein noch immer irgendwo zwischen den unzähligen Kieselsteinen lag.

Myras Blick änderte sich von einem leicht verwirrten, zu einem nun völlig verständnislosen. Xylon wurde immer aufgeregter. Jetzt begriff er langsam, dass mit der schweren Last gar nicht der Stein selbst gemeint war, sondern vielmehr seine vollständige Erkenntnis über dessen Wirkung, welche er nun vor Myra versuchte, geheim zu halten.

„Du weißt schon, dass du dich mir gegenüber gerade sehr merkwürdig verhältst, oder? Irgendetwas verschweigst du mir doch", stellte Myra mit Bedauern fest, woraufhin Xylons Gesicht kreidebleich wurde.

Es machte sie traurig, dass er ihr noch immer nicht zu einhundert Prozent vertraute. Aber nach allem, was er für sie in der Vergangenheit bereits getan hatte, musste es schon einen wirklich triftigen Grund geben, warum er es ihr nicht erzählte. Dank ihrer Verbindung spürte sie auch, dass er sie nur beschützen wollte, aber leider nicht genau wovor. Sie ahnte jedoch, dass es etwas mit ihrem kindischen und für Elementare untypischen Verhalten im Orakel zu tun hatte.

„Okaaay!", sagte sie schließlich besonders langezogen und zu Xylons gleichzeitiger Erleichterung. „Und wie sollen wir ihn dann mitnehmen, wenn keiner von uns beiden ihn tragen darf?"

Xylon schaute sich kurz um, bückte sich und hielt

dann Pan dicht vor ihr Gesicht nach oben, die Myra auch gleich fröhlich abschleckte.

„Sie kann ihn tragen. Pan ist kein Elementar", gab Xylon freudig von sich.

„Kein Elementar?", entgegnete Myra skeptisch und runzelte ungläubig die Stirn.

Alles verstand sie zwar noch immer nicht, aber sie half ihm trotzdem ein geeignetes Halsband aus ihrem glitzernden Stirnband, welches sie aus Nereid mitgenommen hatte, für Pan zu binden, in dem sie den Stein dann transportieren konnte.

Sie nahm den Stein in beide Hände und versuchte neugierig herauszufinden, was Xylon daran so sehr fürchtete. Sofort spürte sie wieder dieses erdrückende Gefühl. Dabei sah sie auch das eingeritzte Symbol darauf. Vorsichtig strich sie mit dem Daumen über die Rillen des Schriftzeichens.

„Hast du das Zeichen gesehen, Xylon?", fragte Myra und hielt ihm den Stein entgegen.

„Ja!", antwortete er nur knapp und wich leicht davor zurück.

„Stell dir mal vor, irgendjemand würde dieses Symbol kennen. Er bräuchte es nur auf Elementare zu malen und die wären dann ganz normale Menschen. Übernatürlich starke Menschen zwar, jedoch ohne elementarische Kräfte."

„Wahrscheinlich. Zeichen können sehr mächtig sein. Man muss sie nur kennen. Wer weiß aus welchem furchtbaren Grund sie ihn damals wirklich geschaffen haben."

Xylon nahm den Stein in die Hand und betrachtete intensiv das Symbol darauf, während Myra das Stirnband um den Hals von Pan knotete.

„So, das Halsband ist jetzt fertig … Xylon? Was hast du?", fragte Myra verwundert und sah in sein schockiertes Gesicht.

„Hast du mal etwas von der sogenannten Antithese gehört?", fragte er Myra und erzählte, nachdem sie mit dem Kopf geschüttelt hatte, auch gleich weiter. „Sie besagt, dass zu allem und jedem ein Gegenstück existiert. Ich denke, dass dieser Stein, oder besser gesagt das Symbol darauf das Gegenstück zu dem Symbol auf dem Elementarstein in Nereid ist, welches nur König Salos kennt." Xylon holte einmal tief Luft. „Jetzt stell dir mal vor, ein Elementar kennt das Schriftzeichen auf dem Stein in Nereid und dieses hier und bemalt sich mit beiden. Der eine verstärkt elementarische Energien und der andere nimmt sie wieder, aber trennt auch gleichzeitig seine Verbindung mit der Natur. Die ursprüngliche Fähigkeit bleibt jedoch erhalten und so könnte ein Elementar auch mit elementarischen Kräften ohne Konsequenzen töten, weil dies mit dem Elementarstein nicht aufgehoben wird. Es würde keinerlei Einschränkungen mehr durch die Natur geben."

Myra hörte Xylon, völlig erstarrt von seiner neuen Erkenntnis, zu und nahm ihm den Stein wieder vorsichtig aus der Hand.

„Das ist eine interessante Theorie, an der vielleicht sogar etwas dran sein könnte. Und du willst ihn trotzdem noch mitnehmen?", fragte Myra ihn in einem bedenklichen Ton, um wirklich sicherzugehen.

„Ja, ich muss einfach", antwortete Xylon entschlossen, woraufhin Myra den Stein dann vorsichtig in das Halsband gleiten ließ.

Pan rannte, nachdem Myra sie losgelassen hatte, wild umher und das schwere Gefühl verschwand wieder. Das Halsband erfüllte offenbar seinen Zweck, denn egal wie sehr Pan auch herumturnte, der Stein fiel nicht wieder heraus.

„Gut, dann lass uns endlich weiter! Wir sind schon viel zu lange an diesem fürchterlichen Ort!", sagte Myra ernst, blickte sich einmal finster zu den menschenlosen Stadttrümmern um und machte sich bereit, alles zusammenzupacken. Doch Xylon hielt sie ein weiteres Mal auf.

Kapitel 12
Die Entschlüsselung der Weissagung

„Warte!", rief Xylon und hielt ihr seine Hand warnend entgegen. Doch bevor Myra, die ihn genervt ansah, etwas sagen konnte, erzählte er schon weiter. „Was ist mit den Weissagungen? Wäre es nicht besser, wir gehen sie noch einmal durch, bevor wir aufbrechen? Wenn wir deren Inhalt genau verstehen, haben wir es später vielleicht leichter."

Zuerst sah Myra ihn verwundert an, doch dann dämmerte es ihr. Xylon hatte anscheinend beide Vorhersagen schon wieder vergessen. Eigentlich war ihr die Weissagung von Anfang an egal. Sie sah in ihnen nichts Hilfreiches. Denn meistens war das Ereignis schon eingetreten, bevor man es richtig gedeutet hatte.

Aber wieder einmal Xylons Dickkopf nachgebend, schrieb sie schließlich die beiden Vorhersagen Wort für Wort, vollkommen fehlerfrei in den Sand. Xylon setzte sich gespannt neben sie und gab ihr einen freudigen Kuss auf die Wange.

„Ja, ja, ist ja schon gut", sagte sie und tat so, als ob

nichts gewesen wäre, konnte sich aber ein schwaches Grinsen nicht verkneifen. „Also jede einzelne Weissagung ist in genau fünf Abschnitte unterteilt. Der Erste stellt offenbar die Vergangenheit dar, der Zweite, die Gegenwart und nahe Zukunft und der dritte und vierte alles, was danach noch irgendwann passieren wird. Wirklich relevant ist, so wie ich das sehe, für uns nur der fünfte und damit letzte Vers, da dieser einen Rat enthält. In unserem Leben kommt offenbar eine Entscheidung auf uns zu, die uns keinen deutlichen Vorteil verschafft. Vielleicht sieht es für uns zuerst sogar wie ein klarer Nachteil aus, entwickelt sich dann aber in etwas Gutes."

Beide sahen sich für einen kurzen Moment lang nachdenklich an.

Doch dann las Myra einfach mal den ersten Vers ihrer Vorhersage laut vor und wollte schauen, wie weit sie mit ihrer Deutung kamen: „Ein Junge aus Holz wird dir begegnen, verschließe nicht vor ihm dein Herz, denn er wird dich führen, glauben, segnen und erspart dir großen Schmerz."

„Das ist nicht schwer zu verstehen", gab Xylon an.

„Ja, weil wir das schon erlebt haben", bestätigte sie ihn. „Der Junge aus Holz, das bist ganz eindeutig du."

„,Verschließe nicht vor ihm dein Herz', hättest du das mal früher gelesen", beschwerte sich Xylon. „Da, ich erspare dir großen Schmerz und das ist doch ein Zeichen für den Tod, oder?"

„Ich bin dir ja dankbar dafür, sonst würde ich das hier alles gar nicht mitmachen, aber übertreib es bitte nicht, Xylon! Ich muss das hier auch nicht machen", entgegnete sie ein wenig zornig, woraufhin er sich Kleinlaut zurücklehnte.

In einem kurzen Augenblick aber, als er gerade nicht hinsah, tastete Myra instinktiv mit ihren Fingern nach ihrem Bauch, wo er einst die vielen Würmer aus ihr mühselig herausgeholt hatte. Da er damals durch ihren Bauchnabel in sie eingedrungen war, hatte es keine schwerwiegenden Narben hinterlassen. Sie war ihm auch über alles in der Welt dankbar dafür, doch würde sie dieses fürchterliche Ereignis lieber vergessen, als ständig daran erinnert zu werden.

„Schon gut, also weiter geht's! Hoffnung gibt die Schlange, auch gibt sie sehr viel Leid, doch der Abschied währt nicht lange, das Ziel ist nicht mehr weit", las Myra weiter vor und deutete dann auf den Ausläufer hinter ihr. „Die Schlange im zweiten Abschnitt ist eindeutig eine Metapher für den Fluss, der sich wie eine Schlange durch den Urwald schlängelt. Jedoch verstehe ich nicht ganz, von was ich mich genau verabschieden werde und anscheinend nicht einmal für sehr lange."

Myra sah verwundert zu Xylon, der noch immer zurückgelehnt dasaß. Doch er las daraus auch nicht viel mehr als sie und zog daher unwissend die Schultern hoch.

„Ab dem dritten Abschnitt versteht man wirklich gar nichts mehr. Der Schatten wird dir folgen, die Vergangenheit holt dich ein, jetzt bloß keine Zeit vergeuden, zu dritt wird's leichter sein. Wer ist der verfolgende Schatten und dieser mysteriöse Dritte? Und was soll das mit der Vergangenheit, die mich einholt? Die einzige Vergangenheit die ich noch habe, ist meine Mutter und ich bezweifle, dass ich sie hier auf dieser Reise noch irgendwo begegnen werde. Alles sehr eigenartig, wenn du mich fragst. Aber das bestätigt nur wieder das, was ich von Anfang darüber schon gehalten habe, reine Zeitverschwendung. Es ist gut möglich, dass das alles wirklich einmal eintreffen wird und ich es genau in diesem Moment auch diesen Versen zuordnen kann, aber dann ist es halt schon geschehen und hat mich bis zu diesem Zeitpunkt nicht wirklich weitergeholfen."

„Kommt darauf an", widersprach ihr Xylon direkt. „Die Weissagung ist in einer bestimmten Reihenfolge geschrieben. Ich würde schon gerne wissen, ob ich verfolgt werde. Wenn du Abschied genommen hast, kannst du ja wachsam bleiben und nach einem Verfolger Ausschau halten."

Auch wenn Myra das gerade mit einem Achselzucken abtat, musste sie zugeben, dass er mit seiner Aussage gar nicht mal so unrecht hatte.

„So, der vierte und fünfte Abschnitt deuten leider sehr genau auf den Tod einer mir bekannten Person hin und dass ich sie gehen lassen soll. Das wird mir offenbar sehr schwerfallen, was natürlich wenig überraschend ist. Wer will schon einen geliebten Menschen einfach so gehen lassen? Wollen wir hoffen, dass nicht du diese Person bist. Die Zukunftsvorhersagen haben bei uns beiden ja offensichtlich eine ganz genaue Grenze", sagte sie ein wenig düster, während Xylon ein kalter Schauer über den Rücken lief. Insgeheim wusste er aber, dass sie ihn damit nur ärgern wollte.

„Das ist nicht lustig", erwiderte Xylon knapp und wischte die letzten Verse von Myras Weissagung mit der Hand weg. „Immerhin schaffst du, wenn du es hinnimmst ‚Neues Leben', was ja auch etwas Gutes ist. Vielleicht stirbst du ja selbst und nur wenn du eine

Person gehen lässt, der du nachtrauerst, kannst du zurück ins Leben."

Myra runzelte ungläubig die Stirn: „Das klingt nicht sehr logisch."

„Okay, vergessen wir das erstmal. Das ist ja eh noch ein Weilchen hin. Nun zu meiner!", sagte Xylon ganz euphorisch und zeigte mit dem Finger auf die danebenstehenden Verse.

„Das Element des Wassers wird dich begleiten, widerstehe der Versuchung und glaube mir, das Schicksal wird euch beide leiten, also verlange nicht so viel von ihr."

„,Das Element des Wassers' bin augenscheinlich ich", deutete sie sicher und fuhr wieder mit dem Finger die Strophen entlang. „Und du sollst von mir nicht so viel verlangen."

Xylon nahm einen etwas beschämten Blick ein. Das war wohl auf die Situation mit den Waldgeistern bezogen, wo Myra ihm beichtete mit seinem Bedrängen und allem anderen überfordert zu sein. Aber das konnten sie damals zum Glück ja alles klären.

„Und weiter heißt es, mehr Zeit im Herzen gibt dir Freud, trotz schwerer Last und viel Gefahr, Leichtsinn wird erst spät bereut, der gekreuzte Mond kommt dir sehr nah", las Myra und stutzte. „Was ist denn deine Freude im Herzen? Das müsste die Gegenwart sein, also jetzt!"

Xylon überlegte kurz und dachte, es zu wissen. Er wurde ganz nervös und spielte mit einer seiner verfilzten Haare zwischen den Fingern.

„Na, was wohl? Das bist du natürlich, die mir Freude im Herzen bringt und so länger ich mit dir unterwegs bin, desto mehr Freude."

Myras Augen taten sich erwartungsvoll auf. Leicht er-
rötet, behielt sie ihre Gedanken für sich und deutete zufrieden weiter. Es gefiel ihr, momentan so viel Bedeutung in seinem Leben zu haben, dass sogar seine Gefühle für sie in seiner Vorhersage vorkamen. Aber zu
viel Bestätigung wollte sie ihm auch nicht geben, nicht
dass er sich noch zu sicher mit ihr fühlte.

„‚Leichtsinn wird erst spät bereut' kann bei dir ja alles
Mögliche bedeuten. Wann bist du denn Mal nicht leicht-
sinnig? Komisch nur, dass du es so spät erst bereuen
wirst. Aber das, was mich hier wirklich beunruhigt, ist
‚der gekreuzte Mond'. Ganz am Ende, zur entscheiden-
den Wende wirst du explizit vor ihm gewarnt und
schon in kürzester Zeit kommst du ihm so nahe. Wenn
du auf ihn triffst solltest du vorsichtig sein!", warnte
Myra und schaute ernst zu ihm herüber.

„Werde ich machen! Wäre die Vorhersage jedoch
nicht unterbrochen worden, wüssten wir jetzt auch genau warum", sagte er mit finsterer Miene.

„Ach komm schon, sieh mich nicht so an! Die Weissagung hat gewusst, dass ich den Stein dort wegnehmen
werde, wodurch die Vorhersage unterbrochen wurde.
Wenn du den Rest gehört hättest, wäre der letzte Vers
vielleicht gar keine unvorhersehbare Entscheidung geworden und deine Weissagung würde ganz anders aussehen. Der fehlende Rest gehört zu deiner Vorhersage,
wie auch alles andere", rechtfertigte sie sich schnell,
aber Xylon hörte ihr nicht mehr zu, da er gerade selbst
einmal darüber nachdachte.

Der gekreuzte Mond kannte seine Vergangenheit. Allerdings steckte darin auch die Warnung. *Hm … Schwie-
rig!* Treffen oder aus dem Weg gehen? Aber wenn er das

Treffen sowieso nicht verhindern konnte? Sollte er dann auf Informationen über seine Vergangenheit verzichten? Wegen was? Was würde so Schreckliches passieren und warum wusste er überhaupt so viel von ihm? Kannte er gar seinen Vater oder wusste er, wo er gerade steckte?

Myra holte ihn mit einer weiteren Deutung aus seinen Gedanken: „Im dritten Vers wird wieder vom Dritten berichtet und zusätzlich von einsamen Entscheidungen, langer Flucht und Ort der Schaffenheit. Alles Dinge, die wir wahrscheinlich erst verstehen werden, wenn wir an diesem Punkt angekommen sind. Wegen wem wirst du denn so eifersüchtig werden? Doch nicht etwa wegen mir!"

„Vielleicht, kommt darauf an, was du mit dem mysteriösen Dritten so treibst!", stachelte Xylon ein weiteres Mal und stieß sie leicht mit den Ellbogen an, wodurch Myra schockiert zu ihm blickte.

„Ach so, jetzt bin ich also schuld für diese Verse. Ich glaube kaum, nachdem was wir schon alles zusammen durchgemacht haben, dass uns noch irgendjemand wieder so leicht auseinanderbringen kann."

„Das werden wir wohl erst dann sehen, wenn der Zeitpunkt gekommen ist und ich denke, bei dem Rest wird das genauso sein", ergänzte Xylon. „Furchtumschließende Seelen, Gunst der Vier und der Einbeinige, den komischerweise nur ich verstehen kann. Das wird uns aber alles zur richtigen Zeit noch weiterhelfen. Da bin ich mit ganz sicher."

„Das will ich nach so einer Strapaze auch hoffen. So, bist du jetzt zufrieden?", fragte sie barsch und wischte das Geschriebene wieder weg.

„Wir sollten die Verse auf jeden Fall immer im Hinterkopf behalten und ja, vielen lieben Dank noch mal dafür."

„Gern geschehen. Wir sollten uns nun aber wieder unserem Auftrag zuwenden! Durch das Orakel haben wir schon mehr als genug Zeit verloren", sagte sie entschlossen, kramte die Karte von Thessalien aus ihrer Umhängetasche, die sie zu Beginn ihrer Reise von Meister Terpsichore erhalten hatte und breitete sie vor sich aus.

Sie strich mit ihrem Finger über die Karte bis zum Ausleger des Stroms, der direkt in den Nessos hineinfloss. Xylon schaute ihr dabei neugierig über die Schulter.

„Momentan befinden wir uns in etwa hier", sagte sie und zeigte auf den dichtesten Punkt des Ausläufers, westlich von Nereid. „Wenn wir nun weiter dem Flussverlauf in Richtung Süden folgen, werden wir schon bald den gewaltigen Nessos erreicht haben und von dort geht es dann direkt weiter zur Megara Wüste. Wenn diese Weissagungen stimmen, werden wir während der gesamten Reise nicht umkommen", entgegnete sie zu Xylons Verwunderung ernst.

„Aber auch nur, wenn wir uns weiterhin daran halten und sie immer richtig deuten", ergänzte Xylon sie sofort. „Es ist mir nämlich jeder Zeit auch möglich eine bereits getätigte Vorhersage als falsch zu entlarven, indem ich mir zum Beispiel hier und jetzt einfach mein Messer ins Herz stoße, nur um recht zu behalten."

„Nur wirst du das niemals tun und das weiß das Orakel", sagte sie breitlächelnd und rollte die Karte vor sich wieder zusammen.

„Wahrscheinlich nicht, dafür hänge ich zu sehr an meinem Leben."

„Ganz genau, so sieht es nämlich aus. Nun gut, lass uns endlich weiter! Ich kann es gar nicht abwarten von hier zu verschwinden", sagte sie bedrückt und blickte noch einmal zu der leeren Stelle, wo einst der von ihr getötete Python herunterkam.

Sie wollte sich gerade aufrichten, doch da hielt Xylon ihr die zwei Eisenbänder, die Überreste seines zerstörten Fasses, vor die Nase. Zuerst sagte sie nichts und starrte ihn nur ernüchtert an, doch zu Xylons Erstaunen brach sie überraschend in ein herzhaftes Gelächter aus. Davon angesteckt, lachte er einfach mit. Es gibt Situationen im Leben, da kann man nur noch drüber lachen, egal wie schlecht es gerade auch läuft.

Kapitel 13
Perfide Gedanken

Myra und Xylon marschierten zügig den Ausläufer entlang. Delphi lag nun schon einige Tage hinter ihnen. Ohne die Bäume und das viele Gestrüpp kamen sie zwar deutlich schneller voran, aber durch die immer gleiche Aussicht auf den Ausläufer, das Ufer und den umliegenden Wald Hestia, fühlte sich die Reise für die beiden jetzt deutlich länger an. Wie über eine lange Straße konnten sie den gesamten Tag lang nur geradeaus in eine Richtung starren, ohne jedoch einen genauen Punkt am Horizont zu haben, den sie ansteuern konnten. Die Sonne zog vor ihnen Tag für Tag ihre Kreise und ging auf und wieder unter. Es gab keine gefährlichen Tiere und auch die Flora veränderte sich nur bedingt. Sie sammelten Proviant, aßen, tranken, wanderten, wuschen sich und schliefen. Es kam ihnen fast so vor, als würden sie verflucht sein und für die Ewigkeit einen endlos langen Weg entlangmarschieren. Wenn sie nicht einmal an einer stark verwitterten Bireme vorbeigekommen wären, die offenbar ihr Ziel nach Delphi zu gelangen, nie erreicht hatte, hätte man denken können, sie würden dasselbe Stück Fluss immer und immer wieder von vorne ablaufen. Myra vermutete, dass das Schiff einst, aufgrund seiner schieren Größe, in dem flachen Gewässer auf Grund gelaufen sein musste und nun Stück für Stück vom vorbeifließenden Wasser abgetragen wurde.

Da ihnen langsam die Themen ausgingen, wurden auch ihre Gespräche fortwährend einseitiger. Über ihre Familien, zum alltäglichen Arbeits- und Freizeitleben, bis hin zu ihren Zukunftswünschen und Träumen hatten sie sich schon alles erzählt, was sie ausmachte. Nur ihr Training, welches sie wie gewohnt weiterführten, bot ein wenig Abwechslung. Gemeinsam überlegten sie, wie sie mehr aus ihren Fähigkeiten herausholen konnten und kamen für den jeweils anderen sogar auf ein paar Ideen, auf die sie selbst noch nicht gekommen waren.

Auch die Folgen von Xylons starker Unaufmerksamkeit wegen seiner von Tag zu Tag immer stärker werdenden Zuneigung zu Myra, beschäftigte sie beide gelegentlich. Denn einmal hatte Xylon deshalb versehentlich eine giftige Wasserpflanze gegessen, woraufhin Myra ihn anschließend den Magen mit ihrer Wasserfähigkeit auspumpen musste und ein anderes Mal nutzten herumschwirrende Samen seine Zerstreutheit aus und pflanzten sich unter seine Haut. Wie Unkraut musste Myra vier Tage später jede Pflanze schmerzvoll aus ihm wieder herausziehen, ehe sie weiterkonnten.

Seine starke Anziehungskraft zu ihr kam einerseits von seinem Element, welches jeden Tag weiter Druck auf ihn ausübte, sich mit ihr endlich fortzupflanzen und andererseits von der Tatsache, dass er sich hier unterwegs, außer mit der attraktiven Myra, mit nichts anderem beschäftigen konnte. Xylon vermutete außerdem, dass der mächtige Antielementarstein noch immer Einfluss auf seine Gefühle nahm. Auch wenn die kleine Katze Pan ihn jetzt in ihrem Halsband trug und die meiste Zeit etwas abseits von ihnen herlief, bekam er seine vielen lustvollen Gedanken zu ihr nur sehr schwer wieder unter Kontrolle. Das Material des Steins, musste das Symbol darauf um ein Vielfaches verstärken, anders hätte er sich das sonst nicht erklären können.

Gerade jetzt, wo Myra wieder gemächlich vor ihm herging, zog sie ihn unnatürlich stark an. Er konnte nicht eine Sekunde seinen Blick von ihr abwenden. Wie sich ihre langen, glatten Beine mit jedem Schritt an- und wieder entspannten und wie sich ihr Hintern vor seinen Augen elegant hin und her bewegte, machte ihn ganz kirre. Es war zwar immer dieselbe Bewegung, aber komischerweise wurde sie nie langweilig.

Es beschämte ihn, sie so lüstern anzusehen, doch es war die einzige Befriedigung, die er von ihr bekam. Ihm war zwar klar, dass Myra sehr wohl bemerkte, dass er mehr von ihr wollte, als vereinzelte Küsschen und Lagerfeuerkuscheleien, dennoch konnte er sich gelegentliche Andeutungen vor ihr zu diesem Thema einfach nicht verkneifen. Sie hatte ihn aber immer wieder darauf hingewiesen, dass sie noch etwas mehr Zeit bräuchte, um intimer mit ihm zu werden. Nur wie viel? Xylon wurde immer ungeduldiger. Es war wie mit dieser langen ermüdenden Wanderung. Sie liefen zwar einem bestimmten Ziel hinterher, wussten aber nicht, wann sie es jemals erreichen würden. Doch man lief trotzdem immer weiter.

Aufgrund des zähen Marsches entlang des Flussbetts,

wo sie sich beide oft kaum unterhielten, war Xylon den größten Teil der Zeit in seinem Kopf beschäftigt, was ihm, im Zusammenspiel mit seinen Gefühlen für sie, überhaupt nicht guttat.

Er starrte kurz auf Pan oder genau genommen auf das Halsband, welches sie, ohne sich zu beschweren, trug. Wenn er ihr den Stein nur irgendwie unterjubeln könnte, dann würde sie vielleicht auch das Gleiche fühlen, wie er, und nicht mehr so viel Angst vor körperlicher Nähe haben und eventuell sogar ihren elementarischen Stolz vergessen. Aber er wollte sie auch nicht der Gefahr, nach Gefühlen süchtig zu werden, aussetzen. Er musste sie doch irgendwie ohne Manipulation dazu bringen können, zu ihm ein wenig aufgeschlossener zu sein. Nur wie?

Durch einen Trick, kam es ihm auf einmal in den Sinn. Sie vergaß oft die körperliche Nähe zu ihm, wenn ihr etwas Schlimmes widerfuhr oder noch besser, wenn er sie aus irgendwelchen Schwierigkeiten herausgeholfen hatte. Aber seltsamerweise war er momentan der Einzige, dem ständig etwas passierte, musste Xylon unglücklicherweise eingestehen. Es gefiel ihm bisher ganz gut, der Starke und Unbeugsame zu sein und nicht, wie jetzt, wo er ständig in irgendwelche peinlichen Situationen geriet und dass nur, weil er sich nicht mehr richtig im Griff hatte.

Eigenartig! Seit wann legte er denn so viel Wert darauf, mit ihr noch Intimer zu werden? Bisher hatte es ihm doch immer gereicht, mit Myra in einer Beziehung zu sein. Immerhin war sie seine feste Freundin und das ist schon mehr, als er es sich in seinen kühnsten Träumen hätte vorstellen können. Es musste wirklich an diesem Stein liegen! Doch warum hatte er denn nur auf ihn solch einen großen Einfluss und nicht auch auf sie? Oder konnte sie ihre Gefühle nur besser verbergen, als er? Doch was fühlte sie? Und warum wollte die Vorhersage nur, dass er den Stein mitnahm? Oder wollte sie es vielleicht doch nicht und er war es ganz allein, der diese Entscheidung getroff…

„Alles in Ordnung mit dir?", fragte Myra, die plötzlich vor ihm stand, wodurch er seinen letzten Gedanken abbrach.

„Was? Na klar, he, he!", stammelte Xylon verlegen, der überhaupt nicht bemerkt hatte, dass sie unerwartet stehen geblieben war und sich zu ihm umgedreht hatte. „Warum auch nicht?"

Unauffällig versuchte er ihrem analytischen Blick auszuweichen, woraufhin sie jedoch einen enttäuschten Seufzer von sich gab.

„Komm, setz dich!", sagte sie zu seiner Verwunderung und holte mit Hilfe ihrer Fähigkeit ein paar nasse Steine aus dem Gewässer. Sie formte die vielen Steine gekonnt zu zwei großen Haufen und ließ das Wasser danach wieder los. Die beiden Stapel sackten ein Stück in sich zusammen und übrig blieben zwei ein Fuß große Haufen, auf denen man sich nun setzen konnte, was sie dann schließlich auch taten.

Xylon stellte sein schweres Wasserfass neben sich ab, dessen Gurte während der langen Reise schon tiefe rote Striemen auf seiner Haut hinterlassen hatten und rieb sich die schmerzenden Schultern. Sein Körper war es nicht gewohnt, dieses schwere Ding einen so großen Zeitraum über zu transportieren, was sich nun leider doch langsam bemerkbar machte.

Myra, die Xylon jetzt mit etwas Abstand gegenübersaß, lehnte sich leicht nach vorne, woraufhin er ein Stück vor ihr zurückwich. Dessen ungeachtet, nahm sie seine Hand und legte sie zärtlich in ihre. Er blickte zuerst angespannt auf seine von ihrer sanft umschlossenen Hand und dann wieder in ihre bildhübschen, azurblauen Augen.

„Dir ist bewusst, dass ich, genauso wie du, dank unserer elementarischen Verbindung, dein Verhalten ganz genau lesen kann."

Xylon nickte.

„Du bist seit einiger Zeit sehr unkonzentriert und das kann in diesem Wald sehr gefährlich sein."

Xylon nickte.

„Der Grund für deine Konzentrationslosigkeit bin ich, stimmt's?"

Xylon nickte.

„Ich kann dir zwar noch nicht alle deine sehnlichsten Wünsche erfüllen, aber ich möchte dir trotzdem ein wenig entgegenkommen. Ich bin deine Freundin und du kannst mir alles anvertrauen, vergiss das bitte nie!"

Xylon nickte.

„Ich sage dir das nur, damit du keine Dummheiten anstellst, die du später wieder bereuen könntest. Denn wie sagte meine Mutter stets: ‚Achte auf deine Gedanken, denn sie sind der Anfang deiner Taten'. Ich mag dich wirklich sehr und möchte dich nicht so schnell wieder wegen dieser einen Sache verlieren. Obwohl ich manchmal denke, dass ich das schon längst habe. Also grabe ich den Brunnen, eh ich Durst habe und versuche, dir bei deinem Problem, so gut ich kann, zu helfen."

Überrascht weiteten sich Xylons Augen. Darauf

wollte sie also hinaus! Sie hatte sich seinen Wunsch, die Weissagungen während ihrer gesamten Reise immer im Auge zu behalten, wohl doch zu Herzen genommen. ‚Leichtsinn wird erst spät bereut‘, das stand ja als nächstes in seiner Vorhersage und sie glaubte offenbar, dass es etwas hiermit zu tun hat. Aber es stimmte schon, würde er sich jetzt gegen ihren Willen, aufgrund seiner Ungeduld, an ihr vergreifen, wäre nichts mehr so wie vorher. Sein Versuch in Delphi hatte ihn dahingehend ja schon total verstört. Nur noch eine Kleinigkeit, wie diese Gedanken von eben, würden ausreichen, ihr Vertrauen zu ihm für immer zu zerstören.

„Und was machen wir jetzt?", fragte Xylon zurückhaltend und wurde leicht nervös.

Myra sah innig in sein verwirrtes Gesicht. Xylon verlor in ihrem hinreißenden Blick jegliche Form der Entschlossenheit und wartete aufgeregt auf das, was auch immer jetzt von ihr kommen mochte. Myra sagte jedoch nichts, sondern nahm sich seine rechte, immer noch in ihren Händen haltende, Hand und hielt sie sich an ihre Brust.

Kapitel 14

Gefühlschaos

Xylon sah sie völlig bestürzt an und zog seine Hand wieder von ihr weg, als ob er sich gerade an ihr verbrannt hatte.

„Wa… was tust du denn da?", fragte Xylon vollkommen durcheinander und musste bitter aufstoßen.

Myra ließ ihre Hände langsam zu Boden sinken und sah ihn dann verwirrt an.

„Ist es nicht genau das, was du wolltest?", fragte sie traurig und senkte dann ihren Blick auf ihre nach unten gerichteten Hände.

„Aber nicht, wenn du es nicht auch von Herzen möchtest. Es tut mir leid, dass ich dich so bedrängt habe. Bitte, gib mir noch eine Chance, ich werde es auch nie wieder ansprechen, bis du es auch wirklich willst, versprochen. Ich kann warten!", entgegnete Xylon verzweifelt, stand ungestüm von seinem Steinstapel auf, wodurch dieser zur Seite kippte und gestikulierte dann wild vor ihr herum.

Xylon verstand langsam, dass eine Beziehung mehr war, als sich gegenseitig zu sagen, dass man sich liebte. Es war harte Arbeit auf beiden Seiten. Er war die ganze

Zeit nur so sehr mit seinen eigenen Gefühlen beschäftigt gewesen, dass er gar nicht bemerkt hatte, wie sehr sie darunter litt. Die Elemente entschieden zwar, wer zusammenkommt, aber wie wichtig einem der Partner war und der Wille, dieses Band auch zu erhalten, entschied letztendlich, wer auch zusammenbleibt. Vielleicht hätte er doch lieber mit ihr über seine Probleme sprechen sollen, als sich seit Tagen darüber den Kopf zu zerbrechen, wie er sie rumkriegen könnte.

Plötzlich fing Myra an zu schluchzen. Tränen tropften ihr auf die Ledertracht.

„Ich … schnief … wollte doch nur, dass es wieder so wird, wie früher. Wir konnten uns doch immer so unbedarft unterhalten und Späße treiben. Und nun sieh dich … schluchz … an, du verlierst absichtlich Kämpfe gegen mich im Training, nur weil du Angst hast, du könntest mich unsittlich berühren. Ich vermisse die Zeit, als wir einfach nur Freunde waren … rotz … und du noch jede Sekunde mir gegenüber voller Erwartungen warst."

Entsetzt über ihre Worte sah Xylon zu ihr mit kreidebleichem Gesicht herunter. Er rührte sich kein Stück und versuchte verzweifelt alles, was sich hier gerade abspielte in logische Zusammenhänge zu bringen.

Was sollte das? Er benahm sich doch höchstens seit Delphi so komisch. Hätte er etwa gerade auf ihr Angebot eingehen sollen? Was für ein extremer Gefühlsausbruch. Gefühle? Ausbruch? *Oh nein, der Stein!*, überlegte Xylon schockiert und blickte erneut auf Pan, die, nachdem sie beide sich hingesetzt hatten, die ganze Zeit über neben ihr saß.

Er war anscheinend nicht der Einzige, der unter

seinem Einfluss stand. Bei jedem wirkte sich das wohl anders aus, je nach dem, was einem gefühlsmäßig gerade wohl am meisten beschäftigte.

Pan muss sofort verschwinden und zwar noch bevor Myra hinter die Wirkung des Symboles kommt, dachte Xylon angespannt. *Und was noch viel wichtiger ist, damit sie von diesen schrecklichen Gedanken, die sie jetzt hat, wieder abkommt.*

Zu Xylons Glück, blickte sie noch immer weinend zu Boden und konnte nicht sehen, was er gerade tat. Seine beiden Augen starrten intensiv in Pans vier verwundert dreinblickende. Verschwinde bevor sie wieder hochsieht, formte er mit seinen Lippen. Als Pan sich jedoch nicht rührte, machte Xylon eine verschwindende Handbewegung, doch sie verstand noch immer nicht. Daraufhin biss er fest auf seinen Finger und brach schnell einen Stock aus ihm heraus. Diesen schmiss er weit von sich weg, woraufhin Pan sofort, ohne lange darüber nachzudenken, mit fröhlich wedelndem Schwanze hinterherjagte.

„Myra?", fragte er behutsam und wendete sich wieder ihr zu.

Mit seiner Hand wollte er vorsichtig ihre Schulter berühren, doch als sie plötzlich noch stärker anfing zu weinen und zu schluchzen, zögerte er. Ihm fiel auf, dass er es seltsamerweise immer dann tat, wenn sie es eigentlich am meisten von ihm brauchte.

Verdammt, diese ganze Gefühlskiste ist noch völlig neu für mich. Was soll ich denn jetzt tun?, fragte Xylon sich in Gedanken selbst und wurde immer panischer. Wieder in den Arm nehmen? Vielleicht dachte sie dann aber, er hatte es absichtlich gemacht, um ihr wieder näher zu kommen. Nach seinen Überlegungen von vorhin, wäre das auch keine allzu große Überraschung. Oder sie wollte ihn vielleicht damit anlocken, um ihn zu verführen, damit es wieder genau wie früher wird, als es das Problem mit der körperlichen Nähe zwischen ihnen nicht gab. *Argh … was tun?* Egal, was er sagen, oder wie auch immer er handeln würde, es konnte von ihr stets falsch verstanden werden. Diese Gedanken brachten doch zu nichts. Es verging nur immer mehr Zeit, in der er nicht handelte, ärgerte sich Xylon, dessen Kopf schon beinahe am Explodieren war.

Was ihre Gefühle anging, hatten es die Elementare so viel leichter als die Menschen. Sie waren deutlich fokussierter und verstanden sich normalerweise auch, ohne etwas sagen zu müssen. Der Tempelstein brachte ihm bisher nur Probleme, stellte Xylon zähneknirschende fest. Ohne seine auslösende Lust, hätte er sich in Delphi an Myra auch nicht vergriffen und sich in den letzten Tagen aus Scham davor in ihrer Gegenwart nicht so merkwürdig verhalten. Unglücklicherweise konnte er das jetzt nicht mehr rückgängig machen. Was würde er nicht alles auf dieser Welt gegen diese furchtbare Situation eintauschen.

Doch dann kam ihm eine Idee. Er schlich schnell um sie herum und packte zu. Myra spürte, wie sich etwas um ihre Brust schlang. Sie riss erschrocken ihre Augen weit auf und blickte überrascht an sich herunter. Es waren jedoch keine Hände, die sie fest umklammerten, sondern Xylons Ranken. Doch bevor sie etwas darauf hätte sagen können, hievte er sie damit auch schon hoch und warf sie im hohen Bogen in den Ausläufer.

PLATSCH!

Nach kurzer Zeit tauchte sie verwirrt und durchnässt aus dem Gewässer auf und holte einmal tief Luft. Ihre langen blauen Haare klebten ihr dabei klatschnass im Gesicht.

„Bist du jetzt vollkommen verrückt geworden?", fragte sie total außer sich, aber wieder mit all ihren Gedanken beisammen. Doch Xylon antwortete ihr nicht, sondern rannte schnurstracks auf sie zu.

Er war der Ansicht, dass ihre beiden Gefühlsprobleme als Menschen ihre Liebenswürdigkeit und die damit verbundene Unsicherheit und seine Feigheit waren. Doch das würde er jetzt in einem Spezialtraining für sie beide umkehren.

„Jetzt bloß nicht unachtsam werden!", brüllte er zu Myra und warf ihr eine von seinen Ranken im Lauf entgegen, die sie jedoch mit Leichtigkeit mit ihrer Hand zur Seite schlug. Nun warf er eine weitere Ranke, doch auch diese schlug sie einfach von sich weg.

„Was soll das? Jetzt hör endlich auf mit diesem Blödsinn!", rief sie wütend, doch Xylon hörte ihr nicht zu.

„Nicht so unkonzentriert!", rief er stattdessen zurück und rannte einfach weiter.

Trotz ihres Zornes bemerkte Myra, dass Xylon noch immer die Enden seiner geworfenen Ranken fest in den Händen hielt. Ihr Blick verfolgte daher den Verlauf der Ranken, wobei sie feststellte, dass sie sich nach dem Wegschlagen links und rechts von ihr im Boden verwurzelt hatten.

Myra blickte wieder aufmerksam nach vorne. Auch wenn sie gerade keine Lust auf dieses unnötige Duell hatte, musste sie sich trotzdem vorsehen.

Xylon setzte zum Sprung an und zog sich mit aller

Kraft an den beiden Ranken auf sie zu. Wie mit den kleinen Kieselsteinen am Ufer zog Myra nun einen großen wasserüberzogenen Felsbrocken aus dem Fluss und hielt ihn Xylon entgegen. Er drehte sich jedoch gekonnt in der Luft und zerschlug ihn mit seinen holzüberzogenen Füßen. Durch die nun entstandene Deckung, der herabfallenden Steine, ließ er sich direkt vor ihr fallen und holte zum Schlag auf ihren ungeschützten Brustkorb aus. Myra wich diesem zwar schnell aus, doch mit einer im toten Winkel versteckten linken Hand, traf Xylon sie trotzdem schmerzvoll in den Bauch. Stöhnend rutschte sie, etwas von ihrem Element im Wasser abgebremst, nach hinten.

„War das etwa schon alles?", rief Xylon provokant und machte sich bereit, sie erneut anzugreifen.

Ein Streit war das Einzige, was sie vor einer Trennung schützte, davon schien Xylon absolut überzeugt zu sein. Ihre Gefühle wurden vorher von ihren Elementen reguliert, doch jetzt nicht mehr und damit kamen sie aus mangelnder Erfahrung nicht zurecht. Daher versuchte er ihre momentan größten Gefühlsschwachstellen umzukehren, damit sie daran nicht zu Grunde gingen. Liebenswürdigkeit gegen Hass und Feigheit gegen Entschlossenheit. Und wie geplant, stieg in Myra auch immer mehr die Wut auf. Mit einem düsteren alles durchdringenden Blick starrte sie ihn böswillig an.

Sie verstand zwar nicht, was er damit bezweckte und fand sein gesamtes Verhalten gerade mehr als unpassend, aber dem Ganzen würde sie jetzt ein Ende bereiten. Zornig schaute sie hinter sich zu ihrem verzierten Bogen, den sie die ganze Zeit über auf ihrem Rücken trug.

Den im hüfttiefen Wasser auf sie zusprintenden Xylon ignorierend, stand sie nun ganz entspannt auf der Stelle und machte ihre rechte Hand zu einer Kralle. Mit dieser machte sie dann mehrere Kreisbewegungen und erzeugte damit um sich herum einen gigantischen Wasserstrudel, der sich langsam spiralförmig in die Luft erhob. Xylon wollte zwar durch diesen schnell noch hindurchspringen, wurde aber sofort von dem aufsteigenden Wasser erfasst und, zu seiner Überraschung, nach oben gezogen. Ihre Hand, die noch immer zu einer Kralle geformt war, schloss sie nun zu einer Faust zusammen, wodurch sie zeitgleich eine ungeheure Energie im Inneren der Wasserspirale aufbaute. Als der Druck groß genug war, öffnete sie ihre Faust wieder und die erzeugte Energie entlud sich vollständig, wodurch alles Wasser im Inneren explosionsartig nach außen geschossen wurde. Xylon wurde gewaltsam aus dem Wasserstrudel geworfen und flog nun ungebremst in den angrenzenden Wald hinein. Weit entferntes Knacken der Äste und umstürzende Bäume verrieten Myra, wie weit Xylon von ihr ungefähr weggeschleudert wurde.

Nachdem sich ihre Wut über seine Dummheit allmählich gelegt hatte, löste sie ihre Technik auf und beruhigte sich wieder. Danach stieg sie gemütlich aus dem Ausläufer, als wäre nichts gewesen und begab sich zum Wald, um nach Xylon zu suchen. Erst nach einer Weile fand sie ihn, benommen und kopfüber in einem Baum hängend. Sie stemmte ihre Hände in die Hüfte und schaute nachdenklich zu ihm hinauf.

„Idiot, warum tust du das nur ständig? Aber vielleicht liebe ich genau das an dir, deine unbeholfene Art, womit du immer zu verhindern versuchst, mich nicht zu verlieren", sagte sie liebevoll zu ihm, wusste aber, dass er sie in seinem Zustand nicht hören konnte. „Was soll ich bloß mit dir machen?"

Auch wenn sie eingestehen musste, dass sie sich vorhin auch etwas eigenartig verhalten hatte. Sie ahnte jedoch, dass es etwas mit Xylons Geheimnis in Bezug auf den Stein zu tun hatte. Aber nur was? Das galt es für sie jetzt herauszufinden und sie hatte da schon so eine Idee, wie sie es anstellte.

Mit einem kritischen Blick schaute Myra nach oben und überlegte, wie sie Xylon wohl wieder sicher von dem Ast herunterbekam.

„Du kannst froh sein, dass ich noch nicht einmal die Hälfte meiner Kraft eingesetzt habe."

Kapitel 15
Das Brechen der Grenzen

Total erschöpft und mit breiten Augenringen sah sich Kaysōn, halb verträumt in den Aschewolken, auf dem Trainingsgelände des Tannin-Heiligtums in Nereid um. Dabei strich er mit seinem Finger über seinen metallischen Anhänger, den er in der Theus-Prüfung aus Teilen der Klingenschwertbestie Typhon gefertigt hatte.

Nur wenige wussten, dass er zusammen mit Oyranos den Typhon damals nicht getötet, sondern nur die äußere Drachenform, die aus hunderten von Schwertern bestand und eine elementare Seele beherbergte, in einen kleinen Anhänger eingeschmolzen hatte. Auch wenn sie, wie alle anderen Prüflinge auch, die Aufgabe von Anfang an nicht richtig verstanden hatten, mussten die neun Weisen den beiden den Aufstieg in den 7. Rang dennoch anerkennen, da die Prüfung damals lautete, ihr Tierwesen nicht zu töten, sondern unschädlich zu machen und das hatten sie damit auch erreicht.

Doch das stimmte nur zur Hälfte. Denn die elementare Seele steckte noch immer in dem Anhänger. Da ihr nun aber die physische Kraft fehlte, um ihren letzten

Willen in die Tat umzusetzen, quälte sie nun ihren Träger auf mentaler Ebene. Sie ließ Kaysōn keine Nacht mehr in Ruhe schlafen. Jedes Mal, wenn er die Augen schloss, sah er die viele blutüberströmten Soldaten auf die grausamste Art und Weise in der Schlacht, in der der Elementar einst gekämpft hatte, sterben. Zudem musste die rachsüchtige Seele sich irgendwie in seinen Geist eingenistet haben. Denn wenn er den Anhänger abnahm, verschlimmerte sich dieser Effekt sogar noch. Sie folgte ihn überall hin, egal wo auch immer er sich gerade befand. Kaysōn musste mit der Zeit akzeptieren, dass er nicht mehr davor fliehen konnte und so langsam drohte den Verstand zu verlieren. Erzählen wollte er dies trotzdem niemanden, da er einerseits befürchtete, die Prüfer würden ihm seinen Rangaufstieg wieder aberkennen und andererseits wollte er sich diese Schwäche vor niemanden eingestehen und schon gar nicht vor seinem strengen Vater Zestos. Denn dieser hatte, wie auch jetzt, in einem besonderen für seinen Sohn angelegten Trainingsprogramm, stets ein wachsames Auge auf ihn.

Kaysōn stand gerade auf einem schmalen Felsen, der sich gut einen Plethron hoch über einem breiten fließenden Lavastrom befand. Von hier aus hatte er einen guten Überblick über das gesamte Tannin-Heiligtum, welches das Größte der Vier in Nereid war und gerade für Menschen zu den lebensfeindlichsten Orten in der Stadt gehörte. Wie das Leviathan-Heiligtum, befand sich auch dieses hier oberhalb des Fußes vom Berg Othrys, nur das an dieser Stelle kein Wasser aus dem Berg floss, sondern kochend heiße Lava. Sie zog gemächlich ihre Bahnen über das ganze Gelände hinweg und ergoss sich entweder in großen Lavaseen oder verschwand einfach wieder unter einer dünnen Schicht glühendem Magma. Auf dem weiträumigen Areal standen überall ewig brennende Bäume und Sträucher. Übelriechender Schwefel und andere Gase lagen in der Luft, die getrübt war von einer unerträglichen Hitze, die die Umgebung vor dem Auge verschwimmen ließ.

Um die Stadt vor all dem zu schützen und gleichzeitig vor neugierigen Blicken von außerhalb versteckt zu bleiben, war um das gesamte Tannin-Heiligtum eine hohe, aus eisenhaltigen Gesteinen und funkelnden Kristallen gefertigte Mauer gezogen worden, da diese bei dieser enormen Hitze nicht schmolz. Genauso wie die Mauer, war auch das palastartige Hauptgebäude aus genau diesem Gestein gefertigt und strahlte, von weitem wunderbar zu erkennen, rotschimmernd über das gesamte Gelände hinweg. Genau in der Mitte des gigantischen Platzes, zwischen all den vielen Lavabächen und erkalteten Magmagesteins, gab es zudem eine riesige Kuppel aus reinstem Kristall, unter der sich ursprünglich der größte Schatz der Fotiá-Familie befand, doch nun schon seit Jahren verschollen war, das mächtige Tanninschwert. Helles Licht leuchtete von Innen durch die Kristallwände und erzeugte ein farbenfrohes Muster auf deren Oberfläche.

Was für die einen wie der Hades auf Erden erschien, war für die Familie Fotiá, die hier schon seit Generationen ihren Hauptsitz hatte, der ideale Kampfplatz, um ihre Stärken noch weiter auszubauen und ihre größte Schwäche zu beseitigen, die sie besaßen und zwar Wasser! Und genau das war es auch, was es nun für Kaysōn zu meistern galt.

Demütig starrte er auf die mittlerweile vernarbte Brandverletzung, die ihm Myra mit ihrer Wasserfähigkeit zugefügt hatte. Seit diesem Vorfall, wollte er unbedingt besser werden. Auch um vor niemanden je wieder solch eine Schwäche zu zeigen.

Er begab sich nun vorsichtig zur Kante des hohen Felsens und schaute hinab. Das flackernde Licht der glühenden Lava spiegelte sich auf seinem finsteren Gesichtsausdruck. Unerträgliche Kopfschmerzen plagten ihn. Der in der Luft umherschwirrende Ruß kratzte ihn im Hals und Nase und diese extreme Hitze trieb ihm Tränen in die Augen, die beim Wegwischen schmerzhaft die Haut röteten. Ihm tropfte Schweiß von der Stirn, der beim Auftreffen auf den Felsen sofort mit einem leisen Zischen verdampfte. Er versuchte alles davon auszublenden und sich genau auf die Übung zu konzentrieren, denn einen schwerwiegenden Fehler würde ihm sein Vater keinesfalls erlauben.

Überall auf dem Gelände gab es zwischen den unzähligen Lavaströmen und Seen Felsentürme, in denen sich Löcher befanden, die nummeriert und farbig bemalt waren. Ziel seines Trainings war es, in einer bestimmten Zeit durch all diese Felsformationen hindurchzufliegen, ohne aber das Feuer zu berühren. Weder welches, dass er selbst erschuf, noch das von der Lava. Berührte nämlich das Feuer seine Haut, überzog sie sich auf der Stelle mit einer öligen Schicht, die sie zwar davor schützte, aber anfällig gegenüber Wasser machte. Was bei Regen oder Feinden, die ihre Schwäche kannten, ein großes Manko darstellte. Denn dann konnten sie nicht mehr richtig kämpfen, ohne sich dabei auch selbst zu verletzen. Um dies zu umgehen, lag die Übung nun darin, die

Feuerfähigkeit so zu benutzen, dass sie seiner Haut nicht zu nahekam.

Um dies zu kontrollieren, trug Kaysōn, neben seinem üblichen Trainingsanzug, um die Beine und die Arme helle Stoffe, die mit einigen Gurten festgeschnürt waren. Sollten sich hinterher Brandlöcher darauf befinden, hatte er das Feuer berührt und die Prüfung seines Vaters nicht bestanden. Dieser überwachte nämlich nicht nur sein Training, sondern beschoss ihn versteckt, während seines Laufes, auch noch mit Feuerkugeln, um die Aufgabe noch zusätzlich zu erschweren.

Kaysōns Blick wanderte nun von den Felsentürmen weg, herüber zur steinernen Treppe des Palastes. Auf beiden Seiten der Treppe standen große, schwarze Tanninstatuen nach menschlicher Vorstellung. Diese trugen einen breiten Umhang und einem langen schmalen Schwert auf dem Rücken. Die Gesichter waren streng und einschüchternd und die gesamten Statuen waren umringt von steinernen Flammen. Am Ende der Treppe floss ein gemächlicher Lavastrom, auf dem glühende Steine langsam entlangtrieben. Zwei Eisenpfähle mit Fähnchen waren neben dem Fluss in den Boden geschlagen. Kaysōn würde seinen Lauf starten, wenn einer der Steine den ersten Pfahl passiert hatte und musste durch alle Felsen hindurchgeflogen sein, wenn derselbe Stein an dem Zweiten vorbeigekommen war.

„Gleich geht es los!", sagte sich Kaysōn wild entschlossen und streckte sich noch einmal, bevor er sich endgültig in Stellung brachte.

Als der ausgesuchte Stein den ersten Pfahl passierte, sprang er, ohne zu zögern vom Felsenturm herunter und fiel ein kurzes Stück hinab, bevor ihm seine, unter seinen Händen erzeugte Feuerwalze, schließlich in der Luft trug. Er musste jetzt nur aufpassen, dass er das Feuer immer schön hinter sich herausschoss, um nicht von seinen eigenen Flammen getroffen zu werden.

Kaysōn holte noch einmal tief Luft, drehte sich langsam auf der Stelle und flog dann, wie eine Rakete im Steilflug, hinab zu dem ersten, bemalten Felsdurchgang. Mit enormer Geschwindigkeit schoss er durch diesen hindurch und musste auf der anderen Seite reflexartig zur Seite ausweichen, weil aus dem Lavafluss plötzlich eine Fontäne hinaufgeschossen kam. In Schlangenlinien wich er, dicht über dem brodelnden Fluss fliegend, den Lavaspritzern aus und achtete sogar akribisch darauf, keine umherschwirrenden Funken abzubekommen. Er musste seine Augen zu Schlitzen formen, weil ihm ständig heiße Asche schmerzvoll ins Gesicht wehte.

Sich erneut in der Luft gekonnt drehend, schoss er durch den nächsten, etwas größeren bemalten Felsdurchgang. Durch ein kurzes Tunnelsystem jagend, kam er über dem Felsen wieder heraus und musste auch gleich dem ersten hinterhältigen Angriff seines Vaters ausweichen. Dadurch, dass er seine Fähigkeit kurz auflöste, gelang es ihm, noch rechtzeitig vor der Feuerkugel zu stoppen und dann mit einem erneuten Schub über sie hinweg zu fliegen, bevor sie mit einem lauten Krachen in dem Felsen unter ihm einschlug. Wieder zielstrebig nach vorne schauend, galt seine Aufmerksamkeit nun zwei weiteren bemalten Felsdurchgängen etwas rechts von ihm.

Eine weitere Kugel seines Vaters schoss direkt auf ihn zu, die Kaysōn aber mit einer eigenen erschaffenen schnell versuchte abzublocken.

BOOM!

Was er dabei aber nicht bedachte, war, dass die dadurch verursachte Druckwelle so stark war, dass sie ihn von seiner eigentlichen Flugbahn ablenkte und er heftig im Flug gegen die Kristallkuppel in der Mitte des Trainingsgeländes gerammt wurde.

„Argh!", stöhnte Kaysōn schmerzerfüllt, entfachte im Fall seine Flammen unter sich eilig neu und jagte, an der Kristallwand streifend, wieder zurück nach oben. So dicht am glitzernden Kristall verursachte seine Feuerwalze ein lautes Pfeifen.

Nachdem er sich wieder gefangen hatte, legte er die Arme dicht an seinen Körper, holte zu einem weiteren Schub aus und schoss mit noch höherer Geschwindigkeit schnurgerade durch die zwei bemalten Felslöcher hindurch. Er wurde immer schneller und schneller und passierte einen Felsdurchgang nach dem anderen. Nur noch wenige Felsdurchgänge waren zu durchqueren. Er hatte aber auch nur noch sehr wenig Zeit, bevor der glühende Felsen den zweiten Eisenpfahl erreicht hatte.

Erneut knallte es, aber dieses Mal direkt über ihm, während er aus einem weiteren Felsen geschossen kam. Große Brocken versperrten ihm den Weg nach oben, sodass er gezwungen war die Klippe hinunter zu jagen und anschließend dicht über dem Lavasee weiter hinwegzufliegen. Doch bevor er seine Flugbahn über dem See fortsetzten konnte, versperrte ihm auch hier eine weitere Lavafontäne seinen einzigen Ausweg. Kaysōn stoppte erneut seinen Flug und blieb, auf der Stelle schwebend, stehen. Er konnte nicht warten, bis sich die Fontäne wieder beruhigt hatte, also versuchte er, um nicht noch mehr wertvolle Zeit zu verlieren, hastig durch die herabfallenden Gesteinsbrocken wieder nach oben zu gelangen.

Immer wieder mit hoher Geschwindigkeit hoch, runter, links und rechts, verlor er langsam die Orientierung und kam auf der anderen Seite in falscher Richtung wieder heraus. In einem Slalom, zwischen den Gesteinsformationen hindurch schlängelnd, wechselte er schnell wieder seine Richtung, kam aber durch eine weitere Explosion seines Vaters stark ins Trudeln und flog direkt auf eine der Formationen zu. Nach einem heftigen Aufschlag in den Felsen, blieb Kaysōn darin nun völlig fertig liegen und rührte sich nicht mehr. Ohne, dass er es noch hätte mitbekommen können, passierte der glühende Stein gemächlich den zweiten Pfahl, womit die Übung sowieso vorbei gewesen wäre.

„KAYSŌN, was ist denn heute bloß los mit dir?! Warum hast du ihn denn nicht einfach zerschlagen?", rief Zestos, Kaysōns Vater, vollkommen außer sich.

Er kam aus der Luft zu ihm geflogen, löste seine Flugfähigkeit auf und sprang zu ihm herunter. Mit seinem kräftigen Griff, krallte er sich mit einer Hand locker im Felsen fest, in den Kaysōn hineingeschleudert wurde. Dieser lag mit schweren Platzwunden und Abschürfungen in dem heißen Loch und schaute benommen zu seinem Vater hoch, der ihn nur kopfschüttelnd ansah. Ein Auge von Kaysōn war halb zugedrückt und Glut loderte auf seinen Klamotten.

„Ich kann nicht mehr, Vater! Es tut mir leid", stöhne Kaysōn, der kaum noch Luft bekam, weil ihm diese unerträgliche Hitze in den Lungen brannte. „Und Felsen zerschlagen … wie soll das gehen?"

Zestos packte seinen Sohn an der Kleidung und zog ihn aus dem Loch. Nachdem er mit ihm unter dem Arm ein kurzes Stück geflogen war, ließ er ihn auf einen Mauerabschnitt des Heiligtums, welches die Grenze zur Stadt bildete, wieder herunter und setzte sich anschließend neben ihn hin.

Auch Zestos trug einen Trainingsanzug und mit Stoff umwickelte Arme und Beine. Sie waren im Gegensatz zu Kaysōn aber noch vollkommen ohne Brandlöcher und Einrisse. Es war noch nicht einmal ein Krümelchen Asche darauf zu finden, obwohl, wie auch jetzt wieder, eine Flamme ununterbrochen auf seiner Glatze loderte.

„Du kannst alles zerschlagen, solange du es dir vorstellen kannst. Dir fehlt nur ein kleiner Funken der Inspiration", erzählte er ihm, mit seiner tiefen eindringlichen Stimme. „Der Körper benutzt nur ein Teil seiner eigentlichen Stärke. Dies wird von unserem Gehirn beschränkt, um ihn nicht zu zerstören. Es kann nämlich bei einer Überschreitung dieser Grenzen zu Sehnen- und Muskelfaserrissen führen."

Kaysōn hörte seinem Vater interessiert zu und renkte dabei an seinen Gliedern, die durch den Aufschlag ganz steif geworden waren.

„Ich werde dir zeigen, wie du diese Grenzen für einen kurzen Zeitraum überschreiten kannst, aber du musst mit ihrem Einsatz vorsichtig sein. Damit du dich nicht selbst kaputt machst, hast du das verstanden?!"

Kaysōn nickte ihm ernst zu und schaute dann erschöpft von der Mauer herunter. Seine Aufmerksamkeit wurde dabei auf einen großen Aufruhr von Menschen gelenkt, der sich auf den Straßen unter ihnen gebildet hatte und herüber zum Königspalast marschierte.

„Was ist denn da los, Vater?", erkundigte sich Kaysōn, der neugierig geworden war.

Zestos stand auf und starrte verwundert hinauf zum Palast des Königs, wo sich eine große Menschenmenge versammelt hatte und sich immer weitere Leute dazugesellten.

„Das sieht nach einem Aufstand aus. Komm mit Kaysōn! Wenn es eskalieren sollte, müssen wir auf der Stelle einschreiten", entgegnete er beunruhigt und half seinem Sohn auf die Beine.

Kaysōn und Zestos erzeugten schnell ihre Feuerwalzen und flogen geschwind zur Residenz des Königs herüber. Auf einem Turm ganz in der Nähe kamen sie beide wieder herunter und verfolgten im Hintergrund aufmerksam das Geschehen.

General Sídero und der größte Teil seiner Familie standen schon vor den eindrucksvollen Palasttoren und waren dabei, die Menschenmassen mit all ihrer Kraft zurückzudrängen. Die Ependytēs-Familie waren Elementare, die allesamt sehr stabile glänzende Edelstoffe kontrollieren konnten und schon seit Generationen dem König als Leibgarde treu zur Seite standen.

Die Bewohner riefen alle vollkommen durcheinander, sodass es schwer war, sie zu verstehen. Nur ab und zu drangen Sätze wie „Krieg! Wird es Krieg geben?!", „Was ist mit den Ältesten, Frauen und Kindern?", „Was passiert mit den Leuten auf den Dörfern?" und „Warum unternimmt denn keiner was?" zu ihnen hindurch.

„Bitte tretet zurück! Der König wird gleich zu den neuesten Ereignissen Stellung nehmen. Also bitte, macht ein wenig Platz!", versuchte der General die Bewohner zu beruhigen. „Chalkós, mein Sohn, sie dürfen da nicht weiter!"

„Jawohl, Vater!", sagte ein schmächtiger Junge mit matten, dunkelroten Haaren etwas links von Sídero und erzeugte aus seinem kupfernen Armreif geschwind ein Absperrband, dass die Leute wieder zurückschob.

„In Ordnung! Argyrion, wann kommt König Salos endlich heraus? Wir können die Leute nicht ewig zurückhalten", rief er einer älteren Dame zu, die gerade eilig aus dem Palast gerannt kam. „Ich verliere hier so langsam den Überblick."

„Gleich! Er müsste jeden Moment kommen!", antwortete Argyrion, Síderos Mutter leicht außer Atem und half nun auch ihren Familienmitgliedern.

„Ach bitte Leute, keine Waffen! Was wollen sie denn damit erreichen?", fragte Sídero verständnislos und hob seine rechte Hand nach oben.

Mit Hilfe des Metalls in den Forken, Sicheln, Messern und Hacken der Leute zog er sie ihnen mit seiner Metallfähigkeit einfach aus den Händen und warf sie mit einem weiteren leichten Handwink auf ein benachbartes Hausdach. Die Bewohner blieben überrascht auf der Stelle stehen, beschwerten sich dann aber lautstark und wurden immer aufgeregter.

Auf der rechten Seite bei Broúntzos, dem ältesten Sohn von Sídero, drangen die Menschen schon über die künstlich erschaffene Absperrung und drohten, in den Palast einzumarschieren, als plötzlich aus dem Dunkeln, auf dem mit Säulen umringten, breiten Balkon ein Schatten hervortrat.

„DER KÖNIG!", rief jemand und zeigte mit seinem Zeigefinger erwartungsvoll nach oben.

Alle Anwesenden, bis auf General Sídero, der darauf

achtete, dass sich weiterhin keiner der Bürger verdächtig verhielt, waren mit einem Mal vollkommen still und starrten gespannt empor. König Salos trat ins Licht und hob seine rechte Hand zur Begrüßung. Dabei hielt er seine Linke angewinkelt unter einer breiten, edlen Chlamys verborgen.

Zestos erschrak bei Salos` Erscheinung. Der König sah überhaupt nicht gut aus. Seine Haut war unnatürlich fahl, sein faltiges Gesicht stark eingefallen und er konnte sich nur noch mit Mühe an seinem Stab aufrechthalten.

Der König nahm seine Hand wieder herunter und ließ seinen Blick über die vielen dicht aneinander gedrängten Menschen schweifen, wie sie ihn voller Erwartung anstarrten.

„Hört mir zu Bürger von Nereid! Es wird Krieg geben! Auch wenn wir weiterhin alles in unserer Macht stehende tun, um dies noch irgendwie zu verhindern", sprach der König ruhig, aber noch laut genug, dass alle Anwesenden ihn hören konnten. „Wir haben noch genügend Zeit. Ich möchte Euch aber dennoch bitten, rechtzeitig Vorräte anzulegen, Eure Häuser zu verbarrikadieren und Euch auf die Kampfübungsplätze zu begeben, die wir überall in der Stadt errichtet haben, um Euch dort mit allen nötigen Waffen und Kriegsstrategien vertraut zu machen."

Die Worte des Königs ließen allen den Atem stocken. Jetzt schaute sogar der General nach oben und sah überrascht in das bekümmerte Gesicht des Königs.

„Alle Bürger, die eine Waffe in den Händen halten können, ob Elementar, Mann, Frau, alt oder jung werden gebeten, sich an der Verteidigung Nereids zu beteiligen", sagte der König abschließend, drehte sich dann wieder um und kehrte schwerfällig in den Palast zurück.

Kurze Zeit herrschte Stille über dem gesamten Platz, bis plötzlich einer der Bewohner seine Anspannung nicht mehr zurückhalten konnte und einmal laut „KRIEG?!", brüllte. Erneut waren alle in heller Aufregung und redeten und klagten wild durcheinander. Die beängstigende Ansprache des Königs hatte die Leute nur noch panischer werden lassen. Der General und der Rest seiner Familie hatten schwer damit zu tun, nicht vollkommen die Kontrolle über das Geschehen zu verlieren.

Zestos schaute mit einem finsteren Blick zu Kayson.

„Es ist wohl doch ernster, als zuerst angenommen", entgegnete Zestos gedämpft und legte dann seine Hand auf die Schulter seines Sohnes. „Kayson, es ist zwar noch ein wenig verfrüht, aber ich denke, ich werde dir eine der mächtigsten Techniken aus unserer Hera beibringen, von der ich Kenntnis habe. Sie könnte unser letzter Trumpf in diesem Krieg bedeuten."

Obwohl sich sofort unendlicher Stolz in Kayson breit machte, versuchte er, vor ihm Ruhe und Beherrschtheit auszudrücken.

„Wie Ihr wünscht Vater!", sagte Kayson so gefühlsneutral, wie möglich und nickte entschlossen.

„Aber erst, wenn du gelernt hast, besser mit deinen Fähigkeiten umzugehen", erwiderte Zestos skeptisch und steckte seinen Finger in eines der Brandlöcher von Kaysons Anzug. Kayson schaute kurz enttäuscht zu Boden.

„Nun gut, Sohn. Auf geht's! Ich habe noch eine ganze

Menge vor mit dir. Wird Zeit, dass ich dir mal ein bisschen Feuer unterm Hintern mache", sprach Zestos,
sprang vom Turm herunter und sauste mit Kaysōn zusammen auf ihren Feuerwalzen zurück zum Tannin-
Heiligtum.

Kapitel 16
Vertrauen gewinnen

„Kayson? Den kann ich nicht ausstehen!", sagte Xylon gleichgültig, der mit Myra in der Nacht wieder gemeinsam am Lagerfeuer saß.

„Wirklich? Das sagst du doch nur, weil du solch eine große Angst vor Feuer hast, oder?", entgegnete Myra schnippisch und wedelte dabei mit der Hand, da über ihr gerade ein Käfer krabbelte.

„Damit hat das überhaupt nichts zu tun. Du hast Kaysōn doch gesehen. Er hätte mich beinahe in einem unkontrollierten Wutausbruch schwer verletzt", rechtfertigte sich Xylon wütend und blickte mit leicht zusammengezogenen Augenbrauen ernst zu ihr herüber.

Sie beide redeten zwar wieder ganz normal miteinander, aber eine große Anspannung lag noch immer zwischen ihnen, der selbst die Raubtiere aus dem Weg gingen. Mit seinem eigenständig herbeigeführten Streit heute früh, hatte Xylon die Situation zwischen ihnen nur noch verschlechtert. Sie hätte ihn fast, unter dem Einfluss des Steines, mit ihrer unterdrückten Selbstkontrolle zum Krüppel gemacht. Ihm tat noch immer jeder Knochen im Körper weh, was selbst dem Kyklopen und dem Python nicht so sehr gelungen war. Er ahnte zwar schon nach ihrer ersten Auseinandersetzung, dass Myra stärker war als er, aber nicht gleich so viel.

Pan war gerade nicht da, stellte Xylon beruhigend fest und starrte nachdenklich zu Boden. Eigentlich war es die beste Möglichkeit, ihr zu beichten, ohne dass ihre Gefühle von dem Stein unnötig in die ein oder andere Richtung gesteigert wurden. Er musste ihr endlich mal die Wahrheit sagen. Nur befürchtete er, wenn er dies tat, sie für immer zu verlieren und dann könnte er sich auch gleich in den Schlund des nächsten Monsters werfen. Denn ein Leben ohne Myra, konnte er sich einfach nicht mehr vorstellen.

Myra sah ihn neugierig an, wie er auf der anderen Seite des Feuers saß und dabei mit dem Finger nervös in den Steinchen unter sich wühlte. Das Licht der wild tobenden Flammen flackerte in seinem nach unten geneigtem Gesicht.

Sie musterte ihn einmal von oben bis unten und konnte dabei die Sprache seines Körpers lesen wie die Seiten eines Pergaments. Xylon lehnte sich leicht nach rechts, was auf sein rationales Denken hinwies. Er war zwar sauer, jedoch nicht auf sie oder das was sie gerade zu ihm gesagt hatte, sondern auf sich selbst. Irgendetwas lastete schwer auf seinem Gewissen und es hatte auf jeden Fall mit ihr zu tun. Sie wollte versuchen, dieses Gespräch dazu zu verwenden, dass er sich endlich vor ihr öffnete. Ob er es nun von allein tat oder sie es eigenständig herausfand, war ihr dabei mittlerweile schon fast egal.

„Gerade ich als Wasserelementarin sage es nur ungern, aber ich finde es wirklich erstaunlich, wie

Feuerelementare solche enormen Energien aufbringen können, um sich selbst so sehr aufzuheizen, dass dabei eine Flamme entstehen kann. Sie müssten jeden Tag Unmengen an Nahrung zu sich nehmen, um diese wortwörtlich in sich zu verbrennen", erzählte sie, mit solch einer Überzeugung, dass es sich schon fast begeistert anhörte. „Aber dass, worauf ich eigentlich hinauswill, ist dies: Ich denke, Kaysōn tut das alles nur, weil er zwanghaft nach Anerkennung in seinem Umfeld sucht. Zumindest von seinem strengen Vater bekommt er sie nicht, soviel ist sicher. Da meine Mutter auch zu den drei Legendären Kriegern gehört, ließen sich einige Treffen mit ihm nicht umgehen. Wusstest du eigentlich, dass Kaysōn zwei ältere Geschwister und einen kleinen Bruder hat, die ihn mit ihren Erfolgen regelmäßig bloßstellen? Sein Bruder Kayma ist hochrangiger General von Nereid, seine Schwester Anthrakia, die fähigste Nachfolgerin als Elementarer Krieger des Feuers und Spítha ist der Beste seines Jahrgangs."

Was soll das? Warum will sie denn jetzt unbedingt über Kaysōn reden?, überlegte Xylon genervt und schaute einen kurzen Moment lang zu ihr hoch, wodurch sich ihre Blicke trafen. Für den Bruchteil einer Sekunde hatten sich beide wieder über den Zustand des anderen vollständig ausgetauscht. *Verdammt!* Sein Verhalten war doch viel zu offensichtlich. Aber warum sprach sie ihn dann nicht direkt darauf an?

Seine schweren Schuldgefühle zusammen mit seinen Gedanken, endlich zu wissen, was sie wusste, ließen ihn fast durchdrehen im Kopf.

„Essen? Anerkennung? Hat er denn wirklich keine anderen Probleme? Ihm geht es doch gut. Er wohnt in einem gigantischen Palast, bekommt alles, was er sich wünscht und braucht sich um nichts und niemanden Gedanken zu machen."

Xylons Worte brachten Myra innerlich ein wenig auf. Sie beruhigte sich aber wieder mit dem Gedanken, dass er es nicht besser wissen konnte. In einem goldenen Käfig aufzuwachsen konnte nämlich der reinste Albtraum sein. Klar, man musste sich nie um Geld oder Verpflegung Sorgen, aber man musste sich in der Öffentlichkeit und selbst Zuhause ständig an strenge Verhaltensregeln halten, war sich nie sicher, ob man echte Freunde hatte oder nur Geldinteressierte und der Handlungsfreiraum war stark eingeschränkt. Kurz gesagt, der Begriff ‚Freiheit' hatte sich mit dem Reichtum ein für alle Mal erledigt. Die größte Angst eines Reichen lag paradoxerweise dann darin, sein Vermögen und damit seine Fesseln wieder zu verlieren. Myra bezweifelte stark, dass ihre Mutter nur aus Liebe mit dem wohlhabenden Kaufmann Eudore, also ihrem Stiefvater, zusammen war oder doch viel eher wegen seines Geldes und die damit verbundene Palasterhaltung.

„Ich hatte dir doch einmal die Eigenschaften von Wasser- und Erdtypen erklärt, erinnerst du dich?", fing Myra an zu erzählen und ignorierte damit einfach seine vorherige Aussage. Xylon sah daraufhin fragend zu ihr hoch.

Ja, das wusste er noch. Das war im Amphitheater, wo sie sich gegenseitig ihre Fähigkeiten gezeigt hatten, kurz bevor sie zu Meister Terpsichore aufgebrochen waren. Xylon, der eher grobe, einfältige Typ und Myra, die Phlegmatikerin, also ein Gemütsmensch, wovon aber mittlerweile auch nicht mehr viel zu sehen war.

Erstaunlich, wie weit die Lebenserfahrung aus dieser beschwerlichen Reise einen Menschen formen konnte. Sie beide hatten hier in der kurzen Zeit aber schon wirklich eine Menge erlebt.

„Diese Typendeutung gibt es natürlich auch für das Luft- und Feuerelement", fuhr Myra fort, ohne auf eine Antwort von ihn zu warten. „Das Feuer steht zum Beispiel für den Choleriker, leichte Erregbarkeit und Draufgängertum. Gleichzeitig steht es für alle lebensspendenden Kräfte, für die Prozesse der Ästhetisierung und die Qualität der Strahlung. Das scheinbar lebende Element verzehrt, wärmt und leuchtet, bringt aber auch Schmerz und Tod."

„Der Choleriker?!", fragte Xylon skeptisch und machte ein ungläubiges Gesicht. „Dann willst du mir damit also sagen, dass er sich für jemanden vom Typ Feuer ganz normal verhält?"

„Vielleicht schon?", antworte ihm Myra frech grinsend. „Dieses Wissen kannst du mit Sicherheit in jedem gut sortierten Archiv der Stadt nachlesen."

Nachdenklich starrte Xylon daraufhin auf den Waldrand hinter ihr, soweit es die Dunkelheit um sie herum zuließ.

Der erste Schritt meiner Planung ist damit abgeschlossen, dachte sie selbstsicher. Sie genoss jetzt Xylons volles Interesse. *Nun geht es an den zweiten Schritt: Vertrauen gewinnen.*

Dafür nahm sie sich einen Stock und stocherte absichtlich stark in der Glut herum, sodass es anfing zu knacken und das Feuer Funken spie, die sich wie kleine Glühwürmchen tanzend in die Luft erhoben. Xylon wich vor Schreck zurück und starrte Myra dann argwöhnisch an.

„Ach, es liegt also nicht am Feuer, dass du Kaysōn nicht leiden kannst, he, he?!", stachelte sie und kam um die Feuerstelle näher zu ihm.

Xylon stöhnte zornig und schaute Myra grimmig an. Sie jedoch zwinkerte ihm nur liebevoll zu und rutschte noch ein Stück weiter zu ihm herüber, woraufhin sich Xylon mit seinem Oberkörper etwas von ihr wegneigte.

„Nur nicht so schüchtern! Ich bin doch deine Freundin", sagte sie zärtlich und nahm sich Xylons rechte Hand. „Vertraust du mir?"

Bei dem Wort ,Freundin' und ihrer jetzigen Nähe pochte Xylons Herz wie wild in seiner Brust. Aber was sollte das mit dem Vertrauen? Was hatte sie denn jetzt schon wieder vor?

„Ja", antwortete Xylon schüchtern.

„In Ordnung. Wenn du mir wirklich vertraust, dann halte deine Hand genau jetzt über das Feuer. Los, trau dich, hab keine Angst!", sagte Myra ganz aufgeregt, ließ seine Hand wieder los und sah ihn mit großen Augen erwartungsvoll an.

„Bist du dir damit ganz sicher?", fragte Xylon zweifelnd und wurde ganz nervös.

Er hasste Feuer und im tiefsten Inneren seines Herzens, musste er sogar eingestehen, fürchtete er sich auch davor. Verwundert schaute er auf seine rechte Hand, die sich vollkommen unverändert anfühlte und danach mit einem besorgten Blick, auf die lodernden Flammen des Lagerfeuers, wie sie sein selbstproduziertes Holz in einem unangenehm klingenden Knacken und Brechen langsam zersetzten. Je tiefer er in die verschwommene Hitze über der Glut starrte, desto ehrfürchtiger wurde er.

„Ja, nun mach schon! Vertraue mir!", rief Myra, aus seinem Gefühl heraus, gerade irgendwo in ganz weiter Ferne direkt in seinen Kopf hinein.

Auch wenn er sich seine Vernunft mit jeder Faser seines Körpers dagegen wehrte, hatte er keine Wahl. Für einen Scherz würde das hier einfach zu weit gehen. Er musste ihr jetzt vertrauen. Ohne noch länger darüber nachzudenken, hielt er schnell seine Hand über die heißen Flammen und ließ es einfach über sich ergehen.

Kapitel 17

Die Beichte

Xylon kniff ein Augenlid fest zusammen und schaute mit dem anderen Auge angespannt auf seine zitternde Hand in dem Feuer. Sie war warm und fing auch an zu qualmen, jedoch spürte er keinen Schmerz.

„Na siehst du, war doch halb so wild", sagte Myra fröhlich und nahm seine Hand wieder vorsichtig aus den Flammen.

„Unglaublich! Wie hast du das gemacht?", fragte Xylon fassungslos und betrachtete seine Handfläche, konnte aber noch immer keinen Unterschied feststellen.

„Die Antwort darauf ist eigentlich ganz einfach. Ich habe sie nur mit einer hauchdünnen Wasserschicht überzogen. So konnte dir das Feuer für kurze Zeit nichts anhaben. Wie bei einem Lauf über heiße Kohlen, verdunstet zuerst der Schweiß unter den Fußsohlen, bevor die Haut wirklich Schaden nimmt."

Völlig perplex starrte er Myra an und bemerkte, dass sie damit irgendetwas bezweckte, aber er wusste nicht genau was.

„Wie holst du das Wasser aus deinem Fass?", fragte sie, ohne ihm lange Zeit zum Nachdenken zu geben, um auf das eben Geschehene zu reagieren und deutete auf sein großes Wasserfass, welches neben ihm stand. „Ich ziehe es, mit Hilfe von Wurzeln, aus dem Fass direkt in meinen Rücken hinein", antwortete Xylon überrascht.

„Das bedeutet, du könntest es auch überall aus deinem Körper wieder herauslassen, ohne eine Technik einzusetzen, oder? Versuche es mal!"

Xylon legte seine linke Hand sanft auf sein Wasserfass und verwurzelte sich damit. Dann hielt er zögerlich seine rechte Hand nach vorne und benässte sie von innen heraus mit dem Wasser aus dem Fass, so wie er es sonst auch immer tat, nur dass er es dieses Mal nicht für eine Holztechnik einsetzte. Anschließend hielt er die Hand wieder über das Feuer und derselbe Effekt wie zuvor trat ein. Mit ein paar leichten Bewegungen versuchte er mit der Hand nach den Flammen zu greifen, die dabei jedoch nur zu zischen anfingen.

„Übe das am ganzen Körper und schon bist du für kurze Zeit resistent gegen Feuer!", sagte Myra breit grinsend und schnipste dabei einmal mit den Fingern. „Genial, nicht wahr?"

Xylon saß vollkommen entgeistert da und nahm seine Hand wieder behutsam aus dem Feuer. Er war eine gefühlte Ewigkeit auf der Suche nach solchen Antworten und jetzt löste sie einfach mal so sein Problem mit Kaysōn und beseitigte auch noch ganz nebenbei seine größte Schwäche, das Feuer.

Sein schlechtes Gewissen grub sich immer tiefer in sein Herz. Es stach ihm, wie ein Dolch, schmerzhaft in die Brust. Kalter Schweiß lief über seine Hände und ein Kloß bildete sich in seinem Hals. Jetzt oder nie, sonst befürchtete er, würde ihm dieses Gefühl früher oder später noch von innen heraus auffressen.

„Myra, ich will, dass du verstehst, das es mir wirklich, wirklich sehr leid tut. Mein ganzes Verhalten, meine Geheimniskrämerei und das, was ich dir antun wollte. Du musst verstehen, ich habe solche Angst dich zu verlieren, dass mir ganz schlecht davon wird, dir die Aletheia zu sagen", erklärte Xylon innerlich total zerstreut. Es lief ihm dabei sogar eine einzelne Träne die Wange herunter.

Ihr Plan hatte funktioniert. Obwohl sie zugeben musste, mit so viel Einsicht nicht gerechnet zu haben. Trotz ihrer inneren Freude, versuchte sie ein ernstes Gesicht beizubehalten und hörte ihm weiter zu. Es beschämte sie ein wenig, ihn so in die Enge getrieben zu haben, doch anders hätte sie ihn wahrscheinlich nie dazu bringen können, so offen mit ihr zu reden.

Nachdem sie seine Entschuldigung abgenickt hatte, berichtete Xylon hektisch weiter: „Es ist so … also der Stein, er unterbricht nicht nur elementarische Energien, sondern … na ja, er schaltet auch die elementarische Steuerung unserer Gefühle ab."

So etwas in der Art hatte sich Myra schon gedacht, auch wenn sie nicht genau wusste, dass ihre Gefühle von ihrem Element reguliert wurden. Aber das würde ihre bemerkenswerte Ruhe in lebensgefährlichen Situationen erklären und auch, warum sie vor ihm heute früh diesen für sie untypischen weinenden Gefühlsausbruch bekam.

„Das wusste ich wirklich nicht. Aber warum hast du es mir dann nicht schon viel früher gesagt?", fragte Myra verständnislos. Es war zwar für sie ganz interessant zu wissen, aber nach so vielen Tagen Anspannung zwischen ihnen, hatte sie irgendwie mehr erwartet.

Dass Xylon nach diesem Gefühlsrausch in Delphi für kurze Zeit süchtig war, verschwieg er. Es war für seine Beichte auch nicht so wichtig. Viel bedeutsamer war, was danach geschah.

„Es soll keine Ausrede für meine Tat sein, aber nach meinem Verlangen zu dir und vielleicht auch unter dem Einfluss des Steines ... ich weiß nicht genau, was wirklich dafür ausschlaggebend war ... auf jeden Fall habe ich versucht ... ich meine, ich wollte ... nein, ich kann es einfach nicht", stammelte Xylon und blickte die gesamte Zeit über zu Boden.

Myra kam noch näher zu ihm und hob sein leicht mit Tränen verschmiertes Gesicht mit beiden Händen nach oben. Dieses überwältigende Gefühl, der bezaubernden Myra so in die Augen zu sehen, zusammen mit ihren zärtlichen warmen Händen, ließ ihn alles um sich herum vergessen. Er konnte es ihr einfach nicht sagen. Xylon hatte solche Angst, dass Myra ihn nie wieder so verliebt ansehen würde oder er sie vielleicht sogar ganz verlieren könnte, dass ihm ganz schlecht davon wurde. Das letzte Mal, als sie wegen ihm so enttäuscht war, hatte es ihn beinahe innerlich zerrissen. Das war damals im Hestia Wald, als er die kleine Katze Pan zum Sterben zurücklassen wollte. Sie hatten unzählige Tage lang kein einziges Wort mehr miteinander gesprochen. So etwas, würde er nicht noch einmal durchstehen.

„Egal, was auch immer du getan hast, oder was auch immer du tun wolltest, ich kann lernen dir zu verzeihen. Aber wenn du es mir nicht erzählst, dann wird es immer zwischen uns stehen", sagte sie so einfühlsam, wie es ihr in dieser Situation möglich war und ließ sein Gesicht wieder los, damit seine Gedanken wieder frei waren.

Xylon sah ihr weiterhin tief in die Augen, was ihn viel Überwindung kostete und dann sagte er es ihr einfach, ganz offen und ehrlich heraus: „Als du bewusstlos warst, habe ich versucht, mit meiner Hand unter deinen Chiton zu gehen."

Myras Augen weiteten sich überrascht und sie wendete sich angewidert ab. Ihre Arme verschränkte sie reflexartig vor ihrem Brustkorb.

Jetzt ist es aus, dachte Xylon vollkommen niedergeschlagen. Eine ganze Welt brach gerade über ihn zusammen. Das war also seine Strafe für diese schändlichen Gedanken, aber wenigstens hatte er jetzt endlich diese schwere Last von seinem Herzen, was wirklich ein erleichterndes Gefühl war.

Kurz darüber nachdenkend, drehte sich Myra jedoch wieder zu Xylon um, öffnete ihre verschränkten Arme und sah ihn plötzlich ganz normal an.

„Ich verzeihe dir", sagte sie knapp und lächelte dabei ein wenig gekünstelt.

Xylon starrte sie nun völlig verständnislos an.

„Was? Wieso?"

„Allein zu sehen, wie viel Schmerz es dir seelisch zugefügt hat, zeigt mir, dass du es mehr als alles andere auf der Welt bereust und noch viel wichtiger, es zeigt mir, wie sehr du mich liebst. Einander zu verzeihen ist die größte Gabe, die die Menschen besitzen, dann sollten wir Elementare das doch erst recht können. Ich liebe dich einfach viel zu sehr, als dass so etwas, auch wenn es mich noch so sehr trifft, meine Liebe und mein

Vertrauen zu dir zerstören könnte. Außerdem, soweit ich es verstanden habe, hast du es ja nicht wirklich getan, sondern nur mit dem Gedanken gespielt. Versprich mir einfach, mir nie wieder weh zu tun. Wenn es ein Problem gibt, komm das nächste Mal bitte zu mir. Wir können dann zusammen über alles reden und gemeinsam nach einer Lösung suchen, in Ordnung?"

Xylons Herz pochte bei jedem ihrer Worte immer schneller. Von ihrem Zauber wieder befreit, schüttelte er seinen Kopf und gestikulierte plötzlich wild vor ihr in der Luft.

„Nein, das kann nicht dein Ernst sein. Ich wollte mich an dir vergreifen, als du völlig wehrlos warst! Bestrafe mich, damit ich wenigstens einen Teil meiner Schuld begleichen kann!", sagte Xylon aufbrausend und stand ruckartig auf.

Myra wich vor Schreck ein Stück zurück und sah verwundert zu ihm herauf.

„Bist du dir sicher, dass du das möchtest?"

„Ja, sonst glaube ich, wird sich zwischen uns überhaupt nichts ändern."

Myra schaute gedankenversunken zu Boden und fing an, alle Strafen im Kopf durchzugehen, die ihr aus der Vergangenheit über die Geschichte der Menschengötter einfielen.

„Na gut, ganz wie du möchtest. Wie wäre es mit der Strafe des Tytios, der einst eine Göttin beleidigt hatte. Er lag dann bis ans Lebendsende auf schwarzer Erde, während Aasgeier gierig in seinen Eingeweiden wühlten. Oder die Strafe des Okeanos, der dazu verurteilt wurde, ein Seil aus Binsen zu flechten, dessen Ende immer wieder von einem Lastentier aufgefressen wurde. Dann gab es da noch Tantalos, der den Göttern seinen eigenen geschlachteten Sohn zum Essen vorsetzte. Er wurde für den Rest seines Lebens mit Hunger und Durst an einen Felsen gefesselt, wo sich Wasser und Früchte in seiner Nähe jedes Mal von ihm wegbogen, wenn er danach griff und ein riesiger Felsbrocken immer über ihm schwebte und jederzeit drohte zu fallen, es aber doch nie tat. Oder wie wäre es mit der Strafe des Sisyphos -"

„Halt, halt, warte!", unterbrach er sie schnell und kam bei diesen ganzen Horrorvorstellungen ganz schön ins Schwitzen. „Äh, vielleicht lassen wir das mit der Strafe doch lieber sein."

„Hm … ist gut und was willst du dann machen?", fragte sie neugierig.

Myra wusste zwar, dass Xylon seine Tat nicht rückgängig machen konnte und deshalb nach einem Gewissensausgleich suchte, aber sie hielt seine Reaktion trotzdem für ein wenig übertrieben. Damals empfand sie es zwar noch verfrüht, immerhin waren sie zum Zeitpunkt seiner Tat gerade einmal zwei Tage lang ein Paar, aber mittlerweile würde sie es verstehen, wenn er mehr von ihr wollte, als nur küssen und kuscheln. Er ist zwar ein Elementar, aber auch ein Mann. Es würde sie mehr verunsichern, wenn es nicht so wäre. Und ehrlich gesagt, wäre sie bereit ihm auch mehr zu geben, was sie jetzt aber nach seiner Aktion in der nächsten Zeit nicht mehr konnte. Xylon hatte es sich leider, musste sie zugeben, selbst kaputt gemacht.

„Wie wäre es, wenn ich dir etwas zur Versöhnung schenke. Es ist zwar noch nicht ganz fertig, aber ich hoffe, es gefällt dir trotzdem", sagte Xylon freudig, kramte kurz in seinen Taschen und hielt ihr dann eine

geschnitzte Skulptur entgegen, an der er schon seit Anbeginn der Reise gearbeitet hatte. Sie stellte Myra da,
wie sie auf einem Baumstumpf saß, mit beiden Händen
im Schoß und den Betrachter fröhlich anlächelte.

„Wow, das ist ja toll. Sieht richtig echt aus. Danke, Xylon!", sagte sie freudig und umarmte ihn herzlich.

Sie gab ihm noch schnell einen liebevollen Kuss auf
die Wange und begab sich dann wieder zurück zu ihrem Schlafplatz. Auch wenn Xylon den ganzen Tag
über bewusstlos war und sie dadurch eine Menge Zeit
verloren, musste sie zugeben, war es wirklich notwendig, dass sie sich einmal ordentlich aussprachen.

Xylon machte sich nun auch seinen Schlafplatz zurecht und war ebenfalls überglücklich. Endlich hatte er
es ihr gebeichtet. Es gab kein angenehmeres Gefühl, als
dieses. Er hätte es ihr schon viel früher sagen sollen,
dann hätte er sich eine Menge Quälerei erspart.

Myra legte sich auf ihren Moosteppich und betrachtete noch lange die Skulptur in ihren Händen, bis das
Lagerfeuer langsam ausging und der Erebos sie umschloss.

„Vergiss dein Versprechen nicht, mir nie wieder weh
zu tun!", erinnerte sie ihn noch einmal, bevor sie ihre
Augen schloss.

„Ja, ich verspreche es dir und dieses Mal meine ich es
wirklich ernst. Noch einmal werde ich mir die schöne
Zeit mit dir nicht kaputt machen", versprach Xylon,
drehte sich auf die Seite und versuchte zu schlafen.

Eine Nachtwache war nun nicht mehr nötig, da ihre
Sinne während der langen Reise schon so sehr geschärft
waren, dass sie jedes gefährliche Tier in der Umgebung
auch im Tiefschlaf noch wahrnahmen.

Was sie jedoch nicht wussten, war, dass Pan, die keine Gefahr darstellte und daher nicht erspürt wurde, mitten in der Nacht wieder zurück zu ihnen ins Lager kam und sich mit dem Antielementarstein im Halsband neben sie legte.

Kapitel 18
Traumjäger

Xylon tauchte, ohne zu merken, dass sein Element wegen des Symbols auf dem Stein keinen Zugang mehr zu ihm hatte, in die Tiefen seiner Träume ab.

Ein buntes Durcheinander tat sich vor ihm auf und bildete nach kurzer Zeit strukturelle Umrisse von Personen und Objekten. Balken und Steine folgen durch die Luft und setzten sich hinter ihm zu einem Haus zusammen. Unter seinen Füßen wuchs eine große Flache Gras und vor ihm schoss ein riesiger Menhir aus dem Boden. Einzelne Steine stapelten sich zu einem Brunnen hoch und aus dem Dunkeln heraus trat eine große Person, die gerade auf ihn zuging.

Es war sein Vater, Dokos, der mit ihm auf dem Hinterhof ihres Hauses stand und dem neun Jahre alten Xylon etwas erzählte. Wieder in der Ich-Perspektive sehend, konnte Xylon die Traumbilder nicht ändern und folgte daher einfach wortlos seinen Erinnerungen.

Dokos hockte sich vor dem wesentlich kleineren Xylon hin. Er hatte genauso wie Xylon überall das Schriftzeichen für Wasser auf seinem Körper zu stehen. Allerdings besaß er eine viel hellere Hautfarbe und ein Berg aus Muskeln, die sich deutlich durch seine Stoffweste hindurch abzeichneten. Seine

Selbstkontrolle spiegelte sich durch seine jahrelange Erfahrung erkennbar in seiner Sprache und seinen Bewegungen wider. Zudem hatte er Narben von zugezogenen Brandverletzungen auf seiner Haut, die schon eine Weile her zu sein scheinen.

„Geht es dir gut, mein Sohn?", fragte er besorgt und legte seine Hand sanft auf Xylons Schulter. Gleich nachdem er dies abgenickt hatte, erzählte Dokos auch schon weiter und hob dabei warnend seinen Zeigefinger. „Hör mir gut zu, Xylon! Es ist von sehr großer Bedeutung, dass du verstehst, dass unsere Holzfähigkeit nicht unbedingt zu den Stärksten unter den Elementen gehört. Daher ist es von äußerster Wichtigkeit auch Kampfsportarten und Waffen der Menschen zu beherrschen."

Dokos stand auf und hievte mit dem Fuß einen Speer vom Boden auf. Dann ging er gemächlich im Hof umher, in dessen eine Ecke einen Haufen Holzbalken gestapelt waren.

Er erklärte weiter: „Elementare verlassen sich normalerweise nur auf ihre elementarischen Kräfte, da ihnen der Gebrauch von Waffen verboten ist. Aber für uns ist es besser, besonders in Krisensituationen, auch die Handhabung von Waffen zu beherrschen. Nicht um zu töten, aber um Gegner abzuwehren, zu entwaffnen und eventuell sogar damit einzuschüchtern. Denn überraschenderweise können geübte Elementare mit Waffen wesentlich besser umgehen, als irgendein Mensch es je könnte."

Xylon hörte ihm interessiert zu, aber irgendetwas drückte ihm schwer aufs Herz. Es war der Tag bevor Dokos, Riza und ihn für immer verließ. Aufgrund dieser ungewöhnlich intensiven Gespräche seines Vaters, die er schon seit mehreren Tagen mit ihm führte, hatte Xylon damals schon so eine Vorahnung gehabt. Aber er hatte nie wirklich erwartet, dass ihn sein Vater, so kurz nach dem Tod seiner Frau, wirklich mit seinem einjährigen Bruder, der so früh am Tag im Haus noch schlafend in seiner Wiege lag, allein lassen würde.

Dokos stoppte seine Schritte, hob mit der Spitze des Speers ein Messer vom Boden auf und drehte es an dessen Front. Der erwachsene Xylon erkannte das kleine Schnitzmesser sofort wieder. Es war genau dasselbe, welches er bis heute immer mit sich trug. So wie seine Aquamarinkette, die Dokos noch um den Hals trug und sie Xylon erst bei seinem Abschied schenken wird.

„Also wirst du ab heute nicht nur täglich deine Fähigkeiten mit dem Element trainieren, sondern auch Kampfsportarten und den Umgang mit Menschenwaffen. Ich habe dir für beides passende Schriftrollen in dein Zimmer gelegt. Hier fang!", rief sein Vater und warf das kleine Messer, unerwartet mit dem Stab drehend, auf ihn zu.

Xylon hielt reflexartig seine kleinen Kinderhände vor sich und fing es überraschend auf. Hier endete seine Erinnerung. Alles zerbruch in herumfliegende Einzelteile und es wurde wieder schwarz um ihn herum. Sein Geist trieb nun in dem unendlichen Erebos seines Bewusstseins auf der Stelle.

Er hatte diese Erinnerung, genauso wie die, wo sein Vater verschwand und noch viele weitere vor diesem Vorfall, öfters gehabt und immer wieder waren sie sehr schmerzhaft. Selbst sein Holzelement konnte ihm nicht dabei helfen dieses seelische Problem zu lösen. Wobei er jetzt feststellte, dass es seltsamerweise gerade nicht wie sonst da war, um ihm Rückhalt zu geben. Daraus resultierend, suchte sein Geist verzweifelt nach Trost.

MYRA!

Sehnsucht überkam ihn. Er wollte jetzt unbedingt Myras Nähe spüren, doch irgendwie gelang es ihm nicht. Er konnte

sie nicht finden, auch wenn er sich noch so sehr anstrengte.
Was Xylon zu diesem Zeitpunkt jedoch nicht wusste, war,
dass der Antielementarstein in seiner Nähe lag und die Verbindung zu ihr blockierte. Ihre Elemente hatten keine Möglichkeit mehr in ihren Träumen miteinander zu kommunizieren. Doch der Drang nach ihr wurde immer stärker.

So stark, dass plötzlich etwas heftig an ihm zog. Ein kräftiger Sog warf ihn aus seinen Gedanken und es wurde kalt um
ihn herum. Verwundert erblickte Xylon unter sich in der
Dunkelheit das Lager mit Myra, Pan und ihm schlafend, auf
dem Boden liegend. Ein wenig Glut glimmt noch in der Asche
ihrer erloschenen Feuerstelle.

So etwas hatte er bisher noch nie erlebt. Er schaute zu Myra
herüber, wie sie friedlich mit den Händen unter ihrem Gesicht
schlief. Selbst noch im Schlaf strahlte sie eine unglaubliche
Schönheit aus.

MYRA!

Erneut zog etwas an Xylons Geist und holte ihn zurück auf
die Erde. Es ging aber alles so schnell, dass er nicht sehen
konnte, wo er gelandet war.

Wärme umgab ihn wieder und Schwärze füllte seine Umgebung. Jedoch fühlte er sich ungewöhnlich sicher und geborgen. Sein Geist wurde zärtlich umfasst und eine farbenreiche
Unordnung bildete um ihn herum Formen und Strukturen.
Feine glitzernde Fäden in allen erdenklichen Farben drehten
dicht vor seinen Augen Kreise und Muster in der Luft, die
sich zu einer hübsch verzierten Tür ausarbeiteten. Plötzlich
erschien eine kleine hellhäutige Kinderhand und öffnete sie
leicht.

Durch den Türschlitz konnte Xylon als außenstehender Beobachter die Geschehnisse auf der anderen Seite der Tür mit-
verfolgen. Es war Õryomai, die sich mit einem großen,

gutaussehenden Mann lauthals stritt. Ihre Kleider waren, wie alles in dem Raum, der sich auch langsam zusammensetzte, wunderschön aufwändig verziert und mit Gold und Edelsteinen bestückt.

Was passierte hier? Das war keiner seiner Erinnerungen. Dies müsste eine von Myras sein, aber warum konnte er sie auf einmal aus ihrer Perspektive sehen? Ob ihre Geister wieder miteinander Kommunizierten? War es so wie beim letzten Mal? Nein, dort übernahmen, deutlich erkennbar, ihre Elemente die Kontrolle ihrer beiden Träume. Aber was war es denn dann?

Der Streit, der beiden Personen wurde immer lauter und holte Xylon aus seinen Gedanken. Trauer und schmerzvolle Gefühle machten sich in seiner Brust breit. Er sah und hörte nicht nur alles, was Myra damals erlebt hatte, sondern fühlte es auch und zwar so intensiv, als ob es seine eigenen Gefühle wären.

Das Bild verdunkelte sich kurz. Denn Myras kleine Mädchenhände wischten sich Tränen aus dem Gesicht. Sie schaute wieder hoch und verfolgte weiter schwermütig den Streit. Xylon verstand zwar nicht, was genau hier passierte, aber da er die Geschehnisse nicht beeinflussen konnte, blieb ihm nichts anderes übrig, als weiterhin stillschweigend zuzuschauen.

„Sie wirst du mir nicht auch noch wegnehmen! Vergiss dein Versprechen nicht", brüllte, die noch etwas jünger aussehende, Õryomai und fuchtelte wild mit ihren Armen.

„Ich kann doch nichts dafür, dass sie so wird wie er. Kinder sind nun mal neugierig. Willst du sie etwa ewig hier einsperren?", fragte die männliche Person, die Xylon noch nie zuvor in seinem Leben gesehen hatte.

„Wenn es sein muss, ja!", erwiderte Õryomai wütend. „Es ist wohl das Beste, wenn du wieder gehst oder noch besser, nie *wieder hierher zurückkehr…"*

Õryomai unterbrach sich plötzlich selbst, weil sie eine Bewegung im Augenwinkel wahrnahm. Myra erschrak, als sie sich auf einmal zu ihr umdrehte. „Myra, was hast du noch so spät hier unten zu suchen? Du solltest doch schon längst im Bett sein, mein Fräulein."

Õryomai riss die Tür vor ihr mit einem Ruck weit auf und packte schmerzvoll ihren Arm.

MYRA!

Der Traum verschwamm wieder in einem alles durchdringenden Schwarz und das reine Abbild der erwachsenen Myra erschien unerwartet vor ihm. Völlig verdutzt schaute sie ihn an. Xylons Verlangen wurde im Anblick ihres nackten Körpers sogar noch stärker und so stürmte er mit der Sicherheit, dass es nur ein Traum war, einfach auf sie zu.

Myra wollte etwas zu ihm rufen, aber es kamen keine Laute aus ihrem Mund. Weil sie keinen Ausweg fand, wich sie ihm schnell aus und verschwand in der Dunkelheit.

Das sichere und geborgene Gefühl um Xylon herum verschwand wieder, aber die Wärme blieb. Er starrte enttäuscht in den Erebos und dachte verkrampft nach. Was passierte hier bloß? Eine kalte Brise auf seinem Gesicht holte ihn überraschend aus seinem Traum und brachte ihn zurück in die Realität.

Leicht verschlafen öffnete Xylon langsam seine Augen und blickte auf den Waldrand.

Was für ein seltsamer Traum, dachte er betreten und sah dann verwundert vor sich. *Komisch, wo ist denn die Feuerstelle geblieben, ich habe doch direkt am Fluss gelegen?*

Hinter sich hörte Xylon plötzlich das tiefe Seufzen eines Mannes. Erschrocken zuckte er dabei zusammen und drehte sich mit dem Oberkörper vorsichtig um.

„Myra?", fragte er zögerlich und bemerkte, dass seine Stimme sich irgendwie anders anhörte.

Xylon glaubte, ihm bliebe das Herz stehen. Denn die Person, die sich gerade hinter ihm gemächlich aufrappelte war - er selbst.

„Was ist denn?", fragte die Person etwas genervt und drehte sich nun auch fragend zu ihm um. Bei dem ersten Blick auf Xylon erschrak sie genauso wie er und starrte unentwegt auf ihn. „Xylon … bist du das?"

Xylon sah an sich herunter und blickte auf schneeweiße Beine, die unter dem kurzen Lederstück hervorschauten und zwei kleine Wölbungen auf seinem Brustkorb. Völlig erstarrt schaute er wieder zu seinem dunkelhäutigen, muskulösen Körper herüber und brachte nur stotternd heraus.

„My… My… Myra?"

Schweigend nickte die Person vor ihm.

ABSCHNITT VII

EIN WINK DER SELTSAMEN ZWISCHENFÄLLE

Kapitel 19

Der Körpertausch

Beide rückten, neben der erloschenen Feuerstelle, etwas näher und starrten sich unentwegt an. Sie konnten einfach nicht glauben, was oder besser gesagt, wen sie da gerade vor sich sahen. Xylon hob daher seine rechte Handfläche und hielt sie zögerlich seinem Körper entgegen. Dieser hob die linke Handfläche und legte sie an seine.

„Wie konnte das denn jetzt passieren?", fragte Xylon vollkommen fassungslos. Es war irgendwie beängstigend sich plötzlich selbst zusehen. Wie in einem Spiegel, nur dass das Spiegelbild etwas anderes machte, als man selbst.

Myra schaute mit Xylons braunen Augen kurz nachdenklich nach unten. Sie ließ die Hand langsam wieder sinken und strich mit ihr über den Kieselsteinboden.

„Keine Ahnung! Der Traum … du warst in meinem Traum und ich … ich habe ihn danach verlassen", stammelte Myra vollkommen irritiert, mit Xylons tiefer Männerstimme.

„Nein, du bist geflüchtet", berichtete er ihr mit Myras zarter Frauenstimme. „Die Trennung des Geistes vom

Körper."

Myra schaute verwundert zu ihm hoch.

„Was?"

Xylon strich sich über das Kinn. Jedoch spürte er keine kurzen Bartstoppeln mehr unter den Fingern, sondern eine babyglatte Gesichtshaut.

„Ziz' Seelensplitter! Unser Geist ist nicht gänzlich an unsere Körper gebunden. Bevor ich nach meinem Verlangen zu dir in deinen Traum eindrang, sah ich unsere Körper kurz unter mir am nächtlichen Lagerfeuer liegen. Das bedeutet, meine Seele hat, aufgrund meiner Sehnsucht nach dir, meinen Körper verlassen und ist dann in deinen gewandert. Du bist jedoch geflüchtet und hast dabei ebenfalls deinen Körper verlassen."

„Und bin danach unbeabsichtigt in deinem gelandet", schlussfolgerte Myra ergänzend. „Ich hätte aber auch genauso gut in irgendeinem Stein oder einem noch ungeborenen Tierkörper landen können."

Myra schaute wieder gedankenversunken zu Boden. Ihr Blick wurde jedoch von der Innenfläche von Xylons Hand abgelenkt. Direkt unter dem Handgelenk war nämlich eine kleine unnatürliche Auswölbung. Verwundert darüber kratzte sie sich an dieser Stelle und das Ende einer Ranke schaute aus der Haut hervor. Ihre Augen weiteten sich. Sie besaß seine Fähigkeit, das bedeutete aber auch, dass er nun ihre hatte. Myra sprang plötzlich auf die Beine und fixierte Xylon.

„Was ist los?", fragte er und schaute erschrocken zu ihr hinauf.

Ohne jedoch irgendein Wort zu sagen, zog sie schnell die Ranke aus dem Handgelenk, stürmte auf ihren Körper zu und versuchte ihn damit zu fesseln.

„Hey, was tust du denn da?", japste er und versuchte sich dem kräftigen Männergriff zu entziehen, doch Xylons Körper, der jetzt Myra gehörte, war stärker.

„Glaub mir, du stellst momentan eine viel zu große Gefahr für meinen Körper und für dich selbst da. Es ist nur zu deinem Besten."

Als sie ihn vollständig gefesselt hatte, blickte sie überrascht auf das Ende der Ranke, welches noch immer aus ihrem Handgelenk schaute. Sie zog ruckartig daran, aber anstatt es abzureißen, wurde sie immer länger. Etwas schwindelig geworden, torkelte sie auf der Stelle. Sie hatte unheimlichen Durst und ihr Mund fühlte sich fürchterlich trocken an. Sie musste versehentlich das Wasser aus Xylons Körper benutzt haben, um die Ranke zu erschaffen.

„Uha … wie macht man denn dieses blöde Ding bloß wieder vom Handgelenk los?", klagte sie schon leicht benommen. Ihr war mittlerweile so schwindlig, dass ihr davon ganz mulmig im Magen wurde.

Der gefesselte Xylon schaute Myra grimmig an.

„Dreh dein Handgelenk ein bisschen herum!", sagte er nach kurzem Zögern.

Sie tat es und das Ende der Ranke fiel auf der Stelle vom Körper ab. Dann schwankte sie in Richtung Fluss und ließ Xylon allein im Lager zurück.

„Hey!? Was soll das denn jetzt? Mach mich sofort wieder los!", brüllte er ihr wütend hinterher, woraufhin sie sich schlagartig zu ihm umdrehte.

„Nein! Vergiss nicht, es ist alles deine Schuld, dass wir jetzt in dieser Misere stecken! So viel zu deinem Versprechen, mir nicht mehr weh zu tun."

Bestürzt sah Xylon zu ihr hoch.

„Du tust ja so, als ob ich das hier mit Absicht gemacht hätte. Wer konnte den ahnen, dass meine Sehnsucht nach dir, einmal solche Ausmaße annehmen würde. Das ist doch bisher auch noch nie passiert", versuchte Xylon sich zu verteidigen, doch Myra wollte das nicht hören.

„Es ist mir völlig egal, ob du es absichtlich oder unbeabsichtigt gemacht hast. Du bist schuld, du bleibst hier und ich überlege mir solange, wie wir das hier wieder rückgängig machen können!", sagte sie für sich abschließend.

„Pah! Glaubst du ernsthaft, meine eigenen Ranken halten mich hier lange fest? Ich kenne ganz genau ihre Beschaffenheit und damit auch ihre Schwachstellen. Ich sprenge sie einfach auf", entgegnete er selbstbewusst. Trotz der hohen Stimme hätte jeder erkennen können, dass es Xylon war, der da sprach und nicht Myra.

Sie schaute ihn neugierig an. Xylon zerrte und drückte so stark, dass sein Gesicht ganz rot davon wurde, doch die Fesseln rührten sich kein Stück. Nach ein paar Sekunden ließ er schweratmend locker und pustete einen Schwall Luft aus.

„Argh … dieser Körper ist ja total schwach", rief er verzweifelt in die Luft.

„Ich bin ja auch eine Frau", rechtfertigte sich Myra grundlos. „Jetzt lass den Quatsch!"

„Eine Frau! Genau! Dann werde ich mich halt mit deiner eleganten und grazilen Gestalt hier herauswinden", erwiderte Xylon, auf einen neuen Versuch.

Myra sah ihn nun schon etwas gelangweilt an und verschränkte ihre muskulösen Arme. Xylon wand sich wie eine Schlange hin und her, kam aber irgendwie nicht voran.

„Nein, diese verdammten Brüste stören!", beschwerte er sich schon nach kürzester Zeit.

Myra brauchte unbedingt etwas Ruhe zum Nachdenken. Für solche Albernheiten hatten sie jetzt wirklich keine Zeit. Sie packte daher ihren Körper am Kragen des Chitons und zog ihn in Richtung Fluss.

„Aua, lass mich los! Das kannst du nicht mit mir machen!", beklagte sich Xylon und zappelte wild hin und her.

„Du siehst doch, wie ich das kann", brachte sie überheblich an und setzte ihn ein paar Fuß vor dem Gewässer ab, trank ein wenig von dem Wasser aus dem Fluss und wollte dann wieder ohne Xylon zurück zum Lager gehen, doch er sagte etwas, was sie sofort zum Anhalten verleitete.

„Genau, Wasser! Dann werde ich mich eben mit deiner Fähigkeit hier herausholen. Ich brauche dafür nur das bisschen Wasser aus den Rankenfesseln herausziehen, dass hast du bei meinen Techniken im Training ja auch ständig gemacht."

„NEIN! Das darfst du nicht!", schrie Myra verzweifelt und drehte sich panisch zu ihm um.

Vollkommen erstarrt schaute sie zu ihm herunter. Sie wusste nicht, wie sie ihn hätte davon abhalten können und musste daher tatenlos dabei zusehen. Xylon presste die Augenlider und Lippen fest zusammen und schien verkrampft in sich gegangen zu sein, doch nichts geschah. Dann machte er die Augen wieder auf und sah Myra verwirrt an, die noch immer schockiert zu ihm zurückblickte.

„Ähm … du magst mir nicht zufällig verraten, wie das

geht, oder?"

„Trottel! Lass es lieber bleiben. Du wirst dich damit nur selbst umbringen", sagte sie erleichtert und begab sich anschließend wieder zurück ins Lager.

Dabei stolperte sie nach ein paar Schritten über ihre eigenen Füße, konnte sich aber noch rechtzeitig wieder ins Gleichgewicht bringen. An diese Körpergröße musste sie sich erst noch gewöhnen. Aber trotzdem fand sie es gar nicht so schlecht, zur Abwechslung mal der körperlich Größere und Stärkere von ihnen beiden zu sein.

Xylon schaute ihr böswillig hinterher und dann grüblerisch auf den Fluss. Warum sollte man diese einzigartige Situation denn nicht ausnutzen dürfen? Das ist doch die ideale Möglichkeit, den jeweils anderen besser kennen zu lernen. Wie ist es so in dem anderen Geschlecht? So gefesselt konnte er das nicht feststellen.

Ich muss unbedingt diese Rankenfesseln loswerden. Nur wie?, überlegte Xylon fieberhaft und sah dabei hypnotisch der gleichmäßigen Fließbewegung der Wellen zu. *Natürlich, mit Myras Element! Ich muss nur herausfinden, wie es funktioniert.*

Xylon starrte nun angestrengt auf den Ausläufer und konnte tatsächlich jedes einzelne Wassermolekül in seiner Umgebung erspüren. Anschließend konzentrierte er sich auf eine kleine Gruppe von Wassermolekülen im Gewässer und versuchte sie nur mit Kraft seiner Gedanken anzuheben, so wie er es mit dem Holz auch immer tat. Zu seiner Freude kam auch eine kleine wabbelige Wassermasse aus dem Fluss geschwebt. Sie verlor zu seinem gleichzeitigen Bedauern, jedoch immer mehr an Masse.

Schweiß perlte über sein knallrotes Gesicht. Er hatte sich vorher noch nie so lange auf eine Sache konzentrieren müssen. Seine Holztechniken behielten in der Regel immer ihre Form, nachdem er sie einmal erschaffen hatte, bei Wasser war das leider nicht so. Lange konnte er diese Fähigkeit auf jeden Fall nicht mehr aufrechthalten und so zog er die unförmige Kugel daher mit seinen letzten Gedanken, so schnell er konnte, zu sich heran.

KLATSCH!

Die Wassermasse flog ihm mit voller Wucht ins Gesicht. Mit klatschnassem Kopf starrte Xylon fassungslos ins Leere.

„So ein verdammter Dreck!", keifte er plötzlich wütend, an den Fesseln zerrend.

„Geht's vielleicht auch etwas leiser?!", beschwerte sich Myra laut und schaute zu Xylon herüber, wie er noch immer gefesselt, wild strampelnd, am Ufer saß.

Xylon versuchte sich wieder zu beruhigen. Es musste doch auch noch irgendeine andere Möglichkeit geben. Irgendetwas bewegte sich plötzlich in seinem Augenwinkel. Er drehte seinen Kopf in diese Richtung und erblickte Myras kleine Patenkatze Pan.

Das ist es, sie könnte mir die Fesseln durchbeißen! Ich sehe aus wie Myra und auf die hörte sie ja, dachte Xylon freudig.

„Komm her, liebe Pan! Deine Myra braucht jetzt dringend deine Hilfe", säuselte Xylon so gefühlvoll, wie er konnte.

Doch Pan sah ihn nur kurz ganz perplex an und rannte dann zu Myra ins Lager.

„Oh, he Pan! Na, du erkennst deine Mutter auch noch mit diesem dümmlichen Gesicht, oder?", fragte Myra heiter und nahm die kleine Katze zärtlich auf ihren

Arm, die auch gleich anfing sie liebevoll abzuschlecken.

Mit zuckendem Augenlid saß Xylon da und knirschte wütend mit den Zähnen. Jetzt hatte er aber endgültig die Nase voll.

„MYRA! MACH ENDLICH DIE VERFLUCHTEN FESSELN LOS!", brüllte er lautstark.

Myra reagierte jedoch nicht darauf und schien in der Zeit sorglos mit Pan zu spielen.

„Jetzt reicht es mir aber!", keifte Xylon, dem nun vollkommen der Geduldsfaden gerissen war. Er warf sich auf die Seite und robbte ein Stück voran.

Doch auf einmal bebte der Boden unter ihm. Erschrocken blieb er sofort stehen, sah im Liegen nach vorne und erblickte einen langen Rückenkamm, der aus dem Uferboden langsam auf ihn zugeschlängelt kam.

„Hm … oh, oh, Myra! Mach mich sofort los! Da ist irgendetwas in der Erde", rief Xylon verzweifelt.

„Ich kann dich nicht hören", log Myra unbekümmert und achtete noch immer nicht auf ihn.

Kapitel 20
Angriff der zwei Kämme

Xylon drehte sich, gefesselt wie er war, wie ein Wurm von dem Rückenkamm weg und versuchte, so schnell er konnte, davonzurobben. Aber auch hinter ihm erhob sich plötzlich, zu seinem Erschrecken, ein weiterer Rückenkamm aus dem Kieselsteinboden und schlängelte auf ihn zu.

„Myra, jetzt lass den Quatsch und hole mich hier raus! Das ist kein Scherz, ich werde wirklich angegriffen", beklagte er sich lauthals und sah hilfeflehend zu ihr herüber.

Doch, auch wenn sie ihn ganz genau hören konnte, schaute sie nicht zu ihm, sondern dachte weiter nach und streichelte nebenbei seelenruhig Pan, die auf ihrem Arm saß.

„Tut mir leid, aber ich kann dich von hier aus wirklich ganz schlecht verstehen."

„Oh man, die ist ja verrückt!", beschwerte sich Xylon und beobachtete bangend die beiden Kämme, die sich wie hungrige Haie im Wasser um ihre Beute, in dem Fall Xylon, herumbewegten. Er musste sie wahrscheinlich mit seinem Gebrüll angelockt haben.

Einer von ihnen verließ mit einem Mal seine Kreisbahn und ein Alligator ähnliches Maul kam aus der Erde, welches versuchte, nach ihm zu schnappen. Das weit aufgerissene Maul des Tieres war mit zwei Reihen kurzer, scharfer nach außenstehender Zähne bestückt und der gesamte Körper war vollkommen mit kleinen Steinchen besetzt, die die gleiche Farbe hatten, wie die Kieselsteine vom Flussbett um sie herum.

Xylon drehte sich blitzschnell zur Seite und hob seine Beine in die Höhe. Die abstehenden Zähne des Tieres erwischten das Seil, welches um Xylons Beine geschnürt war und schnitten es durch.

„Ja!", rief Xylon begeistert darüber, endlich seine Beine wieder frei zu haben. Da kam auch schon das zweite Tier neben ihm aus dem Boden geschossen und griff sich Xylon von der Seite. „Argh … Dekára!"

Das Tier bekam Xylon, zu seinem Glück, mit den Zähnen nicht richtig gehalten und so rutschte er nach wenigen Fuß auch schon wieder heraus. Die beiden Wesen wurden allerdings immer ungeduldiger und griffen ihn nun mehrmals von allen Seiten her an. Dank Xylons elementarischem Instinkt konnte er den pausenlosen Angriffen mit nur wenigen Robb- und Drehbewegungen entkommen, aber lange würde er diese Prozedur nicht mehr durchhalten. Also holte er einmal so tief Luft, wie er konnte.

„MYRA! HILFE!", brüllte Xylon so laut, dass er damit im Wald ein paar Vögel aufschreckte, die anschließend panisch aus dem Dickicht geflogen kamen.

Auch Myra zuckte dabei erschrocken zusammen und schaute nun doch zu ihm herüber.

„Was ist denn? Ich habe dir doch schon gesa…",

wollte Myra anfangen, unterbrach sich aber, bei dem Anblick der beiden angreifenden Tiere, selbst. „Verflucht! Was ist das denn?!"

Sie sprang sofort auf und stürmte so schnell sie konnte zum Fluss hinunter. Plötzlich stoppte sie jedoch und drehte sich wieder um. Hastig wanderte ihr Blick im Lager umher und suchte irritiert nach ihrem Bogen. Aber nur kurz, denn dann fiel ihr ein, dass sie diesen gar nicht brauchte, sondern Xylons Fass. Sie war ja jetzt er und benötigte dieses auch für seine Fähigkeiten.

„Myra, beeil dich!", rief Xylon ihr zu und wurde schmerzvoll von einer der beiden Kreaturen mit der Schnauze, von unten aus der Erde heraus, in die Luft gestoßen. Mit weit geöffnetem Maul wartete das Wesen gierig darauf, dass Xylon wieder herunterkam. Doch er drehte sich gekonnt in der Luft und landete mit gespreizten Beinen, die nicht mehr gefesselt waren, auf die Spitze der Schnauze. Anschließend ließ er sich absichtlich ein Stück fallen und umklammerte mit beiden Beinen das Maul des Tieres.

„Warte! Ich hole meinen Körper ... äh, dich da gleich raus", sagte Myra aufgeregt und versuchte sich hektisch das schwere Wasserfass auf die Schultern zu schwingen.

Trotz Xylons kräftigen Körper gelang es ihr jedoch nicht und so setzte sie es auch gleich wieder vor sich ab. Sie riss gewaltsam den Deckel herunter, steckte den Arm hinein und versuchte dann eilig das Wasser darin aufzusaugen.

„Komm schon! Komm schon! Komm schon! Wieso funktioniert das denn nicht?", fragte sie verzweifelt und blickte sich mehrmals nervös zu ihm um.

Das Wesen, dem Xylon mit den Beinen noch immer die Schnauze zuhielt, warf sich auf die Seite und schmiss ihn gleichzeitig damit von sich herunter. Erneut kam wieder das andere Tier auf ihn zu und fletschte die Zähne. Xylon hielt dem Tier auf der Stelle seine Füße entgegen und wurde mit einem heftigen Stoß von ihm nach hinten durch die Erde gedrückt. Aufgewühlte Kieselsteine flogen Xylon, mit voller Wucht, um die Ohren. Auch wenn er nicht gefesselt gewesen wäre, war er mit Myras Körper einfach nicht stark genug, um dem Tier liegend entgegenzuwirken.

„Myra!"

„Einen Augenblick noch, ich bin gleich soweit", sagte Myra, die immer unruhiger wurde und bemerkte, dass sie den Dreh mit dem Wasseraufsaugen auf die Schnelle nicht herausbekam.

So aufgewühlt, wie sie war, steckte sie schließlich ihren ganzen Kopf ins Wasser und trank so viel davon, wie sie konnte. Dann zog sie ihren nassen Kopf wieder aus dem Fass, stieß einmal kurz Luft auf und drehte sich zum Fluss. Schnell holte sie Anlauf, stieß sich mit Hilfe zweier Wurzeln, die aus ihren Füßen kamen vom Boden ab und kam stolpernd vor dem Geschehen zum Stehen. Ohne noch lange die Situation zu analysieren, sprang sie einfach auf eines der Untiere und umfasste mit einer Ranke, die aus ihrem Handgelenk kam, dessen Maul.

Xylon rollte währenddessen von dem anderen Tier weg und ließ es an sich vorbeischnellen. Das Wesen tauchte wieder unter die Erde ab, sodass nur noch der lange Rückenkamm herausschaute, machte einen großen Bogen und kam erneut auf Xylon zugestürmt.

Was jetzt? Mit einem kritischen Blick schaute er zu

Myra, wie sie hinter ihm mit dem anderen Tier rang. *Ja! Ich habe eine Idee.*

„Myra, lass das Tier los!", brüllte er zu ihr.

„Was?! Bist du dir da sicher?"

„Ja, tue es einfach!"

„In Ordnung, ganz wie du willst", bestätigte Myra nach kurzem Zögern und ließ das Ungetüm wieder frei.

Dieses erspähte sofort Xylon vor sich und schlängelte, aufgeregt und mit gefletschten Zähnen, auf ihn zu. Das andere Tier kam auch wieder aus den Kieselsteinen geschossen und öffnete mit einem zischenden Geräusch sein triefendes Maul, wobei es seine lange spitzzulaufende Zunge entblößte. Nur noch wenige Fuß trennten ihn davon, von den beiden Kreaturen in zwei Teile gerissen zu werden, doch …

„Jetzt!", rief Xylon und drehte sich reflexartig zur Seite, wodurch die beiden Tiere heftig mit ihren Mäulern zusammenstießen.

Beide schüttelten kurz benommen ihre Köpfe, keiften sich dann jedoch an und fielen anschließend streitsüchtig übereinander her. Sie rollten kämpfend zum Fluss hinunter und der Schwächere der beiden flüchtete, bevor sie das Gewässer erreichten, wieder unter die Erde, während der andere ihm mit einem wütenden Gebrüll folgte.

Kapitel 21
Neue Erfahrungen

Mit bösfunkelnden Augen stand Xylon, noch immer in Myras Körper, vor Myra in Xylons Körper und schmiss ihr verärgert die Rankenfesseln vor die Füße. Er hatte in seiner letzten Aktion nicht nur die beiden Kreaturen verjagt, sondern auch wieder die abstehenden, scharfen Zähne des vorbeirasenden Wesens genutzt, um sich von der letzten Fessel zu befreien.

„Bist du jetzt zufrieden? Du hättest eben fast meinen Geist und deinen Körper umgebracht", gab Xylon finster von sich und versuchte seinen Puls langsam wieder herunterzufahren.

„Hättest du vorher nicht so eine Szene gemacht, wäre ich dir schon viel früher zu Hilfe gekommen. Ich habe die Zeit wenigstens sinnvoll genutzt und weiß jetzt, wie wir unsere Körper wieder zurücktauschen können", sagte sie selbstbewusst und sah ihn angeberisch an.

„Ach ja und wie?"

„Mit Meditation. Wir werden wieder versuchen möglichst zeitgleich unsere Seelen aus den Körpern zu holen und wandern dann wieder in unsere eigenen. Ganz einfach."

„Und wenn wir Pech haben, landen wir nicht in unserem Körper, sondern in irgendeinem Blatt oder einer Nuss und fliegen beim nächsten Neumond mit den Waldgeistern durch Hestia. Nein danke, das ist mir zu riskant!", entgegnete Xylon unzufrieden und fuhr mit beiden Händen ablehnend auseinander. „Außerdem will ich noch eine Weile so bleiben. Das ist eine ganz neue Erfahrung für uns, die wir wahrscheinlich nie wieder in unserem Dasein erleben dürfen. So können wir uns viel besser kennenlernen, als man es allein durch Worte jemals könnte."

„Du machst mich krank, weißt du das? Willst du dich etwa wieder an mir vergreifen?", erkundigte sich Myra angewidert.

„Nein, das habe ich dir versprochen und daran werde ich mich auch halten. Ich möchte nur meinen Horizont erweitern, das ist alles."

Myra blickte ihn böse an. Xylons Körper wirkte vor seinem nun zierlichen, regelrecht einschüchternd und erdrückend. So wütend hatte er sie noch nie erlebt, was aber wahrscheinlich wieder am Antielementarstein lag, denn Pan saß unmittelbar in ihrer Nähe.

„Du wirst jetzt sofort mit mir die Körper zurücktauschen und keine Widerrede!", sagte sie gebieterisch und zeigte mit dem Zeigefinger warnend vor sich.

„Zwing mich doch!", forderte Xylon sie heraus. „Ich lasse mich von dir sicherlich nicht noch einmal fesseln. Ich bin es jetzt, der von uns beiden das mächtigere Element besitzt."

„Willst du es echt drauf anlegen?"

Xylon erschuf wieder eine wabbelige Wassermasse in der Luft und ließ sie provozierend vor Myras Nase tänzeln. Dadurch, dass sie ständig an Wasser verlor, wirkte sie allerdings nicht ganz so eindrucksvoll, wie er sich das eigentlich vorgestellt hatte.

„Glaubst du etwa, du bist der Einzige, der gelernt hat, mit den Kräften des anderen umzugehen? Warts nur ab! Du wirst mir keinen Schaden zufügen."

Fasziniert schaute Xylon zu, wie sich Myra langsam mit einer dicken Holzborke überzog. Wenn er es nicht mit eigenen Augen vor sich sehen würde, hätte er es nicht geglaubt, aber sie beherrschte schon seine manuelle Holzrüstung, ohne es vorher jemals geübt zu haben. Und er hatte gerade erst herausgefunden, wie man für kurze Zeit Wasser von A nach B bewegt und das auch noch nicht einmal besonders gut.

Xylon ging in Kampfhaltung und starrte ihre Augen durch die Schlitze der Holzrüstung an. Er machte sich schon auf einen harten Kampf gefasst und wartete gespannt auf ihren ersten Angriff, doch nichts geschah.

„Was ist los? Warum machst du nichts?", fragte er nach kurzer Zeit verwundert und kam vorsichtig ein Stück näher.

„Na, weil ich mich nicht mehr bewegen kann, du Idiot. Deswegen!"

Xylon wäre fast in einen Lachkrampf ausgebrochen, aber entschied sich doch lieber, sie nicht weiter zu provozieren. Daher drehte er sich einfach auf der Stelle stehend um und rannte den Flusslauf hinauf.

„Halt warte, wo willst du denn hin? Ich bin noch lange nicht fertig mit dir!", schrie Myra ihm hinterher und zappelte wild in dem Holzpanzer, doch er rührte sich nicht.

„Keine Sorge, in ein, zwei Horen bin ich wieder

zurück und hole dich da raus. Dann können wir meinetwegen dieses Meditationsding machen. Du bist ja in diesem Teil in Sicherheit. Versuche dich bis dahin ein wenig zu beruhigen!", rief er zu ihr und winkte zum Abschied freundlich.

Er verschwand nach ein paar Plethra Flussaufwärts im Wald und ließ Myra mit ihren Gedanken in dem Holzding allein zurück.

„Xylon ist so gut wie tot", grummelte Myra überreizt und drückte sich angespannt mit aller Kraft von innen gegen das Holz. „Aber zuallererst muss ich hier irgendwie wieder heraus. Nur Wie?"

Im Kopf ging sie nun alles durch, was sie über sein Element bereits wusste. Also, wenn sie eine Technik nicht mehr brauchte, dann konzentrierte sie sich einfach nicht mehr darauf und schon löste sie sich auf. Doch bei Xylons Fähigkeit war es etwas anders. Er brauchte sich nur einmal darauf konzentrieren und sie blieb für immer bestehen. Aber warum konnte sie die Technik gedanklich nicht wieder verschwinden lassen? Doch dann fiel es ihr wie Schuppen von den Augen. Weil es nach dem Erschaffen totes Holz war und das konnte er nicht mehr kontrollieren. Um es also wieder verschwinden zu lassen, musste er es erneut Wasser zuführen, um dem Holz neues Leben einzuhauchen. Mit Pflanzen konnte man so etwas ja machen.

Daraus resultierend, führte Myra wieder Wasser von ihrem Körperinneren nach außen und leitete es in den Holzpanzer weiter. Sofort konnte sie ihn wieder spüren und ließ ihn auch gleich daraufhin verschwinden.

„Ha! Das war doch ein Kindersp… oho, was ist denn jetzt schon wieder los?"

Myra taumelte benommen auf der Stelle. Sie hatte anscheinend erneut zu viel Wasser für diese Aktion aus seinem Körper genommen. Mit letzter Kraft torkelte sie auf das Fass zu und stützte sich daran ab. Anschließend hielt sie ihren rechten Arm ins kühle Nass.

Genauso wie das Wasser vom Körperinneren nach außen zu führen, muss ich es jetzt nur noch von außen nach innen führen, überlegte sie hochkonzentriert.

Und wie von Zauberhand nahm sie auch schon fast alles Wasser des Fasses in sich auf und erschuf schnell zwei hölzerne Fäuste um ihre Hände, weil ihr von dem vielen Wasser nun auch ganz schlecht wurde. Sie hatte mal gelesen, dass der Mensch große Mengen Wasser in seinem Körper aufnehmen konnte, aber sich der Körper strikt dagegen wehrte. Denn er konnte es wegen des Salz-Wasser-Haushaltes nicht einfach wieder so abgeben. Zudem war sie sich sicher, dass zu große Wassereinlagerungen im Gewebe zu dauerhaften körperlichen Schäden führen können. Also zu wenig Wasser ist schlecht und zu viel auch. Das würde auch erklären, warum Xylon ständig dieses gewichtige, sperrige Fass mit sich herumschleppte.

„Jetzt kannst du dich aber auf was gefasst machen, Xylon", drohte Myra und zerschlug mit ihrer neu erschaffenen Holzfaust, um sich ein wenig abzureagieren, einfach so einen großen Felsen neben sich. Dann schnappte sie sich energisch das nun halbvolle und dadurch nicht mehr ganz so schwere Wasserfass und schwang es sich gekonnt auf den Rücken. „Pan, du wartest hier! Deine Mama ist gleich wieder zurück."

Kapitel 22
Eine heikle Angelegenheit

Xylon rannte währenddessen beherzt durch das Dickicht und schaute immer wieder hinter sich, ob er nicht vielleicht doch verfolgt wurde, aber es war niemand zu sehen. Dabei stellte er genervt fest, dass Myras Brüste im Lauf ständig auf und ab hopsten und es unangenehm luftig da unten war, so ganz ohne Hose.

Er rutschte ein kurzes Stück eine Böschung herunter. Dann durchbrach er ein paar Äste und ein herrlich leuchtendes Blumenparadies tat sich überraschend vor ihm auf, was noch durch Vogelgezwitscher und Tierlaute untermalt wurde. Neugierig geworden, stoppte Xylon seine Schritte. Leicht vom Licht geblendet, musste er seine Hand über die Augen halten und sah sich dann fasziniert um.

Überall am Boden und an den Bäumen wuchsen schöne, farbenfrohe Blumen mit Blüten dran, die teilweise größer waren als Xylon selbst. Durch die Lichtscharten flogen unzählige Pollen, viele mit Efeu besetzte Lianen hingen an den Bäumen und kleine, wuschelige Tiere liefen ständig durch die flachen Sträucher und schauten ab und zu mit ihren großen Kulleraugen neugierig zu Xylon.

Wenn man genauer hinsah, konnte man erkennen, dass diese kleinen Tierchen breite, pelzige Schwänze besaßen und ein ungewöhnlich schmales Maul, mit einer sehr langen Zunge. Mit dieser konnten sie wunderbar Nektar aus den unzähligen Blütenkelchen schlecken.

Xylon bewegte sich durch das hohe Gras, wobei eines der pelzigen Tiere dicht vor ihm aufgeschreckt den Kopf hob, einmal laut schniefte und dann langsam davontrottete. Was für diese, noch nicht einmal zwei Fuß großen Wesen mit ihren kurzen Beinchen, offenbar als besonders schnell galt. Der breite Schwanz wedelte dabei wie ein Fächer hin und her, bis es schließlich zwischen den vielen Blüten und Sträuchern nicht mehr zu sehen war.

„Wow! Was für ein wundervoller Ort. Schade, dass Myra ihn nicht sehen kann", entgegnete Xylon, vollkommen von der Landschaft beindruckt und starrte durch die üppige Vegetation bis an das andere Ende.

Doch dort standen nur umgeknickte Bäume und Farne. Große Gesteinsbrocken lagen auf dem morastigen Boden und Schlick und Algen hingen an den Ästen. Hier war anscheinend beim letzten großen Regen der Fluss übergelaufen, was die Idylle aber kaum weniger bezaubernd machte.

„Das müsste jetzt weit genug sein. Hier findet sie mich bestimmt nicht so schnell", sagte Xylon leise zu sich selbst und setzte sich auf das Kronblatt einer riesigen, rosa Blüte, die bei seiner Berührung etwas heller anfing zu leuchten. „Ah … meine Füße bringen mich noch um."

Xylon schaute sich sofort Myras nackte Fußsohlen an

und erschrak bei dem Anblick der vielen Blasen. Davon hatte sie ihm nie etwas erzählt, stellte Xylon schockiert fest und war ein wenig enttäuscht. Wahrscheinlich musste sie in ihrem Leben nie lange und beschwerliche Reisen durchmachen, wodurch dieser Auftrag umso mehr an ihrem Körper zehrte. Aber warum verschwieg sie ihm das? Wegen ihrer Eitelkeit oder ihres Stolzes? Oder wollte sie vor ihm einfach keine Schwäche zeigen?

Plötzlich raste Xylons Herz. Denn beim nach vorne lehnen, konnte er direkt unter dem Chiton Myras Brüste sehen. Wie zwei Hügel erhoben sie sich auf beiden Seiten seines Brustkorbes.

Aber er wollte anständig bleiben. Dass hatte er ihr versprochen und so lehnte er sich schnell wieder nach hinten. Er wischte sich die langen, blauen Haare aus dem Gesicht und betrachtete dann neugierig die schlanken Finger seiner nun zarten Hände.

Xylon konnte es kaum glauben, aber er war doch jetzt tatsächlich die attraktive und hinreißende Myra, von der er schon seit ihrer ersten Begegnung so geschwärmt hatte. Doch wie war es so im Körper einer Frau? Immerhin hatte er Myra für diese Erkenntnis so unschön in diesem Holzding zurückgelassen.

Ganz aufgeregt versuchte er in sich zu gehen. Eigenartigerweise spürte er keinen Unterschied. Das einzige was er jetzt aber spürte, war eine volle Blase.

Das vorerst ignorierend, schloss er seine Augenlider und fuhr mit der Zunge vorsichtig über die Lippen. Schnell bemerkte er allerdings, dass sie überhaupt nicht mehr so angenehm schmeckten, wie er durch ihre schönen Küsse immer wahrnahm und er roch auch nicht nach Myras herrlichen Duft. Es wirkte alles so neutral.

Je mehr er darüber nachdachte, desto mehr fing er an seinen jetzigen Körper zu verabscheuen.

„NEIN!", rief Xylon auf einmal aufgebracht, riss die Augenlider wieder auf und sprang schlagartig vom Kronblatt herunter. „Das darf nicht passieren. Ich muss unbedingt mit Myra die Körper zurücktauschen, sonst könnte mich dieser Köper auch noch nach dem Tausch anekeln und das wäre eine totale Katastrophe."

Xylon drehte sich schlagartig zu den abgeknickten Ästen, wo er eben noch durchgebrochen war, um. Aber vorher musste er sich hier irgendwo dringend erleichtern. Es war kaum noch auszuhalten. Gequält kniff Xylon die Beine fest zusammen. Mit so einer vollen Blase konnte er nachher unmöglich in Ruhe meditieren. Also musste er zuerst pinkeln gehen und konnte dann erst wieder zurück.

Xylon wollte sich die Hose herunterziehen, bemerkte aber wieder einmal, dass er gar keine anhatte. So fuhrwerkte er mit der rechten Hand hektisch unter dem Chiton herum und wurde mit einem Mal kreidebleich. Denn anstatt seines Gliedes, tippte er mit den Fingern auf Myras weicher Scheide herum.

Das hatte er ganz vergessen. Er hatte ja jetzt das Geschlecht einer Frau und das wiederum würde bedeuten, er musste nun im Sitzen pinkeln und nicht im Stehen. Das sind Mysterien, die keinen Mann etwas angingen, aber da musste er jetzt wohl oder übel durch, befürchtete Xylon, der leicht in Panik geriet. Er beruhigte sich aber wieder damit, dass er es ja nur so machen müsste, wie bei einem großen Geschäft.

Am ganzen Körper zitternd, hockte Xylon sich auf eine freie Stelle und hielt die Enden des Chitons hoch, damit er nicht darauf machte. Nervös bemerkte er aber, dass seine Füße noch zu dicht beieinanderstanden und nass werden könnten. Also hievte er sie weiter auseinander, verlor dabei aber das Gleichgewicht und kippte unbeholfen nach vorne über.

Xylon rollte sich im Gras auf die Seite und sah gequält vor sich. Das Wasser könnte er zwar versuchen mit seiner neu gewonnenen Wasserfähigkeit herauszuholen, aber nicht die darin enthaltenen Schadstoffe, die sich in der gesamten vorherigen Nacht angesammelt hatten. Er musste sich also schnell irgendetwas anderes einfallen lassen, denn lange konnte er dem unerträglichen Druck nicht mehr standhalten. Es fühlte sich schon fast so an, als ob der Urin am Ende seiner Harnröhre war und es jeden Moment anfing zu tröpfeln.

„Natürlich, ein Baum!", rief Xylon begeistert, rappelte sich wieder auf und rannte zu einem in der Nähe stehenden Baum. Durch das Blumenmeer laufend, schreckte er einige winzige Insekten auf, die dann in Zickzackbahnen hektisch um ihn herumflogen.

Am Baum angekommen, lehnte er sich mit dem Rücken dagegen und ging in die Hocke. Nun versuchte er es noch einmal. Um notfalls die Hände frei zu haben, nahm er aber dieses Mal die Enden des Chitons in den Mund und legte los.

Hach … welch Erlösung, dachte Xylon erleichtert, als die Anspannung langsam nachließ.

Doch dann sah er während des Morgengeschäfts nach unten und bemerkte mit Erschrecken, dass sich seine Notdurft in Richtung seines linken Fußes bewegte.

„Gnnn … ", machte Xylon verkrampft, mit dem Stoffzipfel im Mund, hielt sich eilig mit beiden Händen an der Baumrinde fest und zog dann sein linkes Bein nach hinten, sodass er nur noch auf dem rechten Fuß balancierte.

Doch der Urinfluss breitete sich nun auch in Richtung seines anderen Fußes aus und so zog er auch diesen nach hinten an den Baum. So festklammernd, lief Xylon vor Anstrengung rot an und versuchte es mit aller Kraft, so schnell wie möglich hinter sich zu bringen. Schweiß floss ihm über das Gesicht, seine Zähne biss er so stark zusammen, dass sie schmerzten und von der rauen Oberfläche des Baumes fingen seine Finger an, leicht zu bluten. Etwas Unangenehmeres, hatte er noch nie zuvor erlebt.

Endlich fertig, kraxelte er langsam um den Baumstamm herum und ließ sich auf der anderen Seite einfach ins hohe Gras fallen.

„Boa, bin ich fertig! Was für ein Albtraum. Jetzt muss ich aber schnell Myra finden. Noch länger in ihrem Körper und ich bringe mich um", japste Xylon und pustete erleichtert einen großen Schwall Luft aus.

FIP! FIP! FIP!

Leicht schielend starrte Xylon verwundert auf ein kleines, pflanzenähnliches Ei, das vor seinem Gesicht plötzlich anfing zu wackeln und komische Fips-Geräusche von sich gab.

Kapitel 23
Die duplizierenden Pflanzen

„Hm ... was ist das denn für ein komisches Ding?",
stöhnte Xylon schweratmend und nahm das ungewöhnliche Ei genauer unter die Lupe.

Wie bei einem Blatt zogen sich hauchdünne Äderchen über die mehrschichtige grüne Eioberfläche. Zudem konnte man von außen einen schwach angedeuteten Schatten erkennen, der sich darin bewegte.

Neugierig geworden, richtete sich Xylon ein wenig auf und lehnte sich dicht über das Pflanzenei. Jedoch schreckte er zurück, als dieses plötzlich aufbrach und ein winziges Augenpaar ihn anstarrte. Der wulstige Kopf des Wesens lehnte sich leicht nach vorne und rollte mit dem restlichen Körper aus der stabilen Blätterschale.

Xylon war sich nicht sicher, ob das, was er gerade vor sich sah, ein Tier oder eine Pflanze war, denn es besaß Eigenschaften von beidem. Das kleine Geschöpf hatte mehrere blattähnliche Flügel, einen mit Samen besetzten Unterleib und einen bunten Pfauenschwanz aus Farnen. Bewegen und Verhalten tat es sich aber wie ein Tier.

Ungewöhnliches Wesen, dachte Xylon ganz fasziniert und hielt dem niedlich aussehenden Pflanzenjungen liebevoll seine Hand entgegen. So etwas hatte er selbst im Wald Hestia noch nicht gesehen.

Das kleine Geschöpf kam interessiert näher, sah schüchtern zu ihm hoch und schnupperte dann an seinen, von der Baumrinde blutig gewordenen, Händen. Zuerst fing es, zu Xylons Verwunderung, an, das Blut daran abzulecken, was ihm auch ganz gut zu schmecken schien. Und als es ihm nicht reichte, biss es unerwartet, mit seinen winzigen spitzen Zähnchen, in seinen Finger.

„Aua. Lass los du blödes Vieh! Nicht schon wieder so eine fleischfressende Pflanze", beklagte sich Xylon, zog reflexartig seine Hand wieder zurück und schüttelte die Kreatur von seinem Finger, da diese nicht mehr losließ.

Das Pflanzenjunge flog im hohen Bogen durch die Luft und kam rollend zwischen den Sträuchern wieder herunter. Erneut auf seinen kleinen Beinchen, funkelte es Xylon böse an und gab wütende Fips-Geräusche von sich. Schließlich kauerte es sich auf der Stelle stehend zusammen und gab keinen Mucks mehr von sich.

„Was soll denn das jetzt?", fragte Xylon verärgert und leckte sich seinen verletzten Finger. „Wieso müssen die Pflanzen in diesem Wald auch immer Fleisch fressen? Gibt es keine pflanzenfressenden Pflanzen und was bin dann ich, ein pflanzenfressendes Fleisch?"

Ein leises, knackendes Geräusch lenkte seine Aufmerksamkeit wieder auf das zusammengerollte Pflanzenjunge. Denn dieses brach, zu Xylons Überraschung, hinten am Rücken auf einmal auseinander und die beiden nun entstandenen Hälften fielen links und rechts ins hohe Gras. Die fehlenden Seiten bildeten sich anschließend langsam nach und als sie fertig waren, rappelten beide sich wieder auf.

Unfassbar! So etwas Bizarres hatte Xylon wirklich noch nie gesehen. Vor ihm standen jetzt zwei exakt gleichaussehende Pflanzenwesen, die ihn nun beide hungrig ansahen. Vorsichtig machte er ein paar Schritte von den unheimlichen Monstern zurück.

Das Junge aus dem Ei wurde wahrscheinlich von seinem warmen Atem geweckt, damit es nach dem Schlüpfen auch genug Nahrung zur Verfügung hatte, um sich dann leichter vermehren und ausbreiten zu können, schlussfolgerte Xylon entsetzt.

„Aber eines sage ich euch, mein Blut gebe ich nicht so schnell her oder in diesem Fall, das von Myra", entgegnete er entschlossen, drehte sich von den beiden weg und stolperte dann hektisch durch die unzähligen Blumen.

Die anderen Tiere spürten offenbar auch, welche Gefahr von den kleinen Ungetümen ausging und flüchteten verängstigt noch tiefer in den Wald hinein. Schon sehr bald war nicht einmal ein Vogelzwitschern mehr zu hören.

Eine der kleinen Kreaturen sprang plötzlich auf Xylons Schulter und biss sich gierig in Myras Chiton fest. Dabei flatterte es aufgeregt mit seinen Blattflügeln. Entsetzt schaute Xylon auf seine Schulter und versuchte es auf der Stelle wieder von sich herunterzureißen. Unter heftigen Protest bekam er es wieder ab, wobei es aber ein Stück von Myras Lederchiton herausriss. Er warf es dann wieder zurück in die Richtung, aus der es gerade gekommen war. Bei dem, was er jetzt sah, traute er seinen Augen kaum. Das andere Pflanzenwesen hatte sich in der kurzen Zeit erneut geteilt und das Neue ebenfalls. Auch das von Xylon weggeschleuderte Tier fing an, sich nach dem Aufsetzten auf dem Boden einzurollen, um dann auch am Rücken aufzubrechen und sich anschließend zu teilen.

„Sie duplizieren sich immer weiter", gab Xylon fassungslos von sich und stand wie erstarrt auf der Stelle. „Sie müssen doch irgendeine Schwachstelle haben, sonst hätten sie Gaía doch schon längst überrannt und woher nehmen sie bloß diese viele Energie, um sich ständig zu teilen?"

Xylon trat mit Myras nackten Füßen auf eine Stelle mit schlammigem Boden. Sein Blick wanderte irritiert nach unten und sah dort im Matsch einige schleimige Kwapeln zappeln. Anschließend schaute er wieder hoch und sah sich seine Umgebung noch einmal genauer an. Kwapeln waren eine Vorstufe einer gelben Amphibienart, die sich nur in großen Teichen oder Seen soweit entwickeln konnten. Diese konnte er aber hier nirgends sehen. Erst jetzt fiel Xylon auf, dass alle Bäume Luftwurzeln besaßen, was für eine einmalige Überflutung ein wenig ungewöhnlich war. Irgendetwas stimmte nicht mit diesem Ort.

Er wurde durch die vielen Fips-Geräusche wieder aus seinen Gedanken geholt. Wenn sie sich nicht gerade teilten, sprangen und flogen die mittlerweile über zwei Dutzend Kreaturen gierig auf ihn zu.

„Mist … denen kann ich unmöglich allen entkommen", stöhnte Xylon und schaute verzweifelt über sich. „Wie sehr vermisse ich meine geliebten Ranken."

Doch zu seiner Freude erblickte er mehrere mit Blüten

besetzte Lianen über sich in den Bäumen. Xylon ging in die Hocke und sprang dann mit aller Kraft hinauf, was mit Myras schwächeren Körper nicht so hoch war, wie er es sich erhofft hatte. Mit ausgestrecktem Arm bekam er gerade so eine der Lianen zu greifen. Anschließend zog er sich mit beiden Armen ein wenig daran hoch, machte eine Schlaufe und steckte dort seinen Fuß hinein. Mit nur wenigen Handgriffen erklomm er die Liane soweit, dass er aufrecht stehen konnte und hoffte, damit nun außer Reichweite der vielen grässlichen Kreaturen zu sein.

Beim Hinunterschauen, musste er mit Bedauern feststellen, dass diese kleinen Tierchen mit ihren blattähnlichen Flügeln tatsächlich fliegen konnten und nun dabei waren zu ihm hinaufzuflattern. Sie ließen ihn einfach keine Zeit zum Ausruhen. Als letzten Ausweg hielt Xylon nun seinen Arm nach unten und zielte mit gespreiztem Zeige- und Ringfinger auf die auf ihn zukommenden Pflanzenwesen, um sie mit einer Wasserkugel mitten in der Luft abzufangen. Gerade noch rechtzeitig bemerkte er aber, wie eines dieser geklonten Tiere, nach dem Teilen in seine Urinpfütze stolperte und dann, zu seinem Überraschen, unter höllischen Qualen plötzlich aufblähte und schließlich mit einem hässlichen Geräusch zerplatzte.

Was war denn das? Was hat Myra bloß getrunken? Ihr Urin ist ja tödlich, überlegte Xylon verblüfft, doch dann kam ihm ein Gedankenblitz. *Natürlich, Wasser! Ihre unerschöpfliche Energie holen sich ihre pflanzenähnlichen Körper wahrscheinlich aus dem Wasser in ihrer Umgebung. Wenn sie aber zu viel Wasser auf einmal abbekommen, saugen sie sich wie ein Schwamm voll und sterben.*

Das bedeutete aber auch, dass er keine einzige von Myras Techniken benutzten durfte, weil er sonst unter großen Schmerzen die elementarische Fähigkeit verlor oder im schlimmsten Fall sogar sein Leben.

Xylon löste hektisch sein Lederband, welches um seine Taille geschnürt war. Damit wie ein Propeller drehend, wehrte er die ihn erreichenden Pflanzenwesen vorerst ab und schnitt einigen davon sogar die Flügel durch, welche aber, zu Xylons Enttäuschung, auch gleich wieder nachwuchsen.

So kann das auf keinen Fall weitergehen, dachte er hoffnungslos und wurde immer panischer.

In der Zwischenzeit hatte sich die Anzahl der kleinen Kreaturen erneut verdreifacht. Der gesamte Boden unter ihm war schon völlig übersät mit ihnen. Verzweifelt nahm er sich den Lederstreifen, warf ihn drehend in die Luft und durchtrennte damit die Liane, an der er hing. Mit dem gesamten Tau- und Regenwasser aus den Blütenkelchen, die an der Liane hingen, stürzte Xylon hinab und kam gekonnt zwischen den unzähligen Pflanzenmonstern auf den Knien auf. Die vom Wasser getroffenen Wesen fingen sofort an sich aufzublähen und anschließend zu zerplatzen. Auch wenn Xylon sie nicht direkt mit Myras Fähigkeit umgebracht hatte, schmerzte ihm trotz alledem sein Herz, von dem entsetzlichen Geheul der vielen sterbenden Tiere um ihn herum. Jedoch hatte das Wasser nur wenige getötet. Hunderte von Augenpaaren starrten ihn weiterhin hungrig an.

„Das war's dann wohl! Getötet von ein paar Pflanzensetzlingen", stellte Xylon mit Bedauern fest, richtete sich auf und hielt dann seine rechte Hand hoch in die Luft, um den zurückkommenden und immer noch rotierenden Lederstreifen wieder aufzufangen.

Die vielen Klone zögerten nicht lange und sprangen sofort, mit ihren mit scharfen Zähnchen besetzten Mäulern, aufgeregt auf ihn zu.

Kapitel 24

Gemeinsam sind wir stark

Xylon ging in Abwehrhaltung und schaffte es sogar noch die ersten Pflanzenwesen vor sich abzuwehren, doch die Restlichen sprangen einfach alle auf ihn herauf und bissen überall in Myras Kleidung und zarten Körper.

„Argh!", brüllte Xylon unter höllischen Schmerzen und versuchte sie gewaltsam wieder von sich herunterzuzerren, wobei die Kreaturen ganze Hautfetzen aus ihm herausrissen. Es gab wirklich keine Stelle an Myras Körper, wo sich nicht eines dieser grässlichen Viecher befand, am Hals, an den Oberschenkeln und sogar an der Lippe. Mit Schmutz vermischtes Blut floss an ihm herab. Das wars dann wohl und dabei starb er noch nicht einmal in seinem eigenen Körper -

„XYLON!"

Doch plötzlich kam Myra an einer Ranke schwingend zu ihm herabgeflogen und packte ihn beim Vorbeiziehen hinten am Chiton. Vollkommen perplex starrten die Pflanzenmonster vor sich auf die leere Stelle, wo sich ihre Beute gerade noch befunden hatte.

„Huch, was geschieht hier?", fragte Xylon betreten

und schaute, während er die letzten Pflanzenwesen von sich riss, benommen zu ihr hoch. „Myra, bist du das?"

„Ja, bin ich! Ich dachte, zur Abwechslung rette ich dir mal das Leben", sagte sie fröhlich, löste mit einer Handdrehung die Ranke und erschuf auch gleich eine Neue. „Da lasse ich dich mal für fünf Minuten allein und schon handelst du dir wieder eine ganze Menge Ärger … uha."

Myra schwang direkt auf einen großen Baum zu. Da sie Xylon noch immer mit einer Hand festhielt, konnte sie am tiefsten Punkt der Schwungbewegung keine weitere Ranke erschaffen, ohne auch gleichzeitig mit ihm hinabzufallen. Somit schmiss sie Xylon kurz hoch, schwang elegant mit der freien Hand um den Stamm und fing ihn hinter dem Baum wieder auf. Mit einer neu erschaffenen Ranke schwang sie gekonnt weiter.

„Weißt du zufällig, was das für Stimmen sind, die ich seit kurzem höre?", fragte Myra, die schon ganz außer Atem war und blickte zu ihm herunter.

Sie versuchte auch an ihm vorbei auf den Waldboden zu schauen, doch konnte sie keines dieser Pflanzenwesen von hier aus erkennen. Die vielen Fips-Geräusche verrieten ihr jedoch, dass sie noch immer hinter ihnen her waren.

„Ja, die der Bäume. Du bist ja jetzt ich, also kannst du nun auch mit ihnen sprechen", sagte er und ließ sich, noch immer völlig entkräftet, wie einen nassen Lappen hängen.

„Aber das ist doch nur Blätterrascheln. Wieso kann ich darin eine Sprache erkennen?", fragte sie weiter und holte, wie nach jedem Schwung, erneut mit ihrem Arm aus, um eine neue Ranke vor sich zu befestigen, doch dieses Mal kam keine aus ihrem Handgelenk. Sie hatte die Letzte schon losgelassen und holte daher noch mehrere Male panisch aus, doch nichts geschah. „Oh verdammt! Ich glaube, das Fass ist leer"

Kaum hatte sie zu Ende gesprochen, fielen sie auch schon hinab.

„Was, jetzt schon? Benutzt du denn gar nicht die Wassersymbole auf meinem Körper?", fragte Xylon erschrocken und rutschte aus Myras Griff.

„Nein, ich hasse die Kontrolle über solche Symbole, das weißt du doch. Außerdem, weiß ich doch gar nicht, wie das geht. Vorsicht!"

Beide stürzten ungebremst durch das Dickicht. Xylon schnappte sich im letzten Augenblick Myras Arm und warf sie über sich, zu einem schmalen Ast hinauf, den sie auch gleich, um sich abzubremsen, ergriff. Xylon hatte allerdings durch seine helfende Aktion sogar noch an Geschwindigkeit gewonnen und knallte mit dem Rücken so heftig gegen einen Baumstamm, dass dessen Rinde abplatzte. Auf dem Erdboden heftig aufkommend, rollte er sich instinktiv schnell zur Seite, um nicht auch noch von den herabfallenden Ästen getroffen zu werden.

„Aua, das tat jetzt aber wirklich weh", beklagte sich Xylon bitter und krümmte sich auf der Erde vor Schmerzen.

Nachdem Myra sich das letzte Stück sanft herunterließ und wieder festen Boden unter den Füßen hatte, lief sie sofort zu Xylon herüber. Bei ihm angekommen, hob sie ihren geschundenen Körper ein wenig an. Es war ein entsetzlicher Anblick. Die blutverschmierte Ledertracht hatte überall kleine Löcher und auf fast jeder freien

Stelle der hellen Haut waren tiefe Biss- und Kratzwunden.

Myra schaute kurz zu den Bäumen und Sträuchern, von wo aus die beängstigenden Fips-Geräusche immer näherkamen und dann wieder zu ihrem Körper, den sie vorsichtig in ihren kräftigen Armen hielt.

„Xylon, kannst du noch ein klein wenig durchhalten? Es ist noch nicht vorbei", sagte sie ganz aufgewühlt und wischte ihm etwas Schmutz aus dem Gesicht. „Ich brauche jetzt unbedingt deine Hilfe! Weißt du zufällig, was man tun kann, um diese grässlichen Viecher loszuwerden?"

Xylon legte mühselig seinen Arm um ihre breiten Schultern, richtete sich leicht auf und sah nachdenklich zu dem kleinen Bach, der neben ihnen in einer weit ausgehüllten Vertiefung leise vor sich hinplätscherte. Dann blickte er verwundert zum Ursprung des Baches. Große Äste, Gestrüpp und Schlick blockierten den Zufluss und ließen ihn dadurch in eine andere Richtung weiterfließen.

Sofort bekam Xylon eine Eingebung. Jetzt verstand er endlich, was es mit diesem Ort auf sich hatte. Ein ausgetrockneter See! Der Bach floss vor einiger Zeit ganz normal in dieses natürliche Waldbecken und füllte den See kontinuierlich mit Wasser. Als er jedoch durch Ablagerungen gestaut wurde, trocknete dieser aus und legte damit das Pflanzenei frei, welches offenbar schon seit etlichen Jahren auf dessen Grund schlummerte. Vielleicht waren sie doch noch nicht ganz verloren. Hoffnungsvoll blickte Xylon neben sich den Baum hinauf, an den er gestoßen war. Er hatte eine Idee!

„Xylon, was ist denn nun?", rief Myra hilflos und

schüttelte ihn aus seinen Gedanken. „Ich sehe, dass dir etwas eingefallen ist. Los sag schon, was soll ich tun?"

Er sah sie überrascht an, als wäre er gerade aus einem tiefen Traum erwacht und zeigte dann neben sich auf die Schlagstelle des Stammes, an dem durch seinen Aufprall die Rinde stark beschädigt war.

„Das ist lebendes Holz. Konzentriere dich auf den Baum und zerstöre den Rest des Stammes!", befahl er ihr und versuchte aufzustehen, doch ein schmerzvolles Stechen in der Brust ließ ihn sofort wieder in sich zusammensacken.

Die Fips-Laute hatte sie beinahe eingeholt. Nun konnte man sogar das Getrippel der unzähligen Füße hören, die auf sie zugerannt kamen.

Myra schaute nach oben und hob ihre freie Hand in die Luft. Sie konzentrierte sich auf die Bruchstelle des Stammes und ballte dann ihre offene Hand kraftvoll zu einer Faust zusammen. Zeitgleich brach der Stamm an dieser Stelle explosionsartig auseinander und die gesamte obere Hälfte des Baumes kam mit einem lauten Krachen zwischen ihnen und den Pflanzenwesen herunter.

„Sehr gut! Nun zerstöre den Damm, der sich oberhalb des Baches befindet. Ich verschaffe dir bis dahin mit deiner Wasserfähigkeit ein wenig Zeit."

„Nein, das darfst du nicht!", beschwerte sich Myra panisch und hielt seine Hände fest.

„Wieso, weil jede Wasserkontrolle mir Unmengen von Energie aus dem Körper zieht? Das hatte ich schon nach der ersten Benutzung festgestellt. Keine Angst, ich werde mich schon nicht selbst umbringen", besänftigte Xylon sie mit einem leichten Grinsen auf den Lippen.

Myra betrachtete ihn zweifelnd und ließ ihn dann langsam wieder los.

„Also gut, ich vertraue dir. Ähm … versuche dich auf eine große Fläche zu konzentrieren und nicht auf jedes Blatt einzeln."

„Das werde ich und jetzt beeil dich!", drängte er Myra und konzentrierte sich auf das Wasser in den Blättern des umgestürzten Baumes.

Nichts bewegt sich mehr, war der Befehl, mit dem Xylon versuchte die Blätter starr zu halten. Die kleinen Ungetüme prallten gegen die Baumkrone und keiften wie wild auf der anderen Seite, weil sie nicht zu ihrer Beute hindurchkamen, obwohl sie bereits so nah war.

Myra stieg in der Zwischenzeit hinab in die Flussvertiefung und machte sich daran, durch Xylons nackte Füße hindurch, etwas Wasser aus dem Bach zu ziehen. Danach erschuf sie zwei Ranken, die sie mit einem großen Schwung zum Damm herüberschleuderte und daran befestigte. Mit beiden Füßen im Boden verwurzelt, zog sie nun so kraftvoll an den Ranken, wie sie nur konnte. Der Damm war allerdings so stark blockiert, dass er sich nicht rührte.

„Mist, ich bekomme ihn einfach nicht bewegt", beschwerte sich Myra angestrengt und lief, durch Xylons dunkle Hautfarbe hindurch, rot an.

Xylon sah währenddessen schockiert, wie die kleinen Wesen langsam anfingen aneinander hinaufzuklettern, um auf diese Weise die Baumkrone überwinden zu können. Wieder zu Myra schauend, analysierte er schnell die Lage und wollte etwas zu ihr sagen, konnte es aber nicht, weil er sonst seine Konzentration verlor. Also zeigte er eilig auf den großen Felsen in der Mitte, der alles am wegtreiben hinderte.

Myra verstand, erzeugte daraufhin eine weitere Ranke und warf sie um den Felsen. Sie gab alles, was sie konnte. Ihre Füße versanken immer tiefer im Schlamm und langsam und allmählich rührte er sich dann auch. Mit einem weiteren kräftigen Ruck löste er sich gänzlich und das Gebilde zerbrach. Mit einem lauten Getöse wurde der gesamte Unrat von dem dahinter angesammelten Wasser mit sich gerissen.

Das Donnergrollen des Flusses durchbrach nicht nur die Stille des Waldes, sondern auch Xylons Konzentration und somit auch seine Technik. Die Blätter und Äste waren wieder biegsam und die Kreaturen, die mittlerweile schon in die Zehntausende gingen, stürmten durch die Baumkrone zu ihnen hindurch. Die erste Welle der Monster nahm Xylon ins Visier und sprang gierig auf ihn zu.

„Xylon, Vorsicht!", rief Myra, ließ ihre Ranken auf der Stelle fallen und stieß ihn zur Seite.

Die vorderen Pflanzenwesen stoppten zwar sofort ihren Lauf, wurden aber von den vielen anderen, die nicht sofort anhalten konnten, durch die schiere Masse, wie eine Welle überrollt. Als sie sich wieder gefangen hatten, wollten sie erneut zum Sprung ansetzten, doch da sagte Xylon nur noch: „Apaspa Zomai!", ehe sie von den unbändigen Fluten, des sich wieder ausbreitenden Flusses, weggespült wurden. Die unzähligen Todesschreie der Kreaturen verstummten unter den enormen Wassermassen.

„Halt dich fest!", brüllte Myra zu Xylon und klammerte sich an ihm fest.

Die Strömung riss sie mit einer immensen Kraft den

Flusslauf entlang. Damit sie, wie die Pflanzenwesen, nicht auch in den Fluten auf den Grund gedrückt wurden und ertranken, stieß Xylon, mit Myras Wasserfähigkeit, sie beide schlagartig nach oben. Sie wurden ein Stück aus den tosenden Wassermassen geschleudert und blieben direkt über dem Fluss auf einem Ast hängen. Beide mussten sich erstmal kurz sammeln, bevor sie überhaupt etwas sagen konnten.

„Danke, dass du mir das Leben gerettet hast!", stöhnte Xylon schweratmend und hielt noch immer Myras Hand.

„Kein Problem!", japste Myra und spuckte einen Schwall Wasser aus. „Keine Ahnung, was hier gerade passiert ist, aber ich bin froh, dass es vorbei ist!"

Xylon schaute vollkommen erledigt unter sich in die Strömung.

„Es tut mir wirklich leid, dass ich einfach abgehauen bin und dich in diesem Ding zurückgelassen habe!", entschuldigte er sich inständig und sah wieder beschämt zu Myra.

„Ach, ist schon okay, du hattest ja nie wirklich vorgehabt, dich an mir zu vergreifen. Wolltest du wirklich nur wissen, wie es ist, eine Frau zu sein?", fragte sie ihn amüsiert.

„Äh ja, ich weiß, das war eine dumme Idee. Genauso dumm, wie sich den Wald als Versteck auszusuchen. Tut mir leid!"

„Nein wieso, du hattest von Anfang an recht damit. In den letzten paar Horen haben wir mehr über den jeweils anderen und seine Fähigkeiten erfahren, als wir in unserem ganzen Leben sonst gehabt hätten. Das war auch das erste Mal, dass wir so richtig gut zusammengearbeitet haben."

Xylon wurde immer schwächer.

„Ja, vielleicht", entgegnete er, nachdem er kurz darüber nachgedacht hatte. Plötzlich nahm er ein kurzes Augenzucken bei ihr wahr. „Hey! Du verschweigst mir doch was. Hast du dich etwa an mir vergriffen?"

Myra rollte schelmisch mit ihren Augen.

„Tja, ich fand deinen Hintern schon immer so knackig. Entschuldige!", sagte sie ganz verlegen und bemerkte, dass Xylon ihr kaum noch zuhörte und so langsam das Bewusstsein verlor. „Xylon, alles in Ordnung mit dir?! Xylon!"

Allmählich wurden seine Augenlieder schwer. Das letzte, was er sah, bevor sie ihm endgültig zufielen, war ein kleines, grünes Pflanzenei, was unter ihm in den Fluten trieb.

Schwärze breitete sich um ihn herum aus. Nichts trieb Xylon jetzt mehr an, als sein eigener Körper und so wurde er schon nach kürzester Zeit aus Myras geworfen. Er erblickte sie beide, unter sich auf dem Ast liegend. Sein Geist schoss zielstrebig auf seinen Körper zu und drang schließlich wieder in ihn ein.

Ein warmes Gefühl umschloss ihn und Myras nackter Körper erschien vor seinen Augen. Sie kam vorsichtig näher und lächelte ihn an. Sie zog wortlos an ihm vorbei und verschwand wieder in dem endlosen Dunkel und damit raus aus seinem Körper.

Fröhlich bemerkte Xylon aber, dass Myra nicht ganz, ohne etwas zu hinterlassen, verschwunden war. Denn das sichere und geborgene Gefühl blieb, auch wenn sie jetzt nicht mehr da war.

Am nächsten Tag wachten beide, noch immer über dem Ast hängend, auf und waren wieder in ihren eigenen Körpern. Myra war so froh darüber, dass dieser Albtraum endlich ein Ende hatte, dass es sie gar nicht so sehr störte, dass ihr Körper so stark verletzt war.

Kapitel 25
Aufbruch

König Kyros II. lag gemütlich in seiner neu errichteten Residenz etwas außerhalb der von ihm eroberten Stadt Babylon.

Er war erst vor kurzem von seiner Reise nach Babylonien zurückgekehrt und ließ sich dort in einem schmuckvollen und glänzenden Schlafgemach von einem Dutzend dunkelhäutiger Frauen verwöhnen. Kyros besaß zwar auch eine Ehefrau namens Kassandane, die sich gerade wohlbehütet mit ihren drei Kindern in Persiens weit entfernter Hauptstadt Persepolis aufhielt, jedoch sah er sie, aufgrund seiner vielen Eroberungsfeldzüge, fast nie. Für den Schutz und die Macht seines Landes nicht mehr bei ihnen sein zu können, rechtfertigte ihn, auch außerhalb seines Ehegemachs ein wenig Spaß zu haben.

Kyros selbst nannte diesen Ort der Ablenkung und Erholung: ‚Oase'. Es war ein großer Saal, verziert mit farbigen Kacheln, Wasser, welches an den Wänden herunterfloss und prächtigen Teppichen, die überall am Boden verteilt lagen. In der Mitte stand eine mit vier Säulen umringte Überdachung, an der transparente bunte

Tücher hingen und darunter Kissen gestapelt waren. An der Decke hing ein Weihrauchgefäß aus Kupfer, welches kontinuierlich einen betörenden Duft in den Raum abgab. Wasserdampf schwebte in der Luft und im Hintergrund spielten einige der hübschen Damen herrliche Melodien auf ihren Instrumenten.

Eine blies in eine Zummara und eine andere in eine Ney, eine weitere zupfte an einer Tschang, eine spielte auf einer Santur und drei trippelten mit ihren Fingern rhythmisch auf Dairatrommeln. Vier attraktive Frauen tanzten zu dieser Musik elegant auf der Stelle. Neben den Musikerinnen und Bauchtänzerinnen, gab es links und rechts von Kyros auch noch zwei junge Damen mit großen Federn besetzter Fächer, die ihm fortwährend Luft zuwedelten. Eine Dame an seinem Fußende, die ein exotisches Katzenwesen über ihr blau, gelb, gestreiftes Fell streichelte und drei weitere, die mit ihm zusammen auf dem Kissenstapel lagen und mit ihren zarten Händen über seinen korpulenten Körper strichen. Sie trugen, wie alle von Kyros schönen Mätressen funkelnde, knappe Gewänder in allen erdenklichen Farben, einen Schleier im Gesicht und viel Schmuck um den Hals, Arme und Beine. Kyros hingegen war nur mit einer Art Lendenschurz bekleidet und einem hauchdünnen Flanaganumhang, aus dem sein Fett hervorquoll.

Um vor der großen Eroberung von Nereid den Kopf frei zu bekommen, fasste Kyros die hübschen Damen an ihren intimsten Körperregionen und gab ihnen feuchte Küsse auf den Mund. Seine schwere Masse schwankte dabei mit jeder seiner Bewegungen auf den Kissen hin und her, was ihn unbeholfener erscheinen ließ, als er es in Wirklichkeit war. Seine Annäherungsversuche und

Betatsche gefiel den jungen Damen gar nicht. Sie behielten aber aus Angst vor Konsequenzen stets ein künstliches Lächeln auf den Lippen und ließen alles wortlos über sich ergehen. Wenn es ihnen dann doch einmal zu viel wurde, kicherten sie nur albern und zogen sich schüchtern zurück.

Als der König in voller Ekstase war, zog er eine der hübschen Frauen grob zu sich heran, leckte ihr einmal über die Wange und schubste sie dann rabiat von dem Kissenstapel herunter. Sie landete auf allen Vieren vor den Tänzerinnen, die daraufhin erschrocken zur Seite auswichen. Die Musikerinnen versuchten sich davon nicht beirren zu lassen und spielten einfach weiter, als ob nichts gewesen wäre. Verängstigt schaute die heruntergestoßene Frau zu ihm hoch.

„Los komm!", rief Kyros, als wäre es selbstverständlich, was er von ihr verlangte und machte auffordernde Handbewegungen. „Zeig mir alles, was du hast!"

Die Dame, die wie alle anderen auch, seine Sprache nicht verstand, kam zunächst wieder auf die Beine, schaute dann verwirrt zu ihm und fing anschließend an zu tanzen.

„Nein, nein, du sollst dich vor mir ausziehen und nicht tanzen!", beschwerte sich Kyros ungeduldig und versuchte sich mühselig aus dem Kissenhaufen aufzurichten.

Die junge Frau verstand jedoch noch immer nicht und suchte nun mit ihrem Blick Hilfe bei den anderen Damen im Raum, aber auch sie wussten nicht, was der König von ihr verlangte und so fingen sie an in ihrer Sprache zu diskutieren, wodurch nun auch die Musikerinnen aufhörten zu spielen.

„Was gibt es denn da zu bereden? Sie soll sich doch nur entkleiden. Was ist denn daran so schwer zu versteh…", beklagte sich Kyros immer lauter, wurde dann aber durch eine der Damen, die mit ihm auf den Kissen saß, unterbrochen.

Sie tippte ihn an der Schulter und fragte: „Nehé jamis mû madea?" Dabei zeigte sie mit ihrer anderen Hand auf ihre Brüste und wackelte aufgeregt mit ihren zwei Ohrenpaaren auf und ab.

„Was? Nein! Ich verstehe kein Wort. Sie soll doch nur dieses bisschen Stoff ablegen", entgegnete er wütend und rappelte sich genervt aus dem Kissenstapel auf. „Verdammt, jetzt habe ich keine Lust mehr. Das hat die ganze Stimmung versaut. Warum müssen die Frauen aus dem Volk der Cusco, die kein einziges Wort meiner Sprache verstehen, auch zu den Schönsten in ganz Gaía gehören?"

Nachdem Kyros sich aufgerichtet hatte, begab er sich zu einem in der Nähe stehenden Tisch und zog sich seine prachtvollen Gewänder über.

„Ary thyrrén za jaret?", fragte die noch immer verdutzt mitten im Raum stehende Frau Kyros, während alle anderen ihn erwartungsvoll ansahen.

Erst jetzt konnte man erkennen, wie klein die Frauen eigentlich waren. Sie gingen selbst dem kleingewachsenen Kyros kaum bis zu den Schultern. Die Menschen des Waldvolkes der Cusco waren generell nicht besonders groß, was ihnen aber in dem engen Gestrüpp des Dschungels, in dem ihre Heimat lag, ein leichteres Vorankommen sicherte.

Ohne sich noch einmal umzusehen, machte er eine abtuende Handbewegung, worüber sich die Damen riesig freuten und dann aufgeregt in ihre Kammern zurückzogen. Auch das blau, gelb, gestreifte Katzenwesen rappelte sich auf, gähnte laut und trappte anschließend aus dem Raum.

„Puh -", machte der König enttäuscht und stützte sich mit beiden Händen am Tisch ab. Er blickte über sich zu einem Wandrelief auf dem sein Ganzkörperprofil eingemeißelt war, welches jedoch wesentlich schlanker war als er selbst. Dann las er den darunter stehenden, in Keilschrift geschriebenen, Text und konnte sich ein Lachen nicht verkneifen. „Ha, ha, von wegen König der Welt, Großer König, König von Babylonien, König der Sumer und Akkad, König aller vier Himmelsrichtungen. Tss … ich schaffe es ja noch nicht einmal in meiner eigenen Residenz ein bisschen Spaß zu haben."

Lärm von draußen lenkte seine Aufmerksamkeit zum breiten Balkon rechts von ihm.

Er begab sich nach draußen an die frische Luft, wobei sofort die Sonne auf ihn herunterbrannte. Was nicht verwunderlich war, denn das Klima in diesem Land war fast das ganze Jahr über warm und trocken. Kyros ging weiter zum Geländer des halbrunden Balkons und schaute hinab.

Unter ihm fanden gerade die letzten Vorbereitungen für den Krieg gegen Thessalien statt. Er konnte von hier aus Testwürfe von schweren Kriegsmaschinerien sehen, Trainingszelte in denen die unzähligen Soldaten den Umgang mit Schwert und Speer erlernten und es gab weitläufige Gehege für die unterschiedlichsten Geschöpfe und Tierwesen, die Kyros aus seinen vielen Eroberungsfeldzügen rund um die Welt mitgebracht hatte.

Das eroberte Babylon diente ihm hierbei als Basis. Für das gewaltige Nereid war die Stadt, mit seinen weltberühmten Mauern und etlichen Elementaren, eine gute Übung für seine weitreichenden Strategien gewesen. Da Elementare nicht töten konnten, jedoch wesentlich stärker waren als Menschen, standen sie meistens in erster Reihe, schwächten den Gegner mit ihren Elementen und zogen sich dann hinter die Linien der Menschen zurück, die dann zum Todesschlag ausholten. Kyros ging davon aus, dass Nereid es ähnlich machen würde und arbeitete daher, auch darauf aufbauend, seine Pläne stets weiter aus.

Eine ungewöhnlich kühle Brise fuhr über sein Haupt. Daraufhin drehte er sich überrascht um und blickte gen Himmel, in dem sich gerade gewaltige Wolkenmassen für ein bevorstehendes Gewitter auftürmten. Jedoch nur kurz, denn aufgrund der Enttäuschung mit seinen Mätressen und einer spürbaren Langeweile ging er wieder hinein und machte sich für einen Rundgang durchs Kriegslager zurecht.

Er legte sich seinen Bauchgurt um, in dem ein mit Edelsteinen besetzter Shamshir steckte, setzte sich die Krone auf und legte so viel Schmuck an, wie er mit sich führen konnte. Sein Ansehen vor den Soldaten hatte oberste Priorität. Einerseits wollte er zeigen, dass er einer von ihnen war, andererseits aber auch, dass er sich deutlich von ihnen abhob und respektiert werden musste. Gleichgesinnter und Machthaber standen somit immer dicht beieinander.

Als er fertig war, begab er sich über eine weiße Wendeltreppe nach unten und von dort aus, an seiner rotgekleideten Leibgarde vorbei, direkt nach draußen. Hier unten herrschte ein reges Treiben.

Unzählige Personen waren überall schwer beschäftigt und rannten über den gigantischen Platz. Hier und da wurden große Bauteile von Amiphien gezogen. Schmieden produzierten Schwerter am Fließband und Soldaten prüften die Schilde und Hiebwaffen auf ihre Tauglichkeit.

Kyros ließ sich von dem vielen Tumult jedoch nicht beirren und suchte, dessen ungeachtet, gemächlich nach seinem Ingenieur und Erfinder Sellsha, da dieser ihm bisher immer eine gute Unterhaltung bot. Sandböen fegten über die offene Fläche, was die Suche ein wenig erschwerte. Einmal musste Kyros seine Schritte sogar gänzlich stoppen, da überraschend zwei Schwalbs, dicht über dem Boden fliegend, vor ihm den Weg kreuzten. Sie hatten kleine Zettel an den Beinchen, die den Soldaten als Nachrichtenübermittelung zwischen den einzelnen Lagerabschnitten dienten.

An einem mit großen, im Wind flatternden Tüchern überdachten Stand vorbeikommend, wurde der König neugierig. Da dieser bizarre Ort Schwerter ausstellte, die er noch nie zuvor gesehen hatte. Es gab sie in allen erdenklichen Größen und Variationen. Schwerter mit Sägeblättern als Schneiden, flammenförmige Klingen und sogar welche, die sich wie Peitschen biegen ließen. Dahinter kamen dann die verschiedenen Scheiden, die teilweise wunderschön verziert waren oder natürlichen Dingen nachempfunden wurden. Aus einer, die wie ein Gehstock aussah, aus dem links und rechts ovale Steine herausschauten, versuchte Kyros das Schwert herauszuziehen. Es ließ sich nur sehr schwer entnehmen und es gab ein unerträglich laut quietschendes Geräusch, weshalb er das Schwert auch gleich wieder in die seltsame Scheide zurückfallen ließ.

„Meine Schleifsteinscheide", kam es plötzlich von einer Stimme hinter Kyros, woraufhin er sich danach umdrehen wollte, es aber nur zur Hälfte schaffte, da die Person in dem Moment schon an ihm vorbeigerauscht war.

„Seid gegrüßt, mein König!", sagte er schnell, stellte sich vor dem Schwerterstand auf und verbeugte sich rasch.

Kyros erkannte ihn sofort, es war sein Erfinder Sellsha. Er war eine kleine hektische Person, die meistens schneller sprach, als er selbst mit seinen Gedanken hinterherkam. Auf seiner Nase trug er eine Brille, die zwei unterschiedlich farbige Gläser besaß. Seine Kleidung war schmutzig und rissig und unzählige Werkzeuge baumelten in Schlaufen an seiner Hose. Aus seinen zottigen Haaren schauten vereinzelte lange Stäbchen heraus an denen kleine Kugeln hingen, die bei jeder seiner Bewegungen hin und her tänzelten.

„Die Idee hinter dieser Schwertscheide besteht darin, auch noch während des Kampfes die Klinge schärfen zu können. Nach jedem zurückstecken in die Scheide machen Schleifsteine das Schwert automatisch wieder scharf. Aber noch ist sie zu schwer und unhandlich für den alltäglichen Gebrauch. Viel interessanter und eindeutig besser erprobt ist dagegen mein Vierkopfpfeil", erzählte Sellsha einfach drauflos, ohne dass Kyros überhaupt zu Wort kam.

Während er ihn weiter durch seine Werkstatt führte, präsentierte er ihm etwas von seiner Werkbank: „Hier seht ihr? Vier Köpfe! Aber genau genommen sind es gar keine vier Köpfe, sondern vier ganze Pfeile, die ich ineinander so verdreht habe, dass sie sich nach dem Abfeuern wieder von ganz allein auseinanderdrehen und durch die Drehbewegung alle gerade und zielgenau ins Schwarze treffen. Beeindruckend nicht wahr? Es wundert mich, dass Ihr euch plötzlich für meine Errungenschaften interessiert", stellte Sellsha dann überraschend fest und bevor Kyros darauf hätte antworten können, ging er schon zu dem benachbarten Arbeitstisch und präsentierte ihm eine seiner nächsten Erfindungen.

Dem König störte Sellshas aufschneiderisches Verhalten überhaupt nicht. Ehrlich gesagt, kannte er es auch gar nicht anders von ihm und da er nach der Flaute in seinem Schlafgemach eh nichts Besseres zu tun hatte, hörte er einfach weiter seinen Ausführungen zu. Er war zweifellos ein Genie, musste Kyros zugeben, aber leider auch ein wenig verrückt. Aber offenbar hing das eine mit dem anderen irgendwie zusammen.

„Oh, das wird Ihnen sicherlich auch noch gefallen", berichtete Sellsha so eilig, als würde er befürchten, dass der König nicht alles sah, bevor er wieder weiter musste. Es machte ihm sichtlich eine Heidenfreude, dem König seine Arbeit präsentieren zu können. Er hielt ihm nun eine blanke Metallkugel hin, die dieser sich dann verwundert ansah. „Das ist eine gehärtete Eisenkugel, die mit einem explosiven Pulver gefüllt ist und beim Anzünden eine immense Explosion zur Folge hat. Sie können in großer Anzahl mit Katapulten über feindliche Stadtmauern geschleudert werden und für einen zusätzlichen Schrapnelleffekt auch noch mit kleinen Metallsplittern erweitert werden. Einfach zerstörerisch. Genauso wie dieses gute Stück hier."

Kyros legte die Kugel beiseite und betrachtete das nächste Teil von Sellsha, was nach einem unhandlichen Rohr aussah, welches an einer Seite mit einer Art Gummi verschlossen war.

„Ich nenne es das flüssige Feuer. Das ist wirklich extrem! Das Rohr wird mit Pech, Schwefel, gebranntem Kalk und Salpeter gefüllt und kann dann über die Feinde versprüht werden. Im Zusammenspiel mit Wasser wird es dann entzündet und hinterlässt ungeahnte Verwüstungen. Ihr müsst euch eine Feuersbrunst von gigantischen Ausmaßen vorstellen. Können Ihr nicht? Macht nichts, werden Ihr ja bald selbst sehen. Jetzt denkt Ihr sicherlich, bei so einem großen Feuer kann man doch ganz schnell selbst hineingeraten, aber nicht, wenn man mit einem dieser wunderbaren Gefährte unterwegs ist."

Sellsha begab sich mit Kyros nun zum Rand seiner Werkstatt und zog ein breites Leinentuch von einem Gebilde herunter. Zum Vorschein kam eine seltsam aussehende Holzkonstruktion, mit drei breiten Griffen obendrauf, einer seitlich angebrachten Klappe und ganz ohne Räder.

„Das ist ein Fluggerät, das von drei dressierten Aragasch durch die Luft getragen werden kann. In dem Fluggerät hat eine Person mit einer vollen Ladung flüssigem Feuer Platz. Es ist von großem Vorteil, sich direkt über dem Feind zu befinden, müsst Ihr wissen. Eine Alternative dazu wäre auch dieses vierbeinige Gestell, da diese Vögel manchmal sehr widerspenstig sein können."

Sellsha zog das nächste Tuch von einem der Geräte herunter und entblößte eine riesige Konstruktion, die dem unteren Köperteil eines großen, schlanken Tieres nachempfunden wurde.

„Diese Maschine muss von zwei Personen gleichzeitig gesteuert werden. Eine liegt vorne in dem erhöhten Teil und bedient mit Armen und Beinen die vier langen Stelzen und der andere sitzt hinter ihm auf einem Podest und versprüht das flüssige Feuer oder bedient den Pfeilwerfer, der übrigens auch eine geniale Erfindung von mir ist. Es werden dafür einige Pfeile in Ketten übereinandergelegt und diese fallen nacheinander in diese Vorrichtung. In dem Werfer ist ein Zylinder eingebaut, der von außen mit einer einfachen Kurbel gedreht werden kann und genau hier kommt der Clou. In dem Zylinder ist eine verdrehte Triebfeder, die an einer Spirale befestigt ist. Beim Drehen des Zylinders spannt sich die Feder nach jeder Umdrehung von selbst und feuert beim Lockern eigenständig einen Pfeil ab, der von oben in die Spirale fällt. Sie sind zwar nicht so kraftvoll und präzise, wie das Abfeuern eines richtigen Bogens, aber deutlich schneller nachzuladen. Ich weiß, Ihr müsst nichts sagen, einfach genial!"

König Kyros war kein dummer Mensch, aber die meisten dieser Ausführungen verstand er trotzdem nicht und so wendete er sich den einfacheren, aber beeindruckenden Katapulten und Ballisten zu, die nicht weit ab von ihnen aufgestellt waren.

„Oh, Ihr interessiert Euch also für die etwas größeren und verheerenderen Maschinen", redete Sellsha begeistert und ohne Luft zu holen weiter und führte ihn nun über den großen Platz von seiner Werkstatt weg. „Dann wird Ihnen mein Meisterstück bestimmt auch sehr gefallen. Es ist -"

RUMMS!

Sellsha wurde unterbrochen, da gerade ein wandelnder Belagerungsturm nur ganz knapp an ihnen vorbeimarschiert war. Der Belagerungsturm besaß lange, breite Stelzen anstatt Rollen, da er so auch über kleine Hindernisse einfach hinwegsteigen konnte. Der König sah erschrocken zu der riesigen Konstruktion empor.

„VORSICHT! Das Teil sollte, wenn möglich, im Ganzen auch dort ankommen", rief er den Arbeitern zu und wendete sich dann wieder zurück zum König, als ob nichts gewesen wäre. „So, wo war ich stehen geblieben? Ach so, ja, bei der Astovidatu."

Er wippte mit seinen Augenbrauen und zeigte auf die letzte Kriegsmaschine in der Reihe, die alle bei weitem überragte.

„Das ist wirklich ein Meisterstück. Man kann mir erzählen was man will, aber in einem Krieg dieses Ausmaßes, ist einfach nur die Größe entscheidend. Sie kann bis zu einem Quantar schwere Brocken 1350 Fuß weit feuern, aber natürlich auch andere grausame Dinge, wie Körperteile von Menschen mit ansteckenden Krankheiten, brennende Strohballen, giftige Pflanzen und Tiere, dutzende explodierende Kugeln und vieles, vieles mehr. Der Fantasie sind dabei keine Grenzen gesetzt."

Auf dem Gesicht des Königs zeichnete sich nun ein breites Grinsen ab. Endlich eine Sprache, die auch er verstand. Genau so wollte er das hören.

„Ach, eines hätte ich beinahe vergessen, Ihnen zu zeigen", sagte Sellsha ganz aufgeregt und schwenkte eilig zu einer weiteren Maschine, die auch unter einem großen Tuch verdeckt war, welches bei dem Wind wild hin und her flatterte. „Jetzt haltet Euch fest! So etwas habt

Ihr sicherlich noch nie gesehen. Darf ich vorstellen, die sagenumwobene Verethragna."

Er löste die Schlaufe des Tuches, welches durch einen starken Luftzug mit einem Ruck abgezogen wurde und präsentierte ihm das, was sich darunter verbarg. Dem König verschlug es bei dem, was er jetzt sah, fast die Sprache. Grauen spiegelte sich in seinem Gesichtsausdruck wider.

Er wollte gerade etwas dazu sagen, als er plötzlich von Buhls Orn, seinem Heerführer, gerufen wurde.

„König Kyros II.! Gut, dass ich Euch hier treffe", sagte Orn, auf einem Koudour reitend, und verbeugte sich elegant. Die zwei Köpfe des Laufvogels krächzten sich dabei die ganze Zeit über gegenseitig an.

Orn war ein großer kräftiger Kerl und mit etlichen kleinen Metallbolzen und –kugeln gepierct. Er trug weite, schmuckvolle Gewänder, vergoldete Metallbänder um seine breiten, muskulösen Arme und auf seinem Kopf einen silberschimmernden nach hinten gebogenem Helm, aus dem im hinteren Teil Federn und Elfenbeinschmuck herausschaute. Zudem besaß er eine große, glänzende Axt, die an einem Gurt an der Seite befestigt war. Buhls Orn war ein exzellenter Heerführer, der sich aber auch jeden einzelnen Obolus seiner harten Arbeit sehr genau auszahlen ließ und dies selbst auf dem Schlachtfeld protzig zur Schau stellte. Kyros tolerierte das. Denn, da er selbst oft zu feige war, sich in Gefechten zu zeigen, musste sich Orn meistens auf dem Schlachtfeld für ihn ausgeben und es war glaubwürdiger, wenn er neben der Krone auch noch prunkvolle Kleidung trug.

„Ja!?", fragte der König, der nur mit Mühe seinen

Blick wieder von der letzten Kriegsmaschine abwenden konnte.

„Alle sind soweit mit den Vorbereitungen fertig. Wir können jetzt jederzeit aufbrechen, wenn Ihr wünscht."

Kyros nickte dies mit einem ernsten Blick ab.

„Ist gut. Und gib Harpagos Bescheid! Er soll sich mit den Cusco-Kriegern schon früher mit ihren Geckos zum Diolkos begeben. Ich will, dass für unsere Gäste alles vorbereitet ist, wenn sie dort eintreffen."

„Sehr wohl mein König, wird sofort erledigt", sagte Orn, verbeugte sich erneut und begab sich geschwind mit seinem Koudour davon.

Der König schaute wieder finster zur Maschine hinauf. Erneut zog eine kalte Brise über den Platz und beide blickten instinktiv gen Himmel.

„Es zieht ein Sturm auf", sagte Sellsha halb geistesabwesend, der bei dem starken Windzug seine klapprige Brille festhalten musste, damit sie nicht weggeweht wurde.

„Nein! Er zieht über uns hinweg, direkt nach Thessalien und kündigt unser Kommen an. Und wie ein schwerer Sturm werden auch wir über sie hinwegfegen, daran hege ich nun keinen Zweifel mehr."

Kapitel 26
Die Jagd nach dem goldenen Fisch

„JUUUHHHHUUUU!", brüllte Xylon aufgeregt, auf einem Holzbrett durch den Regen schlitternd, und zog dabei einen langen Schweif von hochspritzendem Wasser hinter sich her. Myra, die nur auf ihren nackten Fußsohlen rutschte, war ihm dabei dicht auf den Fersen. Freudestrahlend starrte sie durch die unzähligen Tropfen, die ihr ununterbrochen ins Gesicht klatschten.

Es waren inzwischen ganze fünf Tage seit dem seltsamen Körpertauschvorfall vergangen und alle ihre Verletzungen waren fast vollständig verheilt. Nicht nur, dass Myra die Tauschgeschichte dann doch nichts mehr ausgemacht hatte, sie war hinterher sogar ganz froh darüber. Das lag zum einen daran, dass sie beide nun viel besser die Fähigkeiten und den Charakter des jeweils anderen verstehen konnten und zum anderen, hatte nicht nur Myras Geist etwas unbeabsichtigt in Xylons Körper zurückgelassen, sondern auch andersherum. Jedes Mal, wenn sie der Schrei des sterbenden Pythons wieder um den Schlaf brachte, war es Xylons

Geborgenheit, die sie wieder beruhigte und davor abschirmte. Diese außergewöhnliche Erfahrung hatte sie beide näher zusammengebracht, als sie es sich je hätten vorstellen können.

Das schwere Gewitter, welches sich über Babylonien zusammengebraut hatte, hatte sie inzwischen erreicht und hielt mittlerweile schon ganze drei Tage lang an. Kohlrabenschwarze Wolken tauchten alles in eine tiefe Dunkelheit und der Regen prasselte in Strömen auf sie herab, was ein langanhaltendes Rauschen nach sich zog. Alles war überflutet und floss in tosenden Bächen den Ausläufer entlang.

Diese einzigartige Gelegenheit nutzten Myra und Xylon, um deutlich schneller voranzukommen, als üblich. Sie hatten daraus ein Spiel gemacht, dessen Gewinner sich etwas vom Verlierer wünschen durfte. Mit der Hilfe von Myras Wassersteuerung und Xylons schnellen Ranken jagten sie einem goldenen Fisch hinterher, der sich in dem trüben Wasser deutlich von den anderen Silberschimmernden abhob. Leider eilte er in der Strömung, mit seiner wie eine Schraube drehenden Flosse, mit so einem enormen Tempo voran, dass es den beiden unheimlich schwerfiel, hinter ihm herzukommen, um ihn dann schließlich zu fangen, was letztendlich auch das Ziel ihres Spiels war.

Xylon glitt mit seinem Holzbrett über einen abgeflachten Felsen und flog hoch durch die Luft. Er drehte sein Brett einmal unter seinen Füßen, warf eine Ranke nach vorne, die sich fest in den Boden krallte und zog sich daran blitzschnell wieder zurück auf den überlaufenden Bach. Seine Weste und seine Aquamarinkette schlackerten dabei hinter ihm wild hin und her. In

Schlangenlinien versuchte er die Fische auseinanderzutreiben.

„So mein Lieber, jetzt kannst du sehen, wie die Profis das machen!", rief Myra freudig und schlitterte daraufhin wie eine Eiskunstläuferin elegant an ihm vorbei.

Myra schob sich mit der Hilfe des Wassers unter ihren Füßen voran und hielt damit auch gleichzeitig das Gleichgewicht. Anschließend machte sie einen Salto in der Luft und rutschte für einen kurzen Augenblick vor Xylon rückwärts weiter, so dass sie ihm direkt in die Augen sehen konnte.

„Lächeln ist die eleganteste Art seinem Gegner die Zähne zu zeigen", sagte sie breitgrinsend und drehte sich wieder gekonnt auf der Stelle.

Erneut holte sie Schwung und glitt mit hoher Geschwindigkeit davon. So schnell ließ er sich jedoch nicht von ihr abwimmeln. Xylon ging tief in die Hocke und erzeugte jetzt zwei Ranken auf einmal, um sich daran noch schneller voranzuziehen, so wie er es in Nereid und bei der Jagd mit Pans Mutter auch schon einmal gemacht hatte. Die Regentropfen sahen bei diesem Tempo wie Fäden aus, die an allen Seiten schräg an ihm vorbeizogen.

„Huhu! Hier bin ich wieder", rief Xylon dicht hinter ihr und winkte ihr fröhlich zu.

Sie drehte überrascht ihren Kopf in seine Richtung und machte mit der rechten Hand zwei flinke Bewegungen. Schon erhoben sich links und rechts vom Ufer zwei dicke wasserüberzogene Baumstämme und flogen Xylon entgegen. Der Erste prallte vor ihm auf dem Wasser auf und er rutschte, noch tiefer in die Hocke gehend, unter dem wieder hochhopsenden Stamm hindurch.

Der Zweite kam jedoch, hinter dem Ersten, direkt auf seinen Kopf zugeflogen und so schlug er, weil er keinen anderen Ausweg mehr fand, mit seiner holzüberzogenen Hand, im Bruchteil einer Sekunde, ein Loch hinein und riss ihn anschließend mit beiden Händen brutal auseinander.

Myra ließ allerdings keine Sekunde locker und hielt ihm nun die offene Handfläche entgegen. Sofort blieben die Regentropfen vor Xylon in der Luft stehen und knallten ihm bei dem hohen Tempo schmerzvoll ins Gesicht.

„Argh … hör auf zu schummeln!", beklagte sich Xylon, der bei dieser Aktion leicht ins Schlingern geraten war und wieder weit zurückgeworfen wurde.

„Und du hör auf zu jammern! Sei bloß kein schlechter Verlierer!", rief sie amüsiert und streckte ihm die Zunge heraus. „Bäh!"

Sie ist wirklich mit allen Wassern gewaschen. Aber warte ab! Noch hast du das Rennen nicht gewonnen, dachte Xylon gereizt und stabilisierte sich schnell wieder.

Myra blickte rasch wieder nach vorne, wodurch ihr Herz vor Schreck einen kleinen Hüpfer machte. Denn direkt vor ihr machte der Fluss eine starke Biegung nach rechts. Schnell darauf reagierend, schloss sie ihre Augen und konzentrierte sich intensiv auf ihre Umgebung. Den Ausläufer sah sie nun wie einen Energiestrom vor ihrem geschlossenen Auge unter sich entlangfließen.

Auf einmal erhoben sich Unmengen von Wasser aus der Biegung und bildeten sich zu einer halbrunden, rampenähnlichen Wasserwand, an der Myra nun unbeschadet um die Kurve gleiten konnte. In waagerechter Haltung rutschte sie auf ihren Füßen die Wasserrampe entlang und streckte gleichzeitig ihren rechten Arm neben sich aus. Während sie ihre Hand in die glitzernde Strömung hielt, vergaß sie für einen Moment alles um sich herum und die Zeit schien sich für einen kurzen Augenblick zu verlangsamen. Als sie aus der Kurve kam, beschleunigte sich alles wieder und sie schaute aufgeregt noch einmal hinter sich, doch Xylon war nicht mehr zu sehen.

Erneut nach vorne schauend, konzentrierte sich Myra wieder auf den goldenen Fisch und machte sich bereit ihn zu schnappen. Dieser hatte in der Kurve nämlich an Geschwindigkeit verloren und schwamm nun dicht vor ihr. Sie nahm einen tiefen Atemzug und hechtete mit einem weiten Kopfsprung in den Strom. Mit einer Hand holte sie nun unter Wasser kräftig aus und schlug den goldschimmernden Fisch, mitsamt dem Wasser um ihn herum, aus dem Ausläufer. Halb untertauchend, stieß sie sich mit der anderen Hand vom Grund ab und kam direkt unter dem nun in der Luft hilflos zappelnden Fisch wieder heraus. Nur noch ein schneller Handgriff und ...

ZING!

„Hä?! Was zum -?", stammelte Myra verwundert, als der Fisch plötzlich vor ihren Augen verschwand.

„Tja, sieht so aus, als ob ich gewonnen hätte und sei jetzt bloß kein schlechter Verlierer!", sagte Xylon fröhlich, der weit hinter ihr auf seinem Holzbrett zum Stehen kam. In der Hand hielt er noch immer den goldenen Fisch, den er Myra gerade mit einer Ranke direkt vor ihrer Nase weggeschnappt hatte.

Völlig durchnässt und bis zum Bauch in dem reißenden Gewässer stehend, sah sie ihn zuerst verwirrt und dann böse an. Die nassen, blauen Haare klebten ihr dabei im Gesicht.

„Nicht?", fragte Xylon neutral, ließ den Fisch wieder zurück in die Strömung fallen und wartete nervös auf Myras Reaktion.

Sie schaute durch den Regen zu ihm herüber und zuckte mit ihren Schultern. Schließlich lächelte sie flüchtig und fing dann überraschend an zu lachen. Völlig verdutzt zog Xylon nur halb lächelnd einen seiner Mundwinkel nach oben und lachte dann einfach mit.

Kapitel 27
Xylons sehnlichster Wunsch

Aufgrund des starken Regens und der damit verbundenen Nässe und Kälte, wickelte sich Xylon in mehrere Lagen Blätter und Moosteppiche ein. Dabei saß er unter einer von ihm künstlich erschaffenen Holzüberdachung. Seinen rechten Arm stützte er auf sein angewinkeltes Bein und beobachtete Myra, wie sie vollkommen trocken in einer Art Kugel saß, die das Wasser nicht hindurchließ. Die Regentropfen prasselten einfach auf die mit ihrer Fähigkeit aufrechterhaltende Kugel und liefen daran herunter. Darin werkelte Myra an irgendetwas herum, was Xylon jedoch nicht sehen konnte, da sie mit dem Rücken zu ihm saß. Pan kuschelte sich dicht neben sie und schlief seelenruhig.

Es überraschte Xylon, wie leichtfertig sie ihre Fähigkeiten einsetzte. Als er sie war und ihr Wasserelement kontrollieren konnte, war er schon nach einer kleinen Technik vollkommen ausgelaugt. Was war nur ihr Geheimnis?

Myra rückte ein Stück auf der Stelle, was im Sitzen mit ihrem langen filigranen Bogen auf dem Rücken recht umständlich war und holte sich dann etwas aus ihrer

Umhängetasche, welche neben ihr auf dem Boden lag.

Natürlich, der Bogen!, kam es Xylon auf einmal wie ein Gedankenblitz. Ihre unbegrenzte Energie musste von ihrem Bogen kommen. Diesen hatte sie wirklich in jedem Kampf dabei, obwohl sie ihn fast nie einsetzte und nur für eine einzige Wassertechnik benötigte. Und dafür müsste sie dieses riesige Ding eigentlich nicht die ganze Zeit mit sich herumschleppen. Sie sagte damals, sie hätte ihn von ihrem Vater bekommen und wer weiß, woher der den hatte. Es bestand kein Zweifel, der Bogen hatte etwas mit ihrer unerschöpflichen elementarischen Energie zu tun.

„Was soll diese Wasser abweisende Kugel? Als gebürtige Ydōr müsstest du dich in dem vielen Wasser doch pudelwohl fühlen", rief Xylon ihr durch den lauten Regen zu und wischte sich ein paar Tropfen aus dem Gesicht. Er saß zwar unter einer schützenden Überdachung, da aber die Vorderseite vollständig offen war, wehten ab und zu Regentropfen zu ihm herein.

Myra schaute kurz über ihre Schulter zu ihm herüber, werkelte dann aber beim Antworten weiter an dem herum, was vor ihr lag.

„Tue ich ja auch", entgegnete sie freudig und lächelte zufrieden. „Aber auch ich kann bei dieser nassen Kälte krank werden und außerdem sollen die gemahlenen Steine nicht nass werden. Daraus soll später noch Farbe werden."

„Farbe?", fragte Xylon leise, was aber unter dem lauten Geprassel des Niederschlags unterging. Was hatte sie denn damit vor? Sie verschwieg ihm doch irgendetwas.

Die Minuten vergingen, in dem keiner der beiden

etwas sagte und Xylon nachdenklich in den Regen hin-
ausschaute, jedoch in dieser Dunkelheit nicht wirklich
etwas erkennen konnte. Schnell machte sich Langeweile
in ihm breit. Bei so einem schweren und erdrückenden
Gewitter konnte er sich aber auch nicht richtig beschäftigen. Doch dann fiel ihm ein, dass Myra ihm, wegen
des gewonnenen Rennens, ja noch einem Wunsch schul-
dete.

Also befreite sich Xylon aus seinen vielen Moosteppi-
chen und verließ heimlich seine Überdachung. Leise
tapste er durch den strömenden Regen zu ihr herüber.
Erschrocken drehte sich Myra plötzlich zu ihm um. Sie
räumte hektisch all ihre Sachen zusammen und verstaute sie wieder in ihrer Tasche. Sich wieder zu ihm
drehend, war Xylon schon zu ihr in die Kugel gestiegen
und tropfte sie unbeabsichtigt mit Regenwasser voll.

„Ja, was gibt's?", fragte Myra liebevoll, die bei den
kühlen Wassertropfen leicht erregt zusammenzuckte
und blickte ihn verführerisch an.

Xylon erwiderte jedoch nichts, sondern lehnte sich zu
ihr herüber und küsste sie innig auf ihre Lippen. Myra
ließ sich daraufhin nach hinten fallen, legte ihre Arme
um ihn und erwiderte seine Küsse gleichermaßen. Keiner der beiden brauchte etwas zu sagen, denn ihre Gefühle und Gesten zueinander sagten mehr als tausend
Worte. Xylon drückte sich noch dichter an sie und ließ
keine Sekunde mehr seine Lippen von ihren. Nur ab
und zu zog er seinen Kopf nach hinten, um ein wenig
mit ihr zu spielen. Myra ließ ihn jedoch nur ungern weg
und versuchte daher sanft seine Lippen zwischen ihrer
Unterlippe und den Zähnen festzuhalten. Deutlich
spürte er, wie sie seinen Oberkörper immer stärker mit

ihren zarten Händen an ihren presste. Sie ließ dabei aber stets genug Platz, damit Xylon mit seiner Hand unter ihrem Chiton ihre stark erregte Brust greifen konnte.

Diese körperliche Nähe gab es zwischen ihnen seit dem Körpertauschvorfall öfters. Das trieb Xylons unendliche Lust Myra gegenüber jedoch immer weiter voran. Er versuchte verzweifelt, immer ein Stück weiter bei ihr vorzudringen, doch jedes Mal, wenn er an einen bestimmten Punkt kam, unterbrach sie ihr zärtliches Liebesspiel abrupt. Daher zog Xylon dieses innige Zusammenspiel zwischen ihnen auch so lange wie möglich hin, bevor ihm, wie auch jetzt wieder, seine Hand nicht mehr zu gehorchen schien und langsam von der Taille runter zu ihrem Gesäß wanderte.

„Stopp!", befahl Myra sofort und hielt blitzartig seine Hand fest.

Xylon konnte nicht glauben, dass es jetzt schon wieder so schnell vorbei sein soll.

„Ich würde nun gerne meinen Wunsch einlösen, wenn ich darf", entgegnete er dann breit lächelnd und ließ seine Hand wieder unter ihren Chiton gleiten, der an ihren glatten, geschmeidigen Beinen leicht nach oben geschoben werden konnte.

„Nein, warte! Ich bin noch nicht so weit. Verschieben wir deinen Wunsch auf später, in Ordnung? Lass mir bitte noch ein wenig Zeit damit", sagte sie zurückhaltend, drehte ihren Kopf zur Seite und drückte ihn sachte von sich weg.

Xylon zog seine Hand weg, starrte sie kurz ernüchtert an und stand dann langsam auf.

Jede Hesperis das Gleiche, dachte er enttäuscht. *Warten, warten, immer nur warten, nur wie lange noch und worauf?*

So viel zu meinem gewonnenen Wunsch.

Gerade als Elementar war es für ihn besonders schwer sich zurückzuhalten, da seine Anziehungskraft zu ihr mit jedem Tag immer stärker wurde. Aber da er versprochen hatte, sie nicht mehr zu bedrängen, verließ er ihre Schutzkugel wieder, ohne ein weiteres Wort zu sagen. Myra richtete sich auf und schaute ihm betrübt hinterher.

„Bist du jetzt sauer auf mich?", fragte sie unsicher und bewegte Xylon damit stehen zu bleiben.

Er drehte sich im strömenden Regen noch einmal zu ihr um, lächelte dann gekünstelt und rubbelte sich mit seiner Hand die nassen Haare.

„Nein, wieso sollte ich? Ich kann warten, das habe ich dir doch gesagt", entgegnete er ein wenig ausdruckslos und stützte sich dabei mit der anderen Hand an einem großen, glatten Felsen ab.

Er schreckte jedoch zusammen, als dieser sich plötzlich bewegte und Augen, vier Füße und ein breiter, stummeliger Schwanz aus dem Gestein brachen. Das große, friedfertige Tier brüllte Xylon mit einem bösen Ton an und trottete dann durch den Regen davon. Überrascht schaute Xylon dem als Stein getarnte Wesen hinterher, bevor er sich wieder zu Myra drehte, die leise über seine Schreckhaftigkeit kichern musste.

„Äh ja, ich gehe dann mal kurz", sagte Xylon, noch etwas neben sich stehend und begab sich dann hinunter zu den tosenden Fluten des Flusses. Myra sah ihm nach, doch er drehte sich nicht noch einmal zu ihr um. Schon nach ein paar Metern war er in der Dunkelheit verschwunden.

Xylon wollte ein bisschen für sich allein sein. Er ging

zur Kante des fließenden Wassers, kniete sich hin und lehnte sich leicht nach vorne. In das Gewässer schauend, hoffte er, sein eigenes Spiegelbild zu sehen, doch durch die unzähligen aufschlagenden Wassertropfen und die starke Strömung war dies unmöglich. Daher setzte er sich in die nassen Kieselsteine am Flussrand und dachte nach.

Myra! Was war es nur, was noch zwischen ihnen stand? Gegen körperliche Nähe hatte sie offenbar nichts mehr, aber trotzdem brach sie jedes Mal ihr Liebesspiel an genau dieser einen Stelle ab. War es ihr peinlich? Mochte sie es nicht, dort unten angefasst zu werden? Hatte sie Angst davor, nicht zu wissen, was danach kommen könnte oder hatte sie vielleicht sogar eine schlimme Erfahrung in diesem Bereich gemacht? Was konnte es nur sein? Ehrlich gesagt, hatte er sie noch nie wirklich darauf angesprochen.

Xylon stellte fest, dass diese Überlegungen zu nichts führten und ließ sich mit dem Rücken nach hinten fallen. Er breitete seine Arme auf dem Boden weit aus und richtete seinen Blick auf die dichte Wolkendecke vor sich, aus der ununterbrochen Wassertropfen auf ihn herabprasselten. Dass mittlerweile wirklich jeder Zentimeter von ihm mit Wasser durchtränkt war, spürte er schon gar nicht mehr.

„Freude ist der Ursprung des Schmerzes", sagte Xylon leise zu sich selbst. „Das was mir am meisten Freude bereitet, ist auch das, was mir den größten Kummer bringt. Doch was ist es, was mich jeden Morgen so antreibt mit ihr intim zu werden. Erregtheit? Neugierde? Zuneigung? Begierde? Ja genau, Begierde! Vielleicht liegt es gar nicht an ihr, sondern an mir. Möglicherweise bin ich für sie nicht anziehend genug. Aber was kann ich tun, um das zu ändern? Die Liebe zwischen uns besteht ja schon. Jedoch habe ich hier draußen nichts, womit ich mich für sie noch attraktiver oder interessanter machen kann."

Xylon drehte hoffnungslos seinen Kopf zur Seite und blickte über seinen ausgestreckten Arm hinweg. Plötzlich weiteten sich seine Augen. Blitzartig richtete er sich wieder auf.

„Doch etwas habe ich, oder besser gesagt, hat Myra und zwar Farbe!"

Xylon schaute noch einmal über seinen rechten Arm, auf dem überall das Wort Wasser in der alten Sprache geschrieben stand und machte anschließend ein Stück von den nassen Steinchen vor sich glatt.

„Das Wort ‚Begierde' übersetzt in die alte Sprache heißt ‚cupidlictio' oder so ähnlich. Wenn ich mich selbst mit dem Zeichen der Begierde bemalen würde, stünde Myra unter dem Einfluss der Meridiane und würde nicht mehr kurz vorher abbrechen, weil es ihre eigene Begierde mir gegenüber wäre, die sie dann weiter vorantreibt. Die Meridiane holen nicht mehr aus einem Menschen heraus, als sowieso schon in ihm steckt. Wenn jemand zum Beispiel keine Furcht verspürt, würde auch das Symbol der Angst in ihm keine auslösen. Wenn von ihr zu mir also im Vorhinein keine Anziehung bestehen würde, würde auch das Symbol der Begierde auf sie keinen Einfluss haben. Aber wenn doch, dann würde es in etwa die gleiche Wirkung zeigen, als ob ich mich für sie besonders schön zurechtgemacht oder mit betörenden Düften eingenebelt hätte", rechtfertigte sich Xylon selbst und fing an, in den

Steinen das Symbol für die Begierde zu schreiben.

Nach einigen vergeblichen Versuchen wischte er verärgert sein bereits Geschriebenes weg und raufte sich die nassen Haare, weil er nicht genau wusste, wie das Zeichen aussah. Als Xylon sich halbwegs sicher war, das richtige Symbol gefunden zu haben, stand er hastig auf und begab sich zurück ins Lager.

Dort angekommen überblickte er es kurz, bis sein Blick bei Myra hängenblieb, die bereits zu schlafen schien. Leise begab er sich also zu ihr herüber, was in dem lauten Geplätscher nicht allzu schwer war und passte beim Eindringen in ihre noch immer aufrechterhaltenen Kugeltechnik auf, sie nicht versehentlich mit kaltem Wasser nass zu machen. Nachdem er vorsichtig über die schlafende Pan gestiegen war, hocke er sich vor Myra hin und testete, ob sie auch wirklich schlief, indem er sie ein paar Mal an der Schulter leicht antippte. Dann wartete er kurz, doch nichts geschah.

„Wow und das bei den geschärften Sinnen", flüsterte Xylon fasziniert und bewunderte diese absolute Ruhe, die sie im Schlaf ausstrahlte. „Sie vertraut mir nicht nur uneingeschränkt, sondern betrachtet mich auch als Teil von sich selbst. Sie spürt mich, genauso wie ich sie, als Form von Geborgenheit um sich herum."

Auf einmal kamen Zweifel in ihm hoch. Er verspürte einen stechenden Schmerz in seiner Brust.

Was tue ich hier eigentlich?, fragte sich Xylon in Gedanken selbst und hockte wie erstarrt auf der Stelle. Sie zeigte zu ihm so eine bedingungslose Hingabe und er zerstörte sie wieder einmal für seine ganz eigenen egoistischen Bedürfnisse. Er konnte das unmöglich tun. Xylon wollte schon wieder aufstehen und gehen, hielt aber ein weiteres Mal inne. Aber er wollte es so sehr und wusste einfach keinen anderen Ausweg mehr. Sie liebte ihn doch schon und würde dann nichts anderes machen, als was sie nicht selbst auch irgendwann tun würde. Dieses Zeichen wäre doch nur ein kleiner Anstoß in die Richtung, in der sie sowieso einmal gehen würden. Wäre es denn wirklich so verwerflich, das zu tun?

Xylon verharrte noch eine Weile auf der Stelle und schaute unentwegt in ihr hübsches, makelloses Gesicht. Hin und her gerissen von den Schuldgefühlen und seinem Verlangen, kniff er schließlich seine Augen fest zusammen und biss sich schmerzvoll auf die Unterlippe.

„Verdammt!", fluchte er leise und schnappte sich widerwillig Myras Reisetasche.

Darin lag eine Karte von Gaía, der leere Bericht, ein paar Früchte, essbare Wurzeln und Samen, seltsam getränkte Wolle, seine geschnitzte Versöhnungsfigur und natürlich auch die Farbsteine, von denen sie erzählt hatte. Eigenartigerweise waren die kleinen bunten Steine noch vollkommen unbehandelt. Also nahm er sich den blauen davon heraus und zerrieb dessen Spitze mit seinem Schnitzmesser. Mit seinem Zeigefinger tupfte er dann in dem Farbstaub, bis genug daran hängenblieb, dass er damit schreiben konnte.

Jetzt musste er das Zeichen bei sich nur noch dort anbringen, wo sie es nicht sofort mitbekommen würde. Dadurch, dass er blaue Farbe genommen hatte, konnte er es gut zwischen seinen vielen anderen blauen Schriftzeichen für Wasser auf seiner Haut verstecken. Als er eine geeignete Stelle an der Innenseite seines Oberschenkels gefunden hatte, schob er seine Hose dort ein

Stück nach oben und fing an das Schriftzeichen, welches er für das Richtige hielt, darauf zu verewigen. Als es fertig war, glätteten sich die Ränder des Symbols und tauchten unumkehrbar unter seine Haut.

Das ist ja eigenartig, überlegte Xylon erschrocken und hielt sich nervös die Finger an den Mund. Normalerweise ließen sich solche Symbole ganz einfach wieder wegwischen, wenn sie einmal nicht mehr gebraucht wurden, doch dieses hier war gerade von ganz allein unter seine Haut gewandert. Was hatte das zu bedeuten?

Tief versunken starrte Xylon auf das blaue Zeichen, bevor er in die Realität zurückkehrte und ihm erst jetzt so richtig bewusst war, was er gerade getan hatte. Wie bei einem schweren Verbrechen, richtete er sich langsam auf und sah sich verstohlen um. Er verstaute schnell die vielen Sachen wieder in Myras Tasche und stieg vorsichtig über die kleine Katze. Danach verließ er eilig die Schutzkugel und verkroch sich wieder unter seine Überdachung aus Holz.

Dort angekommen, deckte sich Xylon mit allem zu, was er besaß und versuchte zu schlafen. Diese Nacht bekam er jedoch kein Auge zu, da ihn sein schlechtes Gewissen die ganze Zeit über wachhielt.

Kapitel 28

Die Macht der Symbole

Die ersten Sonnenstrahlen nach dem gewaltigen Unwetter trafen auf die Erde und erzeugten ein wunderschönes Glitzermeer über den unzähligen Pfützen. Hier und da tropfte Wasser von den Blättern und Farnwedeln und die heimische Vogelwelt meldete sich mit ihrem herrlichen Gesang zurück. So früh am Tag, war es zwar noch recht frisch, aber man spürte schon, wie es allmählich wärmer wurde. Der Ausläufer kam auch langsam wieder zur Ruhe und kleine Strandtiere krabbelten, nach Nahrung suchend, aus ihren schützenden Verstecken.

Xylon lag währenddessen mit offenen Augen flach auf dem Rücken und zählte die Kerben in seiner trockenhaltenden Holzkonstruktion. Er war unheimlich müde, konnte aber noch immer nicht schlafen. Breite, dunkle Ränder zierten seine Augen.

Auf einmal bewegte sich Myra auf ihrem Schlafplatz leicht hin und her. Sie wurde wach.

Xylons Herz fing plötzlich in seiner Brust wie wild an zu pochen. Er stemmte sich leicht hoch und schaute ungeduldig zu ihr herüber, wie sie sich in ihrer Moosdecke zu drehen und zu strecken begann. Pan lag die ganze Nacht über neben ihr. Das bedeutete, dass nicht nur ihre Begierde zu ihm gestiegen sein müsste, sondern auch ihre elementarische Selbstkontrolle von dem Antielementarstein blockiert wurde. Wenn das jetzt nicht ausreichte, dann wusste er auch nicht mehr weiter. Jetzt durfte er sich bloß nichts anmerken lassen.

Xylon drehte sich schnell auf die andere Seite, schloss verkrampft seine Augen und tat so, als ob er schlafen würde. Mit einem Ohr achtete er aber weiterhin ganz genau auf jedes kleine Geräusch, welches aus ihrer Richtung kam.

„Uha", gähnte Myra lautstark, richtete sich mit ihrem Oberkörper auf und sah sich dann verträumt im Lager um.

Sie vernahm auch sofort Xylons heftigen Herzschlag und wusste, dass er nur so tat, als ob er schlafen würde, doch so früh morgens, hatte sie noch keine Lust sich damit zu befassen. Was auch immer er jetzt schon wieder angestellt hatte, sie würde sich damit erst befassen, wenn sie sich frisch gemacht hatte. Halb verschlafen stand sie schließlich auf und streckte sich noch einmal, bevor sie gemächlich zum Ausläufer hinunterging. Xylon drehte sich leicht auf die Seite und schaute ihr dabei neugierig hinterher.

PLATSCH!

„Ah!", klagte Xylon auf einmal, da er plötzlich von irgendetwas von seinem Holzgebilde heruntergerissen wurde und in einer vor ihm befindlichen Pfütze gelandet war.

Myra starrte zuerst verwundert auf ihre Hände, in denen sie eine seltsame Spannung wahrnahm und dann überrascht zu Xylon.

„Guten Morgen, Xylon. Du musst doch nicht gleich vor Schreck aus dem Bett fallen, wenn ich nur einmal kurz das Lager verlasse", rief sie ihm amüsiert zu. Als sie aber weiter hinunter zum Ausläufer gehen wollte, stieß sie erneut mit ihrem Körper gegen irgendetwas Unsichtbares vor ihr.

„Hey, was ist denn hier los?", beschwerte sich Xylon, der hinter ihr mit seinem ganzen Körper über den nassen Boden geschleift wurde.

Er klammerte sich schließlich mit seinen Hand- und Fußwurzeln am Untergrund fest und sah dabei im Augenwinkel, wie Myra sich mit aller Kraft gegen eine unsichtbare Barriere vor sich stemmte, aber nicht mehr vorankam. Als er mit seinen Wurzeln jedoch aus den weichen Kieselsteinen brach, fielen er und Myra überraschend nach vorne über.

„Argh -", stöhnte Myra und hielt sich schmerzvoll den Arm, auf den sie gefallen war. „Was passiert hier? So etwas habe ich ja noch nie erlebt."

Doch auf einmal spürte sie deutlich Xylons verängstigten Blick in ihrem Nacken. Ohne noch lange über diese seltsame Situation nachzudenken, machte sie eine Kehrtwende und stampfte aufbrausend auf ihn zu. An seiner Lederweste packend, zog sie ihn wütend vom Boden hoch. Wasser aus den Pfützen tropfte ihm dabei von der Kleidung.

„Du! Was hast du schon wieder angestellt? Was ist hier los?", fragte sie zornig und hielt ihn vor sich auf Augenhöhe.

„Das … das weiß ich nicht. Wirklich!", stammelte er verwirrt und sah sie vollkommen schockiert an, da er sie noch nie so aufgebracht gesehen hatte.

Diese Überreaktion musste von dem Tempelstein kommen, vermutete Xylon. Dem war sie nämlich wegen Pan die ganze Nacht über ausgesetzt. Eigentlich war das nicht die Emotion, die er von dem Schriftzeichen bei ihr erhofft hatte.

Myra schaute ihm intensiv in die Augen, erkannte darin allerdings nur, dass er es tatsächlich nicht wusste. An seiner verängstigten Art sah sie aber auch, dass er eine Ahnung hatte und sich nur nicht traute, ihr diese zu sagen. Sie ließ ihn jedoch vorerst wieder herunter.

„Also gut, ich glaube dir, aber du verschweigst mir doch was. Na los, nun sag schon, was hast du gemacht!?", fragte sie ihn eindringlich und ließ nicht locker.

Das war ja mal wieder klar, dass ich mit meinem geplanten Vorhaben nicht durchgekommen bin und alles zwischen uns wieder nur schlimmer gemacht habe, dachte Xylon bitter, dessen Pulsschlag immer heftiger an seiner Schläfe pulsierte.

„Warum sollte ich dir das sagen?", gab er hingegen von sich und versuchte damit von sich abzulenken. „Du verschweigst mir doch auch so ein, zwei Dinge."

Myra machte einen Schritt zurück und sah ihn bestürzt an.

„Was? Weil ich keinen Geschlechtsverkehr mit dir haben will? Ist es das? Ich werde dafür schon einen triftigen Grund haben, warum ich dir das nicht erzähle und dann nennt man das Vertrauen, was du mir nach so langer Zeit auch einmal entgegenbringen könntest. Außerdem ist das hier eine vollkommen andere Situation. Das ist doch nicht miteinander vergleichbar."

Sie hatte recht, musste Xylon beschämt eingestehen und starrte, um ihrem Blick zu entgehen, schweigend zu Boden.

Sie schaute ihn verständnislos an und sagte dann für sich abschließend: „Dann eben nicht!"

Daraufhin drehte sie sich zornig um und wollte sich von ihm entfernen, doch schon nach ein paar Schritten wurde sie erneut von einer unsichtbaren Wand ausgebremst.

„Iy nabaar! Was ist denn das nur für ein Irrsinn?", rief sie aufgebracht und schlug wutentbrannt mit ihren Fäusten gegen die Wand.

„Aua … lass das! Das tut weh", beklagte sich Xylon und rieb sich schmerzerfüllt den Rücken. Myra drehte sich erstaunt um und schaute ihn dann nachdenklich an.

„Ok, das ist wirklich bizarr", stellte sie überrascht fest und wollte nun etwas testen. „Xylon! Stell dich mal aufrecht hin!"

Ohne es zu hinterfragen, stellte er sich sofort gerade hin und wartete gespannt auf das, was sie jetzt vorhatte. Myra stellte sich ihm gegenüber und machte vorsichtig einen Schritt nach hinten, dann noch einen und noch einen, solange bis sie wieder mit ihrem Rücken gegen die Wand stieß. Anschließend schwang sie ihren rechten Arm nach hinten und Xylons linker Arm hob sich ganz automatisch nach vorne.

„Unglaublich! Wir stecken in einer Art Kreis und er ist anscheinend kleiner geworden. Sagt dir das was?", fragte Xylon überrascht und lehnte sich mit dem Rücken auf seiner Seite gegen die Wand, was Myra leicht nach vorne schob.

Sie fuhr mit ihrer Hand grüblerisch über ihr Kinn und fing an zu erzählen. Ihr nachdenklicher Blick war dabei starr auf den Boden gerichtet.

„Conflictio! Willst du zwei Leute, die sich zerstritten haben, wieder zusammenbringen, dann sperre sie in einen kleinen Raum und lasse sie allein."

Bei dem, was sie sagte, schaute Xylon sie nur völlig perplex an.

„Was?"

„Kennst du es nicht? Heutzutage ist es verboten, aber früher haben es die Lehrmeister gerne dazu benutzt, Konflikte unter den Schülern zu lösen. Gab es ein Problem zwischen zwei Lernenden, schrieben sie einem von ihnen einfach das Wort ‚conflictio' auf die Stirn. Von da an waren sie mit einem unsichtbaren Band miteinander verbunden. Wenn sie sich nun stritten, wurde ihre Verbindung kürzer und wenn sie sich wieder besser verstanden, länger."

„Und wie löst man diese Verbindung wieder vollständig?", fragte Xylon neugierig, hatte da aber schon so eine üble Vorahnung.

Myra sah Xylon nun tief in die Augen.

„Indem man den Konflikt löst, weshalb das Zeichen geschrieben wurde."

Xylon wurde mit einem Mal kreidebleich im Gesicht. Sein gesamter Körper schien keine Regungen mehr zu zeigen und ihm wurde ganz schlecht in der Magengegend.

Oh nein! Der Grund, warum ich mich mit dem Zeichen bemalt habe, was letztendlich nur falsch geschrieben wurde, war der, dass ich mit ihr schlafen will. Um die Verbindung also wieder zu trennen, müssen wir miteinander Schlafen und dann würde sie erfahren, was ich Schreckliches getan habe, dachte Xylon panisch. Ihm wurde auf einmal ganz schwarz vor Augen.

Während Xylon mit seinen Gedanken abwesend war, erzählte Myra dessen unbemerkt weiter: „Obwohl die beiden, die mit dem Zeichen bemalt wurden, wussten, welcher Konflikt sie hätte wieder voneinander trennen können, kam es gelegentlich vor, dass bestimmte Auseinandersetzungen nie vollständig gelöst wurden und sie diese Verbindung den Rest ihres Lebens beibehalten mussten. Daraufhin wurde das Zeichen verboten", Myra hielt kurz inne, da sie merkte, dass er ihr nicht mehr zuhörte. „Was ist denn nun, Xylon? Nach deinem Verhalten zu urteilen, hast du wohl einen von uns beiden mit einem Schriftzeichen bemalt, dich aber offenbar verschrieben. Also, wo hast du das Zeichen hingetan?" Hartnäckig fing Myra an ihren Körper abzusuchen, wobei sie sich fast den Hals verdrehte, konnte aber nichts entdecken. „Und was wolltest du ursprünglich schreiben? Wenn ich das weiß, kann ich dir vielleicht helfen, deinen Konflikt mit mir zu lösen und die Verbindung wieder rückgängig machen."

Xylon stand jedoch noch immer unverändert da und sagte kein Wort. In seinem Kopf drehte sich alles, sein Herz raste und seine Glieder schienen ihm nicht mehr zu gehorchen.

Wenn sie jemals erfahren würde, auf welche selbstsüchtige Art und Weise ich sie hintergangen habe, überlegte Xylon, vollkommen neben sich stehend. *Dann wäre zwischen uns alles vorbei!*

„Ich … ich kann dir … das nicht sagen", stotterte Xylon.

Er fasste vor sich auf den Boden und zog ein Holzgeflecht zwischen ihnen beiden hoch. Seine Hände wanderten anschließend in einer Drehung über seinen Kopf hinweg, während das künstlich erschaffene Geäst ihnen folgte. Bevor Myra irgendetwas tun konnte, hatte sich Xylon schon in einer Art unförmigen Holzei verkrochen, um sich darin von der Außenwelt abzuschotten.

„Hey, Xylon! Was soll das? Komm sofort da raus! Stell dich gefälligst deinen Problemen!", rief Myra aufgebracht und legte dann ihr Ohr an das Holz, doch von innen war kein Lebenszeichen wahrzunehmen.

Als sie keine Lust mehr hatte zu warten, legte sie einfach beide Hände auf das Holzei und fing an, dem Gebilde all das Wasser zu entziehen. An den Stellen, wo es anfing zu vertrocknen, erschuf Xylon jedoch schnell eine weitere Holschicht und legte sie darüber. Myra zog erschrocken ihre Hände weg, damit sie nicht von ihm damit eingeschlossen wurden und schaute dann verwundert zum Fluss hinunter, wo seine Wurzeln aus der Erde kamen und kontinuierlich Wasser aufsogen.

„Ach, dann bleib doch da drin! Du kannst mir nicht ewig aus dem Weg gehen", sagte Myra verärgert und sah sich kurz um, bis ihr einfiel, dass sie wegen der Verbindung nicht wegkonnte. Also setzte sie sich, mit dem Rücken gegen das Holzei lehnend, auf den Boden.

Eine ganze Weile verging, ohne dass etwas passierte. Als Myra langweilig wurde, wischte sie mit ihrer Hand die Kieselsteine vor sich glatt und fing an, alle Schriftzeichen aufzuschreiben, die dem Symbol ‚conflictio' am ähnlichsten sahen. Um ihre Suche ein wenig einzugrenzen, ging sie zuerst die einfacheren Zeichen durch, die auch Xylon kennen könnte. Nach einigen Versuchen, starrte sie plötzlich schockiert auf das zuletzt geschriebene Symbol und blickte sich fassungslos zu der Holzkonstruktion hinter sich um.

Sie wusste jetzt in etwa, was er geschrieben hatte. Es gab keinen Zweifel. Sie hätte nur niemals gedacht, dass er wirklich so weit gehen würde, schon gar nicht, nach dem Vorfall in Delphi. Doch was nun?

Grüblerisch starrte sie kurz zum Wald und dann wieder zu Xylon.

„Ich möchte gerne mein morgendliches Geschäft verrichten und mich dann in einem in der Nähe befindlichen Teich ein wenig säubern", rief Myra dann plötzlich in das Holzgebilde hinein, in der Hoffnung Xylon würde sie darin hören.

Nach einer kurzen Pause öffnete sich in dem Ei ein kleines Loch und Xylon schaute mit einem Auge von innen nach draußen.

„Du willst mich doch nur hier herauslocken, damit du mich weiter ausquetschen kannst", entgegnete Xylon ihr misstrauisch.

„Nein, ich werde erst einmal gar nichts sagen, versprochen. Und du weißt, ich halte im Gegensatz zu dir meine Versprechen. Ich habe nur vor, mich ein wenig frisch zu machen und du müsstest dann wohl oder übel mit mir mitkommen", sagte sie eindringlich und richtete sich auf.

„Ich darf mitko… mitkommen. Bist du … du dir da auch wir… wirklich sicher?", stotterte Xylon nervös und musterte sie argwöhnisch. Was würde er nicht alles tun, einmal ihren makellosen, schlanken Körper in seiner gesamten Schönheit am helllichten Tag zu bewundern.

„Ja, das bin ich! Und wenn du nicht reden willst, dann sage ich auch nichts. Das ist doch in Ordnung für dich, oder?"

Xylon war klar, dass sie irgendetwas im Schilde führte, nur leider nicht was. Was das anging, war sie stets ein wenig schlauer als er. Aber bisher hatte sie ihre hinterlistigen Psychospielchen immer dafür verwendet, zwischen ihnen alles wieder ins Lot zu bringen. Also blieb ihm nichts anderes übrig, als seinen Schutz aufzugeben und ihr zu vertrauen.

Daraufhin ließ Xylon sein Holzei wieder im Boden verschwinden. Er richtete sich auf, traute sich aber nicht, ihr direkt in die Augen zu sehen. Sie schaute ihn hingegen nichtssagend an und deutete dann mit ihrer rechten Hand auf den Waldrand.

„Dort ist eine, mit Regenwasser gefüllte, Vertiefung. Zuerst würde ich gerne ungestört meine Notdurft verrichten und dann können wir, natürlich nur, wenn du es auch möchtest, zusammen baden gehen."

Da Xylon ihr jedoch nicht antwortete, ging sie einfach davon aus, dass er nichts dagegen hatte und begab sich in die Richtung der Bäume. Xylon folgte ihr mit leichtem Abstand und sah sie die ganze Zeit über misstrauisch an. Am Waldrand angekommen, verrichtete Myra ihr kleines Geschäft und begab sich dann weiter mit ihm in den Hestia Wald. Als sie zu einem großen, mit ein paar wenigen Blättern übersäten Teich kamen, stoppte sie, woraufhin Xylon auch stehenblieb.

Ohne lange zu zögern, öffnete Myra die Schlaufe ihres Chitons und machte sich, zu Xylons Überraschung, am gesamten Körper ganz unbedarft frei. Dann stieg sie gemütlich ins Wasser.

ABSCHNITT VIII

UNZERTRENNLICH

Kapitel 29
Ein folgenschwerer Konflikt

Von ihrem Hintern vollkommen verzaubert, stand Xylon wie in Trance an Land und musterte Myras nackten Körper mehrere Male von oben bis unten. Egal wie sehr er sich auch bemühte, er schaffte es einfach nicht, seinen Blick auch nur für einen kurzen Augenblick von ihr abzuwenden.

Myra schob währenddessen mit ihrer Fähigkeit die wenigen Blätter vor sich auseinander und ging so weit, bis die unsichtbare Sperre sie aufhielt. Daraufhin drehte sie sich zu ihm um und deutete ihn mit der Hand an hinein zu kommen.

„Worauf wartest du noch? Komm rein! Lass dich von den paar Blättern nicht abschrecken. Das Wasser ist wunderbar klar und sauber. Außerdem ist es im Gegensatz zum Ausläufer herrlich warm und ganz sicher frei von gefährlichen Wassergeschöpfen."

Jetzt auch noch von ihren zwei wohlgeformten, zierlichen Brüsten wie gefesselt, brachte Xylon nun wirklich kein einziges Wort mehr heraus. Myra bemerkte zwar, dass Xylons Augen überall anders hinschauten, als in ihre, aber das schien sie keineswegs zu stören. Zögerlich öffnete Xylon die Schlaufe von seinem Hosenbund und ließ das Kleidungsstück einfach heruntergleiten. Als er auch noch seine Weste zur Seite warf, stand er wie Myra vollkommen nackt da. Für den Bruchteil einer Sekunde, musterte sie nun auch seinen ganzen Körper, wobei sie flüchtig auch den Grund ihres Dilemmas an seiner Oberschenkelinnenseite erblickte. Dann drehte sie sich wieder um, damit sie noch tiefer hineingehen konnte. Leicht von ihrer Verbindung angestoßen, machte nun auch Xylon ein paar Schritte nach vorne und stieg vorsichtig in die teichähnliche Vertiefung, die, wie er zugeben musste, tatsächlich angenehm warm war.

Ab und zu tauchte Myra ihre Hand ins ruhige Wasser und strich sich damit sanft über ihre glatte Haut, die dadurch wunderschön glänzte. Denn um den Tümpel herum, standen nur wenige Bäume, wodurch die Sonne nun ungehindert auf sie herabschien. Auf ihrem, bis zur Hälfte schon im Wasser befindlichen Hintern, spiegelte sich daher auch die Sonne. Nur ihr Rücken war verdeckt, da ihre langen, blauen Haare darüber lagen.

Sie ist nackt. Total nackt!, das war das einzige, woran Xylon jetzt noch denken konnte. Zudem war sie schön, so unbeschreiblich schön. Viel zu schön, um nur ein Mensch sein zu können.

Während Xylon ihr immer tiefer in den kleinen Teich folgte, verlor er sich auch immer tiefer in den Details ihres, aus seiner Sicht, perfekten Körpers. Schönheit lag zwar im Auge des Betrachters, aber einige Merkmale galten allgemein in der Gesellschaft als sehr angenehm zu betrachten und er war sich ziemlich sicher, dass Myra sehr viele diese Kriterien erfüllte.

Xylon erinnerte sich an ein Schriftstück, welches er

einmal bei den Pergamentrollen seines Vaters gefunden hatte. Darin stand viel Wissenswertes über die vielen verschiedenen Arten der Bäume und ihre Eigenschaften. Ein Abschnitt davon befasste sich speziell mit der Form eines Dolganblattes und wie es als Vorlage für den Goldenen Schnitt verwendet wurde. Wenn die Schönheit des menschlichen Körpers wirklich messbar war, dann nach einem Verhältnis von 10 zu 16, was dem Golden Schnitt entsprach. Baumeister nutzten diese Formel unter anderem für ihre gewaltigen Tempelbauten, deren Säulen immer im Verhältnis von 10 Säulen breite zu 16 Säulen länge aufgestellt waren. Diese Maße sollten sich angeblich auch auf die Schönheitsmerkmale eines Menschen übertragen lassen. Zudem spielte der Abstand zwischen den Augenbrauen eine Rolle, der die gleiche Länge haben musste, wie die Länge der Augenbrauen selbst, die breite des Mundes und der Abstand von Nase zu Kinn. Das Ganze ging dann immer so weiter, von den Brustwarzen, die exakt in der Mitte der Brust liegen mussten, bis hin zur Länge der Beine und dem Verhältnis von Taille zu Hüftumfang. Die Göttin Leviathan sollte nach menschlicher Vorstellung den makellosesten Körper aller Zeiten besessen haben. Wenn er sich Myra so anschaute, hegte er keinen Zweifel mehr daran, dass die Ydōr-Hera direkt von ihr abstammte.

Jetzt aber bloß nicht die Nerven verlieren, dachte Xylon total nervös und verzog angespannt das Gesicht. *Sie hat mich nämlich schon wieder genau da, wo sie mich am liebsten hat, eingeschüchtert und mit leerem Kopf.*

Als Myra bis zur Taille im Wasser stand, blieb sie stehen und fuhr mit ihrer nassen Hand, um sich ordentlich sauber zu machen, jeden Zentimeter ihres Körpers ab. Zusammen mit den Sonnenstrahlen, ihrer Spiegelung auf der Wasseroberfläche und dem umliegenden Grün des Waldes, entstand vor seinen Augen ein nahezu paradiesisches Bild. Bei dem himmlischen Anblick wurde Xylons innere Anspannung jedoch immer größer, bis er sie nicht mehr zurückhalten konnte.

„Wie… wieso tust du das? Du bist doch sauer auf mich und nun ziehst du dich vor mir komplett nackt aus und wäscht dich. Ich verstehe das nicht", stammelte er und fuhr verständnislos mit seinen Armen auseinander. „Das ergibt doch überhaupt keinen Sinn."

Myra blieb noch für einen kurzen Moment mit dem Rücken zu ihm stehen und blickte dann mit einem Grinsen über ihre Schulter hinweg zu Xylon.

„Also gehe ich davon aus, dass du jetzt doch reden möchtest. Warum sollte ich sauer sein, weil du dich mit dem Zeichen der Begierde oder dem Verlangen ‚cupiditas' bemalen wolltest und nicht ‚conflictio'? Das Problem daran ist nur, dass du einen Strich zu viel gesetzt hast. Aber selbst wenn es richtig geschrieben worden wäre, hättest du mich damit bemalen müssen und nicht dich selbst, sonst machst du auf deiner Seite doch alles nur schlimmer", antwortete sie und beobachtete zufrieden, wie sich Xylons Gesichtsausdruck zu einem ‚auf frischer Tat ertappt' änderte. „Das Zeichen kannst du dir aber auch sparen, denn ich habe schon seit einer ganzen Weile kein Problem mehr mich vor dir nackt zu zeigen oder intim mit dir zu werden. Dir ist es offensichtlich nicht klar, aber ich fühle mich zu dir genauso hingezogen, wie du zu mir."

Verwirrung machte sich nun in Xylons Gedanken

breit.

„Was? Warum willst du denn nicht mit mir schlafen? Selbst, als du mir den Wunsch versprachst, hast du wieder genau an dieser einen Stelle abgebrochen", fragte Xylon verständnislos und runzelte verdutzt die Stirn.

„Mal abgesehen davon, dass es immer noch meine Entscheidung ist, mit wem ich wann schlafe und dahingehend niemanden Rechenschaft schuldig bin, geht es mir dabei um etwas ganz anderes", entgegnete sie finster und verschränkte die Arme vor ihre Brust. „Es gibt so gewisse Frauendinge, über die ich nicht so gern spreche. Es hat etwas damit zu tun, woran ich gestern zur Hesperis gearbeitet habe."

Xylon überlegte zurück.

„Hä? Die Farbe?"

„Nein, die Farbsteine habe ich nur zur Ablenkung dabei, weil mir klar war, dass du Fragen stellen wirst. Ich meine natürlich etwas ganz anderes, was ich versucht habe, trocken zu halten. Aber wie schon gesagt, darüber möchte ich mit dir nicht sprechen. Viel wichtiger ist doch das, was du getan hast!"

Xylon hörte ihr jedoch überhaupt nicht zu. Er musste es jetzt unbedingt wissen und überlegte angestrengt weiter.

„Du meinst doch nicht etwa diese komische, weiße Wolle?"

Myra sah ihn bestürzt an.

„Was fällt dir ein, ungefragt an meine Tasche zu gehen? Kennst du denn überhaupt keine Privatsphäre? Du bist echt das Allerletzte! Ich weiß gar nicht, wie mir dein wahrer Charakter nur so lange entgehen konnte."

Beide starrten sich böswillig an.

„Es ist diese Wolle, oder? Was hat es damit auf sich?",
fragte er störrisch weiter, da ihm das jetzt nicht mehr in
Ruhe ließ. Seine Augen wichen dabei auch keine Sekunde mehr von ihren ab, obwohl es gerade eine ganze
Menge anderer schöner Dinge von ihr zu sehen gab.

„Du willst es also wirklich wissen?", fragte sie wütend, öffnete wieder ihre verschränkten Arme und fuhr
dann nachdenklich mit ihrer Handfläche über das
seichte Wasser. „Nun gut, dann sage ich es dir. Das sind
keine Wollfasern, sondern getrocknete Ilchhaare, die ich
hinterher noch mit einer selbsthergestellten Tinktur be-
arbeitet habe. Ich habe vor kurzem einen Ilch gesehen.
Diesen habe ich dann gefangen und ihm anschließend
die Haare herausgekämmt. Sie sind in der Nähe von
Flüssen nicht selten, aber äußerst schwer zu finden."

Xylon sah immer perplexer aus. Nun verstand er
wirklich gar nichts mehr.

„Was ist denn ein Ilch und was willst du denn mit seinem Pelz?"

„Ein Ilch ist ein krötenartiges Reptil, das wollartige
Haare auf seinem Rücken hat. Und diese Haare verbunden mit der Tinktur, sind eines der wenigen Mittel, mit
dem Frauen sich auch in der Wildnis sicher verhüten
können. Es gibt natürlich auch noch viele andere Möglichkeiten, aber die sind hier draußen, leider nicht überall zu bekommen. Wie dir vielleicht schon aufgefallen
ist, stecken wir hier gerade mitten in einem Wald und
irgendwas musste ich ja tun, nachdem es mit dir immer
intimer wurde. Aber die Tinktur hatte sich bis jetzt noch
nicht so richtig mit der Wolle verbunden."

„Was? Das ist alles?", stellte Xylon überraschend fest.

„Und das war dir zu unangenehm, mir zu sagen, oder

dachtest du etwa, ich komme damit nicht klar?"

„Alles, was im unteren Bereich meines Körpers stattfindet, geht dich ehrlich gesagt nichts an. Aber darum geht es auch gar nicht. Ich wollte einfach nur, dass du mir ein bisschen mehr Zeit gibst und mir vertraust", erklärte Myra, wobei sich das letzte Wort bei ihr schon fast ein wenig verzweifelt anhörte. „Aber, dazu bist du einfach nicht in der Lage und ich nun leider auch nicht mehr. Ich denke, es ist wohl besser für uns beide, wenn wir hier und jetzt Schlussmachen und von nun an getrennte Wege gehen. Denn ich möchte dich, nachdem du mich so schmerzlich hintergangen hast, nicht mehr in meiner Nähe haben."

Das von Myra zu hören, war für ihn so ein gewaltiger Stich ins Herz, dass er sich vor Schmerzen verkrampft an die Brust fassen musste. Entsetzten spiegelte sich in seinem Gesicht. Xylon konnte sich kaum noch auf den Beinen halten. Bisher hatte sie immer ihr Geschick dafür verwendet die Beziehung zu ihm noch irgendwie zu retten, doch nun, um sie für immer zu beenden.

RAUSCH! KLATSCH!

Ein starker Sog, zerrte plötzlich an ihnen und ließ ihre nackten Körper aneinander klatschen. Mit einem Mal waren Myra und Xylon eng aneinandergepresst.

„Oh nein! Das war jetzt wohl das höchste aller Gefühle. Nun ist das Band des Konfliktsymbols, welches uns umgibt, vollkommen zusammengezogen", fluchte Myra und stemmte sich verzweifelt gegen, den noch immer total neben sich stehenden, Xylon.

Kapitel 30
Verständnis zeigen

Hand an Hand, Oberkörper an Oberkörper und Bein an Bein standen sie nun sehr eng zusammen. Da Myra etwas kleiner war als Xylon, befand sich ihre Stirn in der Höhe seines Kinns und kam, wie der Rest ihres Körpers, nicht mehr von ihm los, weder nach links oder rechts und schon gar nicht nach hinten. Xylon spürte deutlich all ihre Wölbungen an seinem Körper und zusammen mit ihrer warmen, sanften Haut, regte sich auch schon bald etwas ungewollt zwischen seinen Beinen.

Davon noch nichts mitbekommend, versuchte Myra angestrengt mit Xylon zu reden: „Wir müssen versuchen, etwas Nettes zueinander zu sagen und es auch wirklich so meinen, dann verlängert sich das Band vielleicht wieder und wir kommen voneinander los. Hast du gehört, Xylon?"

Da sie zu sehr an ihm klebte und von unten sein Gesicht nicht sehen konnte, musste sie auf eine Antwort von ihm warten. Xylon starrte jedoch noch immer seelenlos ins Leere, da er den Schock von ihren Worten noch nicht verkraftet hatte. Zudem machte ihn Myras

Nähe zu schaffen, da es ihm nicht gelang, seine Erregung ihr gegenüber unter Kontrolle zu bekommen.

Im Augenwinkel nahm er auf einmal einen dunklen Fleck zwischen ihrer beider Körper wahr und sah daher instinktiv dorthin, was, wie sich herausstellte, ein riesiger Fehler war. Denn es war eine ihrer Brustwarzen, die zwischen ihren eng aneinandergepressten Oberkörpern, hervorlugte. Zwar sah er sofort wieder nach vorne, doch es war zu spät. Dieses Bild hatte sich schon so tief in seinem Kopf eingebrannt, dass es nun ständig in seinen Gedanken aufblitzte.

„Myra", kam es dann auf einmal leise von Xylon.

„Ja, was ist denn?"

„Bitte rege dich jetzt nicht auf, aber du wirst gleich etwas Festes an deinen Beinen spüren. Verzeih mir, aber ich kann das wirklich nicht kontrollieren", entgegnete er sichtlich beschämt. Etwas Unangenehmeres in dieser Situation und nach Myras trennenden Worten, konnte sich Xylon nun wirklich nicht vorstellen.

„Was? Du meinst doch nicht etwa deinen –„

„Doch, genau den."

„Spinnst du? Wie kannst du denn jetzt an so etwas überhaupt denken. Das geht nicht. Ich habe die Ilchhaare noch nicht fertig. Lass dir schnell irgendetwas einfallen!", brüllte Myra panisch und versuchte sich nun noch stärker von seinem breiten Oberkörper zu lösen, doch es gelang ihr nicht. Ihre, durch das viele Wasser glitschig gewordenen, Körper rutschten nur aneinander vorbei.

Xylon schloss seine Augen und probierte seine Gedanken auf etwas anderes zu lenken. Allerdings gelang es ihm nicht, denn Myras Busen, ihre weiche Haut, ihre zarte Stimme und ihr betörender Duft überdeckten einfach alles.

Plötzlich schreckte Myra zusammen, da sie auf einmal sein erregtes Glied an ihrem Oberschenkel spürte.

„Xylon, tu doch endlich was!"

Das war sogar noch eine weitaus schlimmere Lage, als damals in dem Baum, wo sie auf ähnliche Weise so dastanden. Denn dieses Mal hatten sie beide noch nicht einmal mehr Kleidung an. Xylon hoffte verzweifelt, dass es bald vorbei war.

Myra presste währenddessen ihre Beine fest zusammen und versuchte damit Xylons Glied festzuhalten, doch durch das viele Wasser, welches ihnen beiden bis zum Bauchnabel ging, war dieses rutschig und wanderte daher ungehindert immer weiter hinauf, bis dessen Spitze schließlich ihr Geschlecht berührte.

„Xylon, ich warne dich! Wenn du jetzt in mich eindringst, bringe ich dich um! Darauf kannst du dich verlassen", drohte Myra und probierte mit ihrer Hand, welche an Xylons klebte, dort unten heranzukommen, doch dafür standen sie beide einfach zu eng beieinander.

„Ich liebe dich, du bist nackt und eine wunderschöne junge Frau. Das erregt mich halt. Dass das passiert, kann ich weder kontrollieren, noch beeinflussen", rechtfertigte sich Xylon grundlos und bemerkte durch Myras Gezappel, dass sich ihre Körper zwar nicht weg, aber frei hin und her bewegen konnten. „Aber ich denke, ich habe da eine Idee. Wir könnten uns versuchen umzudrehen, sodass wir mit dem Rücken zueinanderstehen."

„Ja, das ist eine klasse Idee. Machen wir das!", sagte Myra begeistert und hob ihre beiden Arme über sich, wodurch sie Xylons auch gleichzeitig mit hochzog.

Dann vollzogen sie eine schnelle Drehung, der eine nach links und der andere nach rechts. Nach einem leisen ‚Flutsch' standen sie nun, wie geplant, mit dem Rücken zueinander, ihre Hintern und Rücken eng aneinandergepresst.

„Puh … schon besser", pustete Myra erleichtert aus und sah sich um, wodurch Xylons Kopf ebenfalls unfreiwillig hin und her gedreht wurde. „Nur doof, dass unsere Handrücken und Finger immer noch zusammenhängen. Sollten wir jetzt von irgendetwas angegriffen werden, sähen wir echt alt aus."

„Wohl wahr", stimmte Xylon ihr zu und schaute sehnsüchtig herüber zum Ufer. „Lass uns erstmal aus dem Wasser raus!"

„Ja, in Ordnung. Achtung, ich probiere jetzt einen Schritt nach vorne zu machen", warnte Myra ihn vor und schob ihr kerzengerades Bein ein Stück vor sich, wodurch Xylons gerades Bein nach hinten gezogen wurde. „Pass bloß auf, dass du nicht vorne überfällst, sonst ertrinken wir in diesem Tümpel auf die dümmste Art und Weise, die ich mir vorstellen kann."

„Alles gut. Solange du mir immer ansagst, wann du welches Bein benutzt, bekomme ich das hier hinten super hin", sagte Xylon zuversichtlich und so kamen sie Stück für Stück langsam immer näher an den Rand des Ufers.

An der flachsten Kante, stiegen sie vorsichtig aus dem Wasser und stellten sich unbekleidet, wie sie waren, neben dem Tümpel auf der Grasfläche hin. Da sie zu eng aneinanderhingen, konnten sie sich weder hinsetzten, noch sich anziehen. So dastehend, starrten sie beide daher geradeaus in die Landschaft hinein und warteten ab. Wie sie da beide so herumstanden, musste von weitem wahrscheinlich wie eine seltsame Zeremonie ausgesehen haben.

„Deine Brüste sind viel zu klein für deine Statur", sagte Xylon auf einmal.

„Die sind genau richtig!", rechtfertigte sich Myra grundlos.

„Pan ist in der letzten Zeit mächtig gewaltig fett geworden", machte Xylon sofort weiter.

„Sie ist gewachsen."

„Aber weißt du was wirklich gar nicht geht?"

„Was soll denn das werden, wenn es fertig ist? Warum willst du mich wütend machen?", unterbrach sie ihn rabiat und versuchte sich nach ihm umzusehen, bewegte damit aber nur wieder seinen Kopf in die jeweils entgegengesetzte Richtung.

„Ich dachte, wenn das Band, welches uns umwickelt, eng genug zusammengeschnürt ist, öffnet es sich vielleicht von ganz allein wieder."

„Du Trottel, es wird uns höchsten alle Knochen brechen. Such lieber nach einem anderen Weg!", befahl sie ihm und fing an laut nachzudenken. „Der Grund der Verbindung ist dein Wunsch nach Geschlechtsverkehr mit mir, aber den können wir momentan nicht ausüben, da sich die Ilchhaare noch nicht richtig mit der Tinktur verbunden haben. Das bedeutet, wir müssen den Hintergrund für die Taten des jeweils anderen verstehen und möglichst versuchen, auf so ehrliche Art wie möglich, Verständnis dafür aufzubringen."

Leichter gesagt, als getan, überlegte Xylon und runzelte skeptisch die Augenbrauen. Wie sollte er denn

Verständnis für ihr belangloses Geheimnis zum Testen seines Vertrauens haben? Genauso umgekehrt. Wie sollte Myra für seine Ungeduld Verständnis zeigen und das er sie mit solch einer hinterlistigen Methode hintergangen hatte? Das verstand er ja noch nicht einmal mehr selbst.

Beide schwiegen erneut. Eine leichte Brise zog über die Lichtung. Myra betrachtete dabei träumerisch wie ihre langen, glatten Haare, sanft vor ihrem Gesicht wehten.

„Unsere Haare hängen nicht zusammen", sagte sie daraufhin teilnahmslos.

„Ja und?", fragte Xylon nur knapp.

„Na ja, Haare sind totes Gewebe und das ist wohl nicht von dem Zeichen betroffen. Wenn einer von uns beiden in dieser Lage sterben sollte, müssen wir zumindest nicht, das Stück Holz in meinem Fall und einen Haufen Wasser in deinem Fall, ewig hinter sich herziehen. Dann wären wir wieder frei. Quasi, bis der Tod uns scheidet."

Xylon überlegte lange, bevor er darauf etwas sagte: „Ich würde trotzdem nicht wollen, dass du stirbst. Auch nicht, wenn ich auf ewig mit dir so verhasst zusammenhängen müsste."

Seine Worte ließen Myras Herz schneller schlagen. Sie wollte schüchtern zu Boden schauen, was aber nicht ging, da sie mit ihren zusammenhängenden Köpfen ihm damit wahrscheinlich das Genick brechen würde.

„Ich wollte deine Gefühle nicht verletzten. Das habe ich doch nur so gesagt. Ich würde natürlich auch nicht wollen, dass du stirbst", erklärte Myra bedrückt und schaute vor sich, wie ein kleines, pelziges Nagetier vor ihr blitzschnell wendelförmig an einem Baum emporkletterte. Es blickte sich auch ein paar Mal zu den beiden um, ob von ihnen keine Gefahr ausging und kletterte dann geschwind weiter.

Beide schwiegen wieder eine Weile, bevor Xylon plötzlich anfing sich zu entschuldigen: „Es tut mir leid, dass ich dich mit solch einer schäbigen Manipulation hintergangen habe. Ich weiß, ich entschuldige mich in der letzten Zeit öfters bei dir, aber diese Mal, verstehe ich selbst nicht genau, warum ich das getan habe, anstatt einfach zu dir zu kommen und mit dir darüber zu reden. Vor allem, weil es gerade so gut zwischen uns lief. Ich wollte mehr und ich weiß, ich sollte das nicht", Xylon hielt kurz inne und holte einmal tief Luft, bevor er mit einem Seufzer fortfuhr. „Du musst mir nicht verzeihen, dass würde ich mir auch nicht, aber verstehe wenigstens, dass meine Selbstkontrolle nicht so groß ist, wie deine."

Myra starrte noch immer unverändert geradeaus.

„Das stimmt. Ich kann dir nicht verzeihen, dieses Mal nicht. Du hast das, was mir im Leben am meisten bedeutet, gebrochen und zwar mein Vertrauen. Das kann ich nicht einfach so wieder abwaschen, wie Schmutz von meiner Haut."

Xylon lief eine Träne die Wange herunter. Der Schmerz des Verrats haftete an ihm und ließ ihn fast keine Luft mehr bekommen.

„Aber", ergänzte Myra, woraufhin Xylon erneut aufhorchte. „Ich möchte trotzdem nicht, dass wir uns trennen. Egal, wie viele Dummheiten du auch immer anstellst, ich weiß, dass du das nur aus Unerfahrenheit tust und nicht, weil du mir damit wirklich ernsthaft

Schaden möchtest. Eher im Gegenteil. Deine Liebe zu mir ist so groß, dass du jederzeit dein Leben für meines Opfern würdest. So viele Sternenzyklen fühlte ich mich von meiner Mutter schon eingesperrt und von allen im Stich gelassen und dann kamst du und gabst mich nie auf. Du hast stets an mich geglaubt, mich bewundert und mich nie als Schwach oder Nutzlos angesehen. Ich bin gerne mit dir zusammen, Xylon. In deiner Nähe fühle ich mich sicher und geborgen. Unsere Seelen, und da bin ich mir ganz sicher, werden auch ohne dieses Symbol auf ewig miteinander verbunden sein."

Überraschend lösten sich die Rücken der beiden und sie fielen nach vorne über. Schnell wischte sich Myra als erste Aktion ihre Tränen aus dem Gesicht, damit Xylon sie nicht sehen konnte.

„Wir sind wieder frei!", rief Xylon aufgeregt und renkte seine mittlerweile steifgewordenen Glieder. „Das heißt, dass unsere einfühlsamen Worte echt waren und somit den Kreis um uns herum wieder vergrößert haben."

Nachdem Myra sich wieder gesammelt hatte, drehte sie sich mit einem ernsten Blick zu ihm um und zog sich eilig wieder ihren Chiton über: „Damit sind wir das Problem aber noch immer nicht los. Die Ilchhaare brauchen noch etwa einen halben Morgen zum Binden. Das bedeutet, wir könnten es heute noch miteinander tun."

Xylon sah sie jetzt ganz nervös an. Einerseits freute er sich über die Vorstellung, worüber er heute zur Hesperis alles mit seinen Händen streichen konnte, andererseits beschämte es ihn aber auch, zu wissen, dass sie es nicht aus Liebe tat, sondern weil sie keinen anderen Ausweg aus ihrer prekären Lage mehr wusste. Gerade die letzten Worte ihrer Beichte gruben sich tief in sein schlechtes Gewissen.

„Bist du sicher, dass du das jetzt noch willst?", fragte er vorsichtig, um wirklich sicher zu gehen.

„Als hättest du mir groß die Wahl dazu gelassen, dass selbst zu entscheiden, aber ja. Wie ich bereits sagte, ich wollte es auch schon die ganze Zeit über. Also stellt das für mich kein allzu großes Problem dar. Ich weiß nur nicht, ob ich mich, nach deinem Vertrauensbruch, bei dir überhaupt noch richtig fallen lassen kann."

Bedrückt starrte Xylon zu Boden. Immer wieder rieb sie ihm das unter die Nase. Anscheinend bereute er es, aus ihrer Sicht, noch nicht stark genug.

„Gut, dann lass uns erst einmal wieder zurückgehen. Pan fragt sich sicherlich schon, wo wir so lange bleiben. So wie es aussieht, werden wir wohl noch eine ganze Weile so zusammenhocken müssen", entgegnete sie mit einem schwachen Lächeln zu Xylon. „Vielleicht tut dieses ‚conflictio' Zeichen unserer Beziehung doch gar nicht so schlecht. Es soll immerhin schon viele verstrittene Schüler zu besten Freunden gemacht haben."

Sie ging an ihm vorbei und blickte noch einmal, über ihre Schulter hinweg, zu ihm.

„Und hoffentlich hält dein kleiner Freund genauso lange durch, wie jetzt, denn ich möchte gerne, dass mein erstes Mal ein unvergessliches Erlebnis wird."

Völlig betreten stand Xylon auf der Stelle und bemerkte erst jetzt, dass er noch immer nackt war.

Kapitel 31
Vier Verehrer und eine Geschichte

Der Rest des Tages verlief einigermaßen unbeschwert. Auch die Verbindung, die sich mit jedem ihrer Worte ständig zusammenzog und auch wieder weitete, störte kaum. Denn die meiste Zeit, während sie zu dritt den Ausläufer entlangmarschierten, blieben sie dicht beisammen und redeten so viel miteinander, wie schon lange nicht mehr. Gerade die Möglichkeit sich nicht zurückziehen zu können, sorgte schon bald dafür, dass sie jedes Problem, welches sie mit dem jeweils anderen hatten, auch sofort klärten, anstatt es ewig mit sich herumzutragen.

Während einer kurzen Rast, legte sich Xylon mit dem Rücken hoch oben auf einen breiten Ast und Myra ließ sich unter ihm, dank der Verbindung, wie in einer unsichtbaren Hängematte, einfach in der Luft baumeln. Ihre Haare und die Kleidung, die nicht von dem Symbol betroffen waren, hingen hingegen lose an ihr herunter.

„Habe ich dir schon einmal von Molynō erzählt? Sie ging mal in meine Klasse", fragte Xylon und versuchte sich auf dem Ast etwas bequemer hinzulegen, da Myras Gewicht, welches nun auch auf ihm lastete, mittlerweile ganz schön schwer wurde.

„Nein, das hast du noch nicht, glaube ich. Der Name sagt mir zumindest nichts", antwortete sie ihm wahrheitsgemäß und schlug ihre Arme entspannt hinter den Kopf.

„Sie war ein besonders liebenswürdige Elementarin, die jedoch eine sehr schwache elementarische Fähigkeit besaß. Sie konnte mit Hilfe von Hitze, die aus ihren Händen kam und zusätzlichem Sand, eine seltsame, transparente Flüssigkeit erschaffen, die jedoch nach dem Aushärten sehr zerbrechlich war. Da sie aber immer so nett war und ihre Fähigkeit, gerade für den Kampf, so ineffektiv, nahmen ich und auch die anderen im Training und in den Aufträgen immer ein wenig Rücksicht auf sie."

„Das klingt vernünftig!", warf Myra kurz ein und ließ ihn dann weitererzählen.

„Doch eines Morgens schwang ich nichtsahnend an dem Haus ihrer Eltern vorbei und sah zufällig durch ein offenes Fenster im obersten Stock, wie Molynō gerade dabei war sich an den Dachbalken des Hauses zu erhängen. Ich konnte sie gerade noch rechtzeitig davor bewahren Selbstmord zu begehen, dabei wusste ich noch nicht einmal, dass Elementare dazu überhaupt in der Lage waren. Als sie sich wieder beruhigt hatte, fragte ich sie, warum sie das tat. Dass sie so unglücklich war, hatte ich nie geahnt, denn niemand wollte ihr je etwas Böses." Xylon holte einmal tief Luft und erzählte dann weiter. „Sie fragte mich, warum sie alle so sehr hassen würden. Woraufhin ich sofort wissen wollte, wie sie auf diese Behauptung kam und da sagte sie mir doch tatsächlich, dass alle sich im Training untereinander immer hart schlugen und miteinander Scherze trieben, nur bei ihr nicht. Daraus schloss sie dann, dass wir etwas gegen sie hätten."

Verdutzt schaute Myra nach oben.

„Also bloß, weil ihr sie anders behandelt habt, wenn auch mit guten Absichten, dachte sie, ihr würdet sie nicht leiden können. Wow, das ist echt tiefsinnig", musste Myra zugeben und dachte ernsthaft darüber nach.

„Na ja, zu guter Letzt habe ich sie dann aufgeklärt und Molynō hat danach auch nie wieder versucht, sich umzubringen. Schließlich nahmen wir im Training auch keine Rücksicht mehr auf sie und verdammt nochmal konnte ihre Glasfähigkeit im zerbrochenen Zustand gefährlich werden. Du musst dir vorstellen, die einzelnen Stücke, die sie auch weiterhin noch kontrollieren konnte, waren schärfer als Schwertklingen", erneut machte Xylon eine kurze Pause und fuhr dann weiter fort. Dabei blickte er träumerisch über sich in die Baumkronen, wie sich die Blätter rhythmisch im Wind leicht hin und her bewegten. „Irgendwann zog ihre Hera mit ihr dann aus Nereid weg und von da an habe ich nie wieder etwas von ihr gehört. Sie wollten die Fähigkeit ihrer Hera weiter ausbauen, da sie für andere Dinge sehr praktisch war und suchten daher Elementare mit einem ähnlichen Fähigkeitstyp, die es in Nereid aber leider nicht gab. Es war irgendwie eine Mischung aus Feuer und Erde, wenn ich mich nicht irre und das ist relativ selten."

Von Xylons letzten Worten auf einmal ganz traurig

geworden, ging Myra in sich und dachte nach.

Es war schon eine Ewigkeit her, dass sie ihre Mutter zuletzt gesehen hatte und sie musste zugeben, so langsam vermisste sie sie doch. Sie war auch noch nie so lange von ihr getrennt gewesen. Myra fing gedankenversunken an die Enden des Bauchbandes ihres Chitons um die Finger zu wickeln. Ihre Mutter legte auch immer einen sehr großen Wert auf den Erhalt der Wasserfähigkeit in ihrer Familie und jetzt war sie mit Xylon zusammen. Was würde sie nur über sie denken? Erst rannte sie weg und dann hatte sie sich auch noch in jemanden vom Typ Erde verliebt. Wenn sie daran dachte, wie oft ihre Mutter schon versucht hatte, sie mit jemanden zu verkuppelt, der eine ähnliche Wasserfähigkeit besaß, musste sie leicht schmunzeln. Ihr absoluter Favorit war dieser verwöhnte Bengel namens Borboros. Reiche Familie, guter Stammbaum, aber was für ein abscheulicher Typ. Er war sich sogar zu Schade, sich mal ordentlich zu waschen. Und dann gab es da noch Atmis. Er war ein totaler Feigling, der sich immer, wenn es Probleme gab, in einem undurchsichtigen Nebel in Luft auflöste, was für einen Elementar, der eigentlich ganze Städte und Ländereien beschützen sollte, sehr unpraktisch war. Bei Ládi war Myra sich bis heute noch nicht einmal sicher, ob er überhaupt eine Wasserfähigkeit besaß. Er konnte eine dickflüssige, schwarze Substanz erschaffen, die sofort anfing zu brennen, wenn sie mit Feuer in Kontakt kam. Der Einzige, der noch einigermaßen normal war, war Pelagos, nett und freundlich, aber leider auch viel zu groß und korpulent für sie. Sie hatte immer Angst, er würde sie bei der kleinsten Umarmung zerquetschen und seltsamerweise konnte er nur

Meerwasser kontrollieren. Myra fand es echt seltsam, dass sie so viele Verehrer hatte und trotzdem nie der Richtige dabei war. Bisher hatte ihre Mutter auch jede Absage von ihr mehr oder weniger toleriert, aber ob sie Xylon jemals akzeptieren würde, bezweifelte sie stark.

„Wie geht es deinen Fußsohlen?", fragte Xylon plötzlich nach langem Schweigen und holte Myra damit aus ihren Gedanken, wodurch sie auch aufhörte am Bauchband des Chitons zu spielen.

„Wie … äh, gut, denke ich. Warum fragst du?"

Xylon drehte sich auf dem Ast herum und schaute zu ihr herunter.

„Vor ein paar morgen, wo wir die Körper getauscht haben, sah ich unzählige Blasen an ihnen. Ist wirklich alles in Ordnung? Warum hast du mir das denn nicht erzählt?", fragte Xylon sie und sah sie anschließend mitfühlend an.

Schüchtern wich Myra seinem Blick aus und wurde mit einem Mal ganz nervös.

„Tut mir leid. Ich dachte, es wäre nicht so wichtig und außerdem, wollte ich niemanden damit zur Last fallen. Wir standen an diesem Punkt sowieso schon viel zu weit hinter unserem Zeitplan."

Xylon sah sie daraufhin verständnislos an.

„Du würdest mir nie zur Last fallen. Ich hätte dir eine heilende Salbe aus Kräutern fertigen können, um die Schmerzen zu lindern. Zur Not hätte ich dich auch komplett bis zum Diolkos getragen, wenn es sein muss", erwiderte Xylon zuversichtlich und blickte zu ihr herunter, wie sie noch immer mitten in der Luft schwebte.

Myras Wangen erröteten leicht.

Er hatte recht, musste sie eingestehen. Warum hatte

sie ihm das nicht erzählt? Vielleicht sollte sie auch ein wenig häufiger über ihre Probleme mit ihm reden und offener zu ihm sein, dann wäre das mit dem Konfliktsymbol vielleicht auch gar nicht passiert. Aber wie hieß es so schön: ‚Die meisten Fehler erkennen und legen wir erst dann ab, wenn wir sie an anderen entdeckt haben'. Wahrscheinlich waren sie beide doch gar nicht so verschieden, wie sie immer glaubte.

RAUSCH!

Hilflos beobachtete Xylon, wie diese ehrlich gemeinten Worte und die damit verbundenen Gefühle den Kreis um sie herum plötzlich wieder ausweiteten und Myra deshalb ungebremst Richtung Erdboden stürzte.

„Xylon!", brüllte sie und drehte sich wie eine Katze in der Luft, bis sie mit dem Gesicht einen Fingerbreit über dem Boden wieder stoppte.

Ihre Arme und der Körper bildeten eine komplett glatte Fläche, als ob sie auf einem unsichtbaren Brett liegen würde. Erschrocken ruderte sie mit den Armen und Beinen in der Luft, konnte aber den Boden nicht erreichen, obwohl er direkt vor ihrer Nase war.

„Uff!", stöhnte Xylon, der mit einem heftigen Schlag gegen den Ast gepresst wurde. „Myra, alles in Ordnung bei dir?"

„Ja danke, alles gut. Aber wir sollten in Zukunft wirklich ein wenig vorsichtiger sein. Das hier hätte echt ins Auge gehen können. Es wird bald dunkel. Lass uns lieber wieder zurückgehen und nachsehen, wie weit unsere Verhütungstinktur ist!", schlug Myra vor und versuchte sich aufzusetzen.

Immer noch über den Rand des Astes schauend, lächelte Xylon erleichtert und begab sich dann vorsichtig nach unten.

Kapitel 32

Die Todesvision

„Oh nein, sie bindet sich einfach nicht!", klagte Myra lauthals und knetete verärgert den Haarballen zwischen ihren Fingern.

Xylon, der mit ihr zusammen wieder zurück ins Lager gegangen war, saß im Schneidersitz neugierig neben ihr und beobachtete sie dabei.

„Das bedeutet, wir können morgen früh erst unser Liebesspiel fortsetzen?", fragte er zögerlich und blickte nervös zu ihr herüber.

Myra stand energisch auf, ging dann zu ihrer Umhängetasche und wühlte hektisch in ihr herum. Die kleine Katze Pan, die vorher ruhig neben der Tasche lag, sprang dabei vor Schreck auf und tapste dann eilig davon, wobei sie über die Lederriemen stolperte.

„Morgen, übermorgen, möglicherweise auch gar nicht mehr. Wenn es sich einmal nicht gebunden hat, bindet es sich vielleicht nie. Wir müssten dann erst warten, bis wir das nächste Ilch finden und das kann noch ewig dauern. Ich hatte damals wirklich Glück gehabt … ich dachte, ich hätte eventuell auch noch etwas übrig, aber das sieht wohl nicht danach aus."

Xylon lehnte sich gemütlich zurück, stützte sich auf seine Arme und sagte amüsiert: „Dann bleiben wir wohl noch eine ganze Weile so zusammen. Unser Weg ist der gleiche, dass sollte also vorerst kein Problem darstellen."

Myra hörte auf der Stelle auf, in ihrer Tasche zu wühlen und drehte sich dann grimmig zu ihm um, wobei ihr die langen Haare total verwuschelt im Gesicht hingen.

„Wieso habe ich nur das Gefühl, dass du unsere Verbindung richtig genießt und gar nicht willst, dass sich die Ilchhaare binden?"

„Ja, natürlich, gerade ich, der sogar dein Vertrauen brechen musste und ich dich heimlich mit einem Symbol der Meridiane manipulieren wollte, um mit dir Schlafen zu können. Das klingt nicht sehr logisch, oder?", entgegnete Xylon ihr zynisch.

„Weißt du was, du kotzt mich langsam an! Am besten, du gehst in den Wald, schwingst ein bisschen an den Lianen oder was du sonst immer so treibst und lässt mich hier in Ruhe arbeiten", sagte sie verärgert und zeigte auf den Waldrand.

„Oh ja, dass würde ich liebend gerne tun, aber falls es dir noch nicht aufgefallen ist, wir hängen immer noch zusammen!", beschwerte er sich und fuhr mit den Händen verständnislos auseinander. „Ich verstehe auch gar nicht, was dein Problem ist. Lass die Krötenhaare doch einfach weg. Es wird beim ersten Mal schon nicht gleich ein Kind dabei herauskommen."

Was sagte er da bloß? Überrascht schaute Xylon auf die deutlich verärgerte Myra. Das war offensichtlich die Kehrseite des ‚conflictio' Symbols. Wenn man zu lange aufeinander hockte, ohne sich auch nur einmal aus dem

Weg gehen zu können, eskalierte es irgendwann. Aber das war es nicht allein. Sein Blick wanderte misstrauisch zu Pan herüber. Dieser extreme Gefühlsrausch konnte wieder nur eines bedeuten.

„Ich lasse die Ilchhaare nicht einfach weg. Auf noch so einen Geburtsfehler, wie du es einst einer warst, kann ich verzicht… hey, was tust du denn da?", fragte Myra aufgebracht und beobachtete Xylon dabei, wie er zu Pan herüberging und versuchte sie zu verscheuchen. Die kleine Katze verstand seine Geste jedoch nicht und sprang daher nur vor ihm verspielt zwischen den Sachen hin und her.

„Pan! Verschwinde endlich!", brüllte Xylon das Tier daraufhin aggressiv an, die sich sofort eingeschüchtert duckte. Mit eingezogenem Schwanz und angelegten Ohren rannte sie schließlich verängstigt in den Wald hinein. Myra schaute ihr dabei schockiert hinterher.

„Spinnst du? Was fällt dir ein, sie so anzuschreien? Sie kann doch nichts dafür!", keifte sie Xylon an und ging wütend auf ihn zu.

Jetzt war bei ihr endgültig der Geduldsfaden gerissen. Wenn es um ihre kleine Patenkatze ging, dann kannte sie keinen Spaß mehr. Das interessierte Xylon gerade jedoch herzlich wenig.

„Hast du es immer noch nicht geschnallt, der Stein in ihrem Halsband unterbricht die Regulierung unserer Gefühle. Du solltest mal unbedingt deine Prioritäten klären!", entgegnete Xylon genervt und machte mit einer Handbewegung deutlich, dass sie nicht mehr alle beisammen hatte.

Myra hatte ihn inzwischen erreicht und hob reflexartig ihre Hand für eine Ohrfeige. Finster blickte sie ihm in die Augen. Xylon schien davon aber wenig beeindruckt und hob schnell seinen Arm vor sich, um ihren Schlag damit abzublocken. Sie brach ihre Bewegung, zu seiner Verwunderung, jedoch ab und ließ ihren Arm wieder langsam herunter. Angespannt sah er zu, wie sie mit einem gesenkten Blick schweigend an ihm vorbei ging und sich so weit von ihm wegbegab, wie der Kreis der Verbindung es zuließ.

„He, he, was ist los? Hast wohl nicht genug Mumm das zu tun, oder was?", rief Xylon ihr provokant hinterher.

Daraufhin holte sie mit der Hand aus und schlug vor sich in die Luft. Xylons Arm, den er noch immer abwehrend vor sich hielt, schnellte, wegen der engen Verbindung, zurück und schlug ihm schmerzvoll ins Gesicht. Myra drehte sich anschließend um und sah, mit einem eiskalten Blick, zu ihm herüber. Mit roter Nase drehte sich nun auch Xylon um und schaute zornig zu ihr. Dabei erspähte er einen großen Felsen direkt vor Myras Füßen und zog schnell seinen Fuß nach hinten. Zeitgleich wurde ihr Fuß nach vorne gerissen und stieß mit voller Wucht gegen den Brocken.

„Argh … du elender Bastard! Das reicht mir jetzt aber endgültig mit dir. Bereite dich schon mal darauf vor, Bekanntschaft mit dem guten alten Hades, dem Gott der Unterwelt zu machen!", erwiderte Myra wutentbrannt, hob in einer Vorwärtsrolle geschwind ihren langen Bogen vom Boden auf und erschuf einen überdimensional großen Wasserpfeil, welchen sie im selben Atemzug in ihren Bogen spannte.

Das bereits kennend, schlug Xylon schnell beide Hände tief in den Boden und brach ein riesiges Stück

Erde vor sich heraus. Da er das tonnenschwere Teil jedoch nicht anheben konnte, stellte er es einfach vor sich ab und brachte sich dahinter in Deckung. Myra feuerte den Pfeil dennoch auf ihn ab und gab ihm, mit ihrer Fähigkeit, noch zusätzlichen Schub.

RUMMS!

Der Pfeil durchschlug in einer heftigen Explosion Xylons Barriere und warf ihn gleichzeitig stark nach hinten. Gesteins- und Erdbrocken flogen quer über das Gelände. Damit sie nicht, aufgrund der engen Verbindung des Symbols, mit Xylon mitgerissen wurde, rammte sie schnell ihren langen Bogen vor sich in die Erde und klammerte sich daran fest. Aber der nun in der Luft befindliche Xylon, erschuf zwei Ranken und stieß sich mit ihnen in einer Drehung noch einmal kräftig vom Boden ab. Daraufhin verlor Myra ihren Halt und musste ihren fest im Boden steckenden Bogen, gezwungenermaßen loslassen.

„Mal sehen, wie du dich ohne deinen Energiespender schlägst!", rief Xylon herausfordernd, erschuf um seine geschlossene Hand eine hölzerne Faust und holte zum Gegenschlag aus.

„Was, woher weißt du davon?", fragte sie überrascht, fing sich dann aber schnell wieder. „Ach, ist ja auch egal. Dich mache ich auch noch ohne meinen Bogen fertig", konterte sie siegessicher und hielt Xylon, bevor sie ihn in der Luft erreichte und seinen Schlag abbekam, mit dem Wasser in seinem Körper fest.

„Nein, nic… nicht das Wasser i… in meinem Körper. Das darfst d… du doch gar ni… nicht!", röchelte Xylon schmerzerfüllt und fing an zu verkrampfen. Seine Adern stachen auf einmal unnatürlich stark hervor.

Doch Myra hörte ihm, so in Rage, nicht mehr zu, schnappte sich seinen Arm und schleuderte Xylon in einer Drehung mit aller Kraft Richtung Erdboden. Damit er sich aber nicht kurz vorher noch abbremsen konnte, hielt sie ihn auch weiterhin mit dem ganzen Wasser in seinem Körper fest, mit fatalen Folgen. Denn Xylons Haut riss an einigen Stellen auf, seine Augen quollen hervor, Blut floss aus Nase und Ohren, der Hals verdickte sich und die Finger und Zehen bogen sich in verschiedene Richtungen. Seine Schmerzen überstiegen alles bisher dagewesene. In Myras Augen blitzte pure Besessenheit auf.

Bevor Xylon jedoch auf die Erde aufschlug, riss sein Körper komplett auseinander und blutige Fleisch- und Gedärmfetzen, die sich aufgrund seines Todes sofort in Holz verwandelten, flogen über das gesamte Areal hinweg. Erst jetzt realisierte Myra, was sie da gerade getan hatte, doch da war es schon zu spät. Im Moment des bewussten Mordes, setzte bei ihr zeitgleich das Herz aus und sie stürzte bewusstlos hinab. Hart schlug sie mit ihrem leblosen Körper auf das Kieselsteinufer auf, wobei sie sich sämtliche Knochen brach und sich kurz darauf auch in ihr Element auflöste. Das Wasser, aus dem sie nun nur noch bestand, versickerte in der Erde und das leise Plätschern des Flusses füllte wieder die Stille des Waldes. Einsam und allein lagen ein Bogen und ein Wasserfass mit ein paar Lederfetzen am Ufer, umringt von etlichen Holzstücken.

Doch auf einmal kam Wasser aus der Erde nach oben geflossen und schloss sich wieder zu Myras Körper zusammen. Ihre Knochen brachten sich mit einem leisen Knacken in Position und sie wurde schlagartig in die

Luft geschleudert. Im gleichen Moment flogen einzelne Holzstücke hoch durch die Luft, wurden organisch und schlugen sich gewaltsam zu Xylons Körper zusammen.

Alle Geschehnisse liefen erst ganz langsam und dann immer schneller rückwärts ab. Nachdem Xylon zu Myra in die Luft gezogen wurde, schnappte sie sich seinen Arm, drehte sich und ließ ihn wieder los. In einem unsichtbaren Sog, wurde sie zurück auf den Boden gezogen und zwei Ranken flogen von ganz allein in Xylons Hände. Nachdem er von ihnen eigenartig zu Boden gerissen wurde, verschwanden sie in seinen Handgelenkten. Kleine Erdbrocken setzten sich in einer gewaltigen Implosion zusammen und brachten einen Wasserpfeil hervor, der rückwärts aus der riesigen Bodenplatte geschossen kam. Der Pfeil wurde langsamer und kam in Myras Bogen zum Stillstand, bevor er sich in der Luft wieder verflüchtigte. Xylon setzte die Erdplatte angestrengt vor sich ab und stellte sich Myra gegenüber. Beide benutzen die enge Verbindung des Symbols, um sich gegenseitig zu verletzten und fingen dann an sich zu streiten. Ihre Auseinandersetzung legte sich aber schnell wieder und Myra und Xylon saßen erneut friedlich zusammen auf dem Kieselsteinboden.

„Oh nein, sie bindet sich einfach nicht!", klagte Myra lauthals und knetete verärgert den Haarballen zwischen ihren Fingern.

Xylon, der wieder unbeschadet neben ihr saß und sie dabei beobachtete, schluckte bitter auf. Vollkommen blass im Gesicht und schweißgebadet, schaute er an sich herunter.

Was ist hier gerade passiert? Ich wurde soeben von Myra getötet, dachte Xylon vollkommen verwirrt und fasste sich mehrmals von oben bis unten an, aber es schien noch alles dran zu sein.

Er schreckte zusammen, als Myra vor ihm plötzlich energisch aufstand. Sie ging herüber zu ihrer Umhängetasche und wühlte erneut hektisch darin herum. Auch die danebenliegende Katze Pan, sprang dabei wieder vor Schreck auf, tapste eilig von der Tasche weg und stolperte über die Lederriemen.

„Mist, wenn es sich einmal nicht gebunden hat, bindet es sich vielleicht gar nicht mehr. Wir müssten dann erst warten, bis wir das nächste Ilch finden und das kann noch ewig dauern. Ich hatte damals wirklich Glück gehabt … ich dachte, ich hätte eventuell auch noch was übrig, aber das sieht wohl nicht danach aus", entgegnete sie ganz aufgewühlt und drehte sich dann zu dem, vollkommen neben sich stehenden, Xylon um, da dieser nichts sagte. „Ist mit dir alles in Ordnung? Du siehst aus, als ob dir schlecht wäre."

Völlig aus dem bekannten Ablauf gerissen, schaute Xylon auf einmal erschrocken zu ihr hoch.

„Äh … ja, nein. Mir geht es gut, denke ich", antwortete er verwundert und starrte sie ganz apathisch an.

„Wieso habe ich nur das Gefühl, dass du unsere Verbindung richtig genießt und gar nicht willst, dass sich die Ilchhaare binden?", wiederholte sie plötzlich das, was sie vor dem schrecklichen Streit gesagt hatte und formte argwöhnisch ihre Augen zu schmalen Schlitzen.

„Was?", rief Xylon daraufhin entsetzt und bekam bei ihren Worten fast einen Herzstillstand. Mit weit aufgerissenen Augen starrte er sie panisch an.

„Du kannst dich wieder beruhigen. Das war doch nur ein Scherz. Ist wirklich alles gut mit dir? Du wirkst auf einmal so angespannt. Ich werde dir schon nichts tun", sagte sie wieder ganz locker und runzelte verwirrt die Stirn. Sie versuchte in seinen Augen seine Gefühle zu lesen, doch erkennen konnte sie seltsamerweise nur unendliche Furcht.

„Ja, ja, alles gut! Ich brauche nur ein bisschen Ruhe. Das ist alles, denke ich", antwortete er ihr ausweichend und versuchte sich nichts anmerken zu lassen, was ihm aber offensichtlich nicht wirklich gelang.

Xylon stand auf und setzte sich ein Stück weiter von ihr weg. Sorgenvoll schaute sie zu ihm herüber.

„Ist gut. Ich sehe dann mal weiter nach den getränkten Haaren. Vielleicht kann ich sie ja doch noch irgendwie retten. Das wird schon, mach dir einfach nicht so viele Gedanken", sagte Myra aufmunternd und wendete sich dann wieder ihrer Umhängetasche zu.

Was war denn plötzlich mit Xylon los? Grüblerisch ging sie die letzten paar Minuten noch einmal im Kopf durch, konnte aber nichts Ungewöhnliches feststellen. Wovor hatte er denn auf einmal so eine schreckliche Angst? Dass sie den Konflikt niemals lösen würden und auf ewig so zusammenhängen müssten? Bisher hatte sie nicht den Eindruck gehabt, dass ihm das irgendwie gestört hatte. Aber vielleicht hätte sie ihm mit seinem Vertrauensbruch nicht so sehr bedrängen sollen. Diese ganze Situation war für ihn sicherlich genauso schwer, wie für sie.

Xylon saß währenddessen etwas abseits mit dem Rücken zu ihr und starrte verängstigt auf seine Hände. Sie hatten sie gestritten, dann gekämpft und zum Schluss hatte sie ihn, in einem Anflug von unkontrollierter Wut, getötet. Er hatte es ganz genau gesehen und auch gespürt. War das eine Vorhersehung? Aber wieso konnte er das so plötzlich? Ob er es ihr erzählen sollte? Xylon blickte nervös zu Myra. Nein, besser nicht. Sie würde ihm das sowieso nicht glauben. Er sollte sich jetzt bloß nicht, wegen dieser einmaligen Sache, verrückt machen. Sie hatten momentan schon mehr als genug Probleme.

„Myra, ich lege mich jetzt schlafen, wenn es für dich in Ordnung ist. Meine letzte Nyx war ein wenig kurz", rief Xylon ihr auf einmal zu und fing schon an, vor sich seinen Schlafplatz zurecht zu machen.

Da es noch immer hell war, schaute sie ihn verwundert an.

„Ja, mach das. Ich bleib noch etwas auf. Schlaf gut, Xylon. Du wirst schon sehen, morgen wird alles besser", entgegnete sie freundlich und sah besorgt zu, wie er sich in seinem Moosteppich einrollte. Anscheinend fing er auch sofort an einzuschlafen.

Myra schaute nachdenklich nach oben. Obwohl es noch so früh war, leuchtete der Mond schon jetzt, schwach, am strahlend blauen Himmel.

Ihr Blick blieb fasziniert bei der Himmelsscheibe hängen. Es war Vollmond. Viele Kulturen glaubten, dass der Mond das Gemüt der Menschen beeinflussen konnte. Vielleicht würde das auch Xylons eigenartiges Verhalten in den letzten Tagen erklären. Seit Beginn ihres Auftrags sind sie jetzt schon einen ganzen Mondzyklus unterwegs und drei ganze Zyklen hatten sie noch Zeit, um den Diolkos zu erreichen.

Myra war gespannt, was diese lange Reise für sie beide noch alles bereithielt.

Kapitel 33
Astorgos und Diamánti

Kälte! Unerträgliche Kälte. Das war das Einzige, was man an diesem unwirklichen Ort noch spüren konnte. Weit ab von Myra und Xylon, in einem alten, verlassenen Kerker, tief unter der Erde, stapfte ein mit dicken Wolldecken und einem breiten Umhang gekleideter Mann die Stufen zu dieser Eishölle herunter.

Es war Fengári, der sich schon seit längerem einem Projekt gewidmet hatte, dessen Ziel er unbedingt noch vor Beginn des Krieges erreichen wollte. Er stieg die letzten paar Stufen der Wendeltreppe hinab und sah sich dann mit einer Fackel in dem vereisten, blauschimmernden Kerker um.

Um die wenigen Stützpfeiler und an den Wänden war eine dicke Eisschicht, es schneiten einzelne Flocken von der Decke, an der überall Eiszapfen hingen und auf den, schon seit Ewigkeiten nicht mehr gebrauchten, Folterinstrumenten lag feinzerstäubter Schnee. Eine eisige Kälte lag in der Luft und schmerzte bei jedem Atemzug. In den wenigen Körperteilen, die Fengári nicht zugedeckt hatte, war kein Gefühl mehr. Atemhauch kam ihm aus der Nase, während er mit seinen gutgefütterten Stiefeln durch den flachen Schnee stapfte. Irgendetwas klapperte aufgeregt in einem zugedeckten Käfig, den er in seiner rechten Hand mit sich herumtrug.

Fengári bog um eine mit Eis ummantelte Säule und erblickte seine Arbeit. An den Kerkerwänden waren zwei Personen gekettet. Sie trugen nur sehr dünne Gewänder, waren mit etlichen Schriftzeichen übersät und hatten von der Unterkühlung eine ganz blaue Haut. So wie sie dort hingen, sah es so aus, als ob sie schon eine Weile nicht mehr leben würden, doch Fengári wusste es besser.

Er stellte den Käfig vorsichtig am Boden ab und leuchtete mit seiner Fackel in die Ecke des Kerkers, wo es ein zugefrorenes Wasserbecken gab. Er schwenkte die Fackel vor sich und erzeugte mit Energie, die aus seinem Körper kam, eine gewaltige Feuerbrunst. In kürzester Zeit hatte sich das Eisbecken in einen kochenden Kessel verwandelt. Heißer Wasserdampf stieg daraus empor und fing an, das Eis an der Decke darüber zu schmelzen. Fengári nahm sich einen Eimer, der neben dem Becken stand und füllte ihn mit Wasser daraus. Dann ging er gemächlich zu den beiden Personen herüber, holte weit aus und übergoss sie mit dem heißen Wasser.

PLATSCH!

„Aufwachen ihr zwei! Genug geschlafen", befahl Fengári, was wie immer von etlichen flüsternden Stimmen wiederholt wurde und starrte sie dann finster durch seine Kapuze hindurch an.

„Uha … was ist los … wo bin ich?", klagten beide zugleich und verstummten sofort, als sie Fengári vor sich stehen sahen.

Das übergegossene Wasser fing sofort wieder, an

301

ihren fast nackten Körpern, zu gefrieren und brach bei jeder ihrer Bewegungen auseinander.

„So, meine Herren, wie sieht es aus? Hängt ihr wortwörtlich noch immer an euren elementarischen Gesetzen oder habt ihr endlich gelernt kooperativer zu sein und mir zu gehorchen?", fragte Fengári in die Runde und schaute sie abwechselnd erwartungsvoll an.

Der Rechte der beiden Elementare blickte ihn finster an. Er hatte eine Glatze, hing oberkörperfrei da und war sehr groß und muskulös. Seine stark unterkühlte Haut war mit einer seltsam glänzenden Oberfläche beschichtet, die ihm aber vor der furchtbaren Kälte keinen Schutz bot.

„Wi... wir wer... werden uns di... dir ni... ni... niemals unterwer... unterwerfen", stotterte er mit seinen zittrigen, blauen Lippen. „Du kann... kannst mi... mich ni... nicht verletzten."

Fengári kam dicht an ihn heran und fuhr mit seiner Handfläche sanft über seine kalte Wange.

„Ach Diamánti, du hältst dich wohl für einen ganz harten Kerl. Aber um dich zu quälen, brauche ich dich gar nicht zu verletzten. Die Kälte, die dein Zimmergenosse die gesamte Zeit über erzeugt, sollte eigentlich ausreichen, um dich ein wenig gefügiger zu machen", sagte er gefühllos und wendete sich nun der anderen angeketteten Person zu. „Oder wie siehst du das, Astorgos?"

Astorgos hob nur schwach seinen Kopf und starrte ihn halb grinsend an. Er trug weite Kampfkleidung und hatte etliche Tücher um seine Hände gewickelt, durch die feste Eisklumpen wuchsen. Im Gegensatz zu Diamánti war er fast vollständig mit Schnee bedeckt und auf seinem Kopf hatte er weiße Haare, die wie Eiszapfen aussahen. Die gesamte Kälte in dem Kerker schien von ihm auszugehen. Sobald Fengári Astorgos zu nahe kam, spürte er sofort, wie ihm sämtliche Wärme aus dem Körper gezogen wurde und wich daher schnell wieder ein Stück vor ihm zurück.

„He, he … hust, was ist los Fengári, nur nicht so schüchtern. Komm doch ein bisschen näher!", entgegnete er kichernd und grinste ihn frech an.

Fengári richtete seine Hand in die Ecke des Kellers und ein Eisenstab kam direkt auf sie zugeflogen. Bevor der Stab seine Hand allerdings erreichte, deutete er blitzschnell auf Astorgos, so dass er ihm den Stab im Flug mit voller Wucht in die Schulter rammte. Schmerzvoll fuhr Astorgos zusammen. Blut trat aus der offenen Wunde aus, welche aber durch die enorme Kälte sofort wieder verschloss.

Fengári verzog keine Miene. Er fasste an das Ende des Eisenstabes und drehte ihn noch einmal in der Wunde. Mit finsteren, von seinen Flüsterstimmen untermalten, Worten sprach er zu ihm: „Dein Körper kann selbst keine Wärme erzeugen, weshalb du sie deiner Umgebung entziehst. Aber wenn es keine Wärme mehr um dich herum gibt, fängst auch du irgendwann an zu frieren. Und sollte das nicht ausreichen, dann helfe ich liebend gerne nach, verstanden Astorgos?"

„Aua … ja, ja, ist ja schon gut", brüllte er vor Schmerzen und kniff ein Auge fest zusammen.

„In Ordnung", sagte Fengári und riss den Eisenstab mit einem einfachen Handwink wieder brutal aus seiner Schulter. Anschließend ging er vor ihnen in Ruhe auf und ab und sagte: „Fassen wir zusammen. Was habe ich bisher alles bei euch versucht und was habe ich erreicht? Da wären einmal die klassischen Foltermethoden, unzählige mächtige Schriftzeichen, stimulierende Tränke, geistige Manipulation und zu guter Letzt die hibränische Feindsicht und jetzt das, was wir erreicht haben."

Fengári hob den Käfig vom Boden auf und zog in einer fließenden Bewegung das Tuch herunter. In ihm befand sich ein kleiner, bunter Vogel, der frierend auf einer Stange saß. Er hatte einen merkwürdigen Knubbel auf seinem Schnabel und drei Flügel, die eng um seinen Körper geschmiegt waren.

Er hielt Astorgos den Käfig entgegen und wartete ab. Auf einmal wurde alles um Astorgos herum wärmer und er selbst fing im Gegenzug immer heftiger an zu zittern.

„Einfach erbärmlich!", stieß Fengári bitter aus und stellte den Käfig enttäuscht zur Seite. „Ihr verliert noch immer eure Kräfte, sobald ihr dabei seid zu töten. Damit wärt ihr beide für mich nutzlos."

„Un... und, was will... willst du jet... jetzt dagegen machen?", fragte Diamánti vor sich hin murmelnd.

Fengári sah die beiden armseligen Gestalten nachdenklich an. Es gab nur noch eins, was er tun konnte. Es gab ein Schriftzeichen, was nur er kannte, das stärker war als die Natur selbst. Er konnte nur hoffen, dass beide danach noch ihre elementarischen Kräfte besaßen, sonst müsste er sich zwei neue Elementare suchen und wieder ganz von vorne anfangen.

Er zog einen Pinsel aus seiner Seitentasche und ein kleines Tintenfass.

„Zwei Zeichen", sagte er, was wieder von den

flüsternden Stimmen nachgesprochen wurde. Dann fing an auf ihre Oberarme, wo noch ein wenig Platz war, etwas zu schreiben. Um Astorgos dabei nicht zu nahe zu kommen, bewegte er seine stark tätowierte Hand wie ein Dirigent und ließ den Pinsel vor sich in der Luft schweben. „Einmal das Schriftzeichen für ‚Gott' und meinen Namen in der alten Sprache, was zugegebenermaßen, nicht ganz einfach war herauszubekommen."

Das müsste seiner Vermutung nach ausreichen, um sie für immer zu unterwerfen und nach seinem Willen morden zu lassen. Fengári hatte die beiden nicht zufällig ausgewählt. Er hatte gut darauf geachtet, dass sie Elemente besaßen, die weit vom Hauptstamm, also Erde, Wasser, Luft und Feuer entfernt waren. Denn so waren sie anfälliger für seine Manipulation und verloren auch nicht ganz so schnell ihre Kräfte, wenn sie dabei waren zu töten.

Nachdem er mit den Schriftzeichen fertig war, hielt er Astorgos erneut den Vogelkäfig entgegen.

„Na los, töte ihn!", befahl Fengári eindringlich.

„Du kannst mich mal!", fauchte Astorgos ihn wütend an. Aber dennoch kam eine Eiswelle auf den kleinen, wehrlosen Vogel zu, umfing ihm und raubte ihm sämtliche Körperwärme, solange, bis er ganz starr wurde und tot von der Stange fiel. Astorgos brach danach erschöpft zusammen. Die Kälte um ihn herum jedoch blieb, was Fengári zeigte, dass er noch lebte und auch noch seine Fähigkeit besaß. Erschrocken blickte Diamánti zu Astorgos herüber und danach zu Fengári, wie dieser zufrieden den Käfig hochhielt.

„Ausgezeichnet!", sagte Fengári erfreut und sah auf das tote Tier. Er hatte es tatsächlich geschafft,

Elementare so umzupolen, dass er sie für seine Pläne einsetzen konnte. „Damit ist die Gruppe nun komplett. Nur an ihren Manieren muss ich noch arbeiten."

Kapitel 34

Im Bann der Sirenen

Mitten in der Nacht, genau am Nullpunkt des Tages, riss Xylon plötzlich die Augen auf. Der Vollmond leuchtete am wolkenfreien Himmel und tauchte alles in ein kühles Weiß.

Er stand benommen von seinem Schlafplatz auf, spazierte entspannt durchs Lager und ging anschließend hinunter zum Fluss. Die noch immer bestehende Verbindung zwischen den beiden, hob Myra mit einem Mal aus ihrer Moosdecke und zog sie schlafend über die unebenen Kieselsteine.

„Was zum … was ist denn jetzt schon wieder los?", stöhnte Myra, die davon wach wurde und nun versuchte, halb verschlafen, in der Bewegung, aufzustehen. Sie trabte, weiterhin von der Verbindung gezogen, voran, rieb sich die verschlafenen Augen und sah sich dann verwundert um.

Schnell erspähte sie Xylon vor sich, wie er unverändert hinunter zum Ausläufer ging und dann weiter entlang der Strömung, die im Selene des Mondes herrlich glitzerte.

„Xylon, was soll das? Wo willst du denn so spät noch

hin?", fragte sie völlig perplex, stolperte ein paar Schritte auf ihn zu und hielt ihn, nachdem sie ihn erreicht hatte, am Arm fest. Doch Xylon löste ihren Griff und ging einfach weiter.

Seit wann schlafwandelt er denn? Irgendetwas stimmt hier doch nicht!, überlegte Myra stirnrunzelnd, lief um ihn herum und stellte sich ihm entgegen.

„Xylon? Was ist mit dir?", fragte sie besorgt, hielt seine beiden Arme fest und schaute ihm tief ins Gesicht. Beim Anblick seiner Augen schreckte sie jedoch leicht zurück, denn sie waren weiß. Er befand sich offenbar in einer Art Trance. Ihn immer noch festhaltend, schaute sie sich hektisch um, konnte aber, trotz der hellleuchtenden Umgebung, nichts erkennen.

„Xylon! Kannst du mich hören?", rief sie und schüttelte dabei aufgebracht seinen Oberkörper.

Zu ihrer Überraschung antwortete er ihr, jedoch halb geistesabwesend und in einer träumerischen Stimme: „Ich folge der Melodie. Sie ist so wunderschön."

Anschließend stieß er Myra rücksichtlos zur Seite und begab sich weiter den Flusslauf entlang.

„Welche Melodie?"

Myra hörte, mit anhaltendem Atem, angestrengt in die Luft, konnte aber nichts wahrnehmen. Wieder von ihrer Verbindung gezogen, folgte sie ihm und hielt nach allen Arten von Fallen Ausschau.

Nach einigen Schritten südwärts erspähte Myra in der Ferne vier Gestalten, die auf einem flachen Felsen mitten im Wasser saßen und sich merkwürdig hin und her bewegten. Erst als sie näherkam, konnte sie erkennen, was sie waren.

„Sirenen!", stieß Myra überrascht aus.

Sirenen waren hinterlistige Tierwesen, die mit ihren weiblichen Oberkörpern und anmutigen Gesängen, Männer in schreckliche Fallen lockten, um sie dann hinterher zu verspeisen. Da sie nur von Männern gehört werden konnten, hatten sie auf Myra auch keinen Einfluss.

Die Vier befanden sich an einer Stelle des Ausläufers, an dem er breitgefächert auseinander ging und große, dunkle Felsbrocken überall aus dem Wasser ragten. Eine verwitterte Triere lag mit gebrochenem Heck zwischen zwei dieser Felsen, dessen Mannschaft vor etlichen Jahren wahrscheinlich Opfer dieser grausamen Geschöpfe wurde.

Mit ihren Fischschwänzen klatschten die Sirenen rhythmisch auf dem nassen Gestein und schwankten zu ihrer Melodie harmonisch hin und her. Eine von ihnen hatte lange blonde, eine lockige rote, eine kurze, leicht geschwungene braune und eine mittellange, schwarze Haare. Sie alle vier saßen oberkörperfrei da. Durch den Selene des Mondes angeleuchtet, stachen ihre großen, weißen Brüste unnatürlich stark hervor. Zudem waren sie sehr schlank, besaßen makellose, glatte Haut und hübsch funkelnde Augen, die in allen erdenklichen Farben zu leuchten schienen. Auch wenn Myra eine Frau war, musste sie zugeben, dass Sirenen äußerst attraktive Geschöpfe waren.

Myra rannte eilig zu Xylon und stellte sich ihm ein weiteres Mal entgegen.

„Lass dich nicht von ihnen beherrschen, Xylon! Kämpfe dagegen an! Na los, tue doch endlich was!", redete sich verzweifelt auf ihn ein, besprizte sein Gesicht mit kaltem Wasser, gab ihm schmerzvolle Ohrfeigen und schüttelte ihn noch stärker. Aber es half alles nichts. Er war schon zu tief in Trance und konnte Myra nicht mehr hören. Erneut schob er sie grob zur Seite und ging weiter sehnsüchtig auf die Sirenen zu.

Myra blieb nichts anderes übrig, als sich ihnen selbst entgegenzustellen. Sie drehte sich zu den Sirenen um und starrte sie böse an. Diese schauten, ohne ihren Gesang jedoch abzubrechen, unbeeindruckt zu ihr.

„Er gehört mir, habt ihr das verstanden? Und ich gebe nicht so leicht das her, was mir gehört. Macht euch schon mal auf einen wilden ritt gefasst!", drohte Myra ihnen und versuchte nach ihrem Bogen auf dem Rücken zu greifen, bemerkte aber schnell, dass er sich dort nicht befand.

Oh nein!, dachte Myra entsetzt und musste hilflos mit ansehen, wie Xylon weiter unverändert auf die Wesen zuging. Den musste sie im Lager wohl liegen gelassen haben, weil Xylon sie so überraschend von dort weggezogen hatte.

Myra wollte stattdessen schnell, mit ihren wasserüberzogenen Händen, eine kleinere Technik ausführen, um die Sirenen zu vertreiben, als Xylon plötzlich den Fluss betrat und ein tiefes, markerschütterndes Dröhnen, den Boden unter ihren Füßen zum Beben brachte. Ein kalter Schauer durchfuhr Myra und sie bekam eine Gänsehaut. Eine kleine Welle ging in der Mitte der Monolithen ringförmig auseinander. Die Sirenen verstummten schlagartig, sprangen eilig in den Ausläufer und schwammen, so schnell sie konnten, Fluss abwärts.

Die Falle ist aktiviert, überlegte Myra angsterfüllt und hielt den Atem an. Wie gelähmt, erspürte sie mit ihrer Wasserfähigkeit, dass, was auf dem Grund des Flusses erwachte. *Ohu … es ist riesig!*

„Xylon, schnell! Komm da weg!", rief sie ihm panisch zu.

Nachdem die Sirenen aufgehört hatten zu singen, stoppte Xylon zwar seinen Schritt, stand aber nun seelenlos im knietiefen Wasser und nahm Myra offenbar noch immer nicht wahr. Mit einem zweiten Dröhnen schlug das fließende Gewässer auf einmal hohe Wellen und ein Strudel bildete sich auf der Wasseroberfläche, der stetig größer wurde.

Regungslos beobachtete Myra, wie einige der Felsen aufbrachen und seltsame, reptilienhäutige Stümpfe daraus hervortraten, die sich schwankend in die Luft erhoben. Die Erde um sie herum bebte, Wasser schoss überall aus dem Boden, kleinere Steine flogen durch die Luft und das im ruhigen Wald widerhallende Dröhnen, verjagte jedes Tier im Umkreis von mehreren hundert Plethra. Ein drittes Mal ertönte der Ruf des schrecklichen Wesens und spie dieses Mal einen großen Schwall Wasser aus der Mitte des Strudels aus. Dabei entblößte es seinen gesamten, mit langen Zähnen besetzten, Schlund.

Das war eine Charybdis! Dieses gigantische, erdgebundene Tierwesen konnte ganze Schiffe in Form eines Strudels in sich aufnehmen und anschließend die sich darauf befindlichen Seeleute, nach dem wieder Untertauchen, über Jahre hinweg in Ruhe verdauen. Es musste als Jungtier, durch den Handel mit Tierwesen nach Delphi, hier draußen verloren gegangen sein. Anders hätte sich das Myra sonst nicht erklären können, wie solch ein mächtiges Tierwesen sich in so einem kleinen Fluss soweit entwickeln konnte.

Der Strudel hatte bereits die gesamte Breite des Ausläufers eingenommen und saugte alles in sich hinein, was sich in dessen Nähe befand. Vorbeifliegende Vögel, kleinere Strandtiere, allerlei Arten von Fischen, sogar größere Gesteinsbrocken flogen in das Zentrum des Strudels und verschwanden für immer in dem Rachen dieser monströsen Kreatur. Das Sauggeräusch wurde immer intensiver und wurde gelegentlich durch ein weiteres Dröhnen des Wesens übertönt.

„Xylon!", rief Myra, die mittlerweile wieder aus ihrer Erstarrung gefunden hatte, nun noch lauter und holte ihn, zusammen mit ihrer seelischen Verbindung, endlich aus seiner tiefen Trance.

Xylon zwinkerte daraufhin mehrere Male und sah sich dann perplex um.

„Myra? Was ist hier –", fing er verwundert an zu fragen, wurde aber durch einen Felsen, der neben ihm im Wasser aufschlug, unterbrochen. Hätte Myra ihn nicht schnell mit der Verbindung des Konfliktsymbols dort weggezogen, wäre er sogar direkt auf ihm gelandet.

Xylon, der sich kaum auf den Beinen halten konnte, zuckte erschrocken zusammen und suchte dann in geduckter Haltung nach Myra, deren Anwesenheit er hier irgendwo erspürte. Myra rannte währenddessen zwischen den umherfliegenden Steinen und Unrat zu Xylon herüber, als er mit einem Mal überraschend vom starken Sog nach hinten gerissen wurde und auf den Strudel zuflog. Schnell darauf reagierend, griff Myra instinktiv nach einem großen Felsen und hielt sich daran mit aller Kraft fest. Durch die Verbindung des Symbols, blieb Xylon mitten in der Luft, kurz vor dem Schlund hängen.

„Was zum Hades ist denn hier los?", brüllte Xylon, der überhaupt keine Ahnung hatte, was sich hier gerade abspielte. Mit Erschrecken blickte er unter sich in den, mit unzähligen Zähnen besetzten und fruchtbar nach Kadaver stinkenden, Schlund der Kreatur.

Der Sog wurde immer stärker und weitete sich auch immer mehr aus.

„Irgendetwas muss ich doch tun können", entgegnete Myra panisch und schaute angespannt zu den Bäumen des Waldrandes herüber. „Natürlich, der Wald! Das ist unsere einzige Rettung! Dort kann uns das Tierwesen nichts anhaben."

Doch plötzlich tat sich vor ihren Augen die Erde auf und ein weiterer Auswuchs der Charybdis kam daraus hervor. Das Geschöpf war gigantisch! Es reichte mindestens unter dem Fluss hindurch vom Waldrand bis auf die gegenüberliegende Seite. Tatenlos musste sie mit ansehen, wie der mittlere Teil des Auswuchses, schnell durch die Erde brechend, direkt auf sie zukam. Als es sie erreicht hatte, zerbröckelte der Felsen, an dem sie sich festhielt und offenbar auch ein Teil dieses Wesens war, und verlor den Halt.

Xylon und Myra flogen weiter Richtung Strudel, doch ihr gelang es, sich noch rechtzeitig an dem Felsen festzuhalten, der Xylon eben beinahe zerquetscht hätte. Dieser stellte jedoch die letzte Station vor ihrem Tod dar. Xylon hing nun fast mitten im Schlund und wurde mit Fisch- und Vogelkadavern bespuckt, die bei dem heftigen Wind ständig hochgeschleudert wurden.

„Das ist unser Ende", gab Myra angestrengt von sich und rutschte langsam mit der Hand von dem glitschigen Felsbrocken. Ihre Beine baumelten dabei hilflos in der Luft.

Durch den ganzen Tumult von herumfliegenden Steinen, Blättern, Wasser und Kleinsttieren hindurch, erspähte Myra die verwitterte Triere vor sich, die mit ihrem Bug noch immer zwischen den zwei großen Felsen hing und daher auch nicht mit hineingesaugt wurde.

Das Schiffswrack! Das ist unsere einzige Hoffnung, dachte Myra aufgeregt und musste schnell ihren Kopf einziehen, da eine Holzplanke haarscharf an ihr vorbeizog. Anschließend schaute sie unter sich zu Xylon. *Mit ihm im Schlepptau und ohne meinen energiespendenden Bogen, ist das jedoch unmöglich zu bewerkstelligen.*

Sie spannte ihre Muskeln an, musste aber sofort wieder lockerlassen, da ihr einfach die Kraft fehlte.

„Was soll ich nur tun?", klagte Myra in die Umgebung und verzog schmerzvoll das Gesicht, da ihre Finger vom Festhalten immer stärker anfingen zu schmerzen.

Kapitel 35
Die Kraft des Glaubens

Die letzten Sekunden vor dem Loslassen, ging Myra noch einmal in sich und suchte nach einer Lösung aus ihrer misslichen Lage. Und wie bei all ihren Problemen, begann sie auch dieses Mal wieder die Suche bei ihrem Vater Reō, der ihr immer die klügsten Ratschläge und das beste Wissen für Notsituationen beigebracht hatte.

Ihre aussichtsreichste Erinnerung hoffte sie bei der Übergabe ihres mächtigen Bogens zu finden. Es war einer der bedeutsamsten Momente in ihrem Leben. Nicht nur, weil sie den Bogen direkt von ihrem Vater bekommen hatte, sondern auch, weil es das letzte Mal war, dass sie ihn sah, bevor er starb.

Soweit Myra sich erinnern konnte, saß sie an diesem Tag auf dem Dach des Leviathan-Heiligtum und versteckte sich dort vor ihrer Mutter, da sie wegen ihr mal wieder unglücklich war. Zwar wusste Ōryomai, aufgrund der hauchdünnen Wasserschicht auf dem gesamten Gelände, immer, wo sie sich gerade aufhielt, aber wenn sie auf dem Dach saß, wusste sie auch, dass ihre Tochter jetzt für sich allein sein wollte und das respektierte sie.

Von hier oben, so nahe am Berg, hatte sie einen wunderbaren Blick über das gesamte Nereid, vom Ziz-Heiligtum im Norden, bis hinunter zu der gewaltigen Stadtmauer im Süden. Es war ein klarer, sonniger Tag. Vereinzelte kleine Wolken ließen große Schatten über die unzähligen Häuser der Stadt wandern und in den Straßen und Wegen herrschte wie immer ein reges Treiben. Das Dach, auf dem sie saß, war mit blauschimmernden Ziegeln bedeckt, über die Wasser aus der Pontosquelle in flachen Rillen herabfloss. An den einzelnen Spitzen der nach oben gebogenen Dachecken, standen große, aus Iolith bestehende Skulpturen, die größtenteils Kreaturen des Meeres darstellten. Eine von ihnen, ein schwungvoll geformter Fisch, mit Augen aus grünen Smaragden, befand sich direkt neben ihr und warf einen großen Schatten auf sie.

Die damals sieben Jahre alte Myra, trug einen einfachen, blauen Peplos und einen eleganten, goldenen Haarreif um ihr Fußgelenk. Ihre blauen Haare waren zu der Zeit noch etwas kürzer, aber auf ihrer rechten Schulter zierte schon das Schriftzeichen, mit den drei geschwungenen ‚S'. Verträumt tippte sie mit ihrem Finger zwischen die Rillen des herunterfließenden Wassers herum und erzeugte damit kleine Kreise. Sie liebte runde Formen, da sie zwar simpel, aber dennoch so perfekt waren.

Vollkommen in ihrer Welt vertieft, bemerkte sie nicht, dass sie schon zweimal von jemandem gerufen wurde.

„Kaisy, ág dogar hi kat´ur?", fragte eine sanfte, männliche Stimme nun direkt hinter ihr, woraufhin sie überrascht zusammenzuckte.

„Hahat losto ág dogar zíu wrot ta derth!", antwortete sie der Person, ohne lange darüber nachdenken zu müssen und drehte sich erwartungsvoll zu ihr um.

Es war ihr Vater Reō. Er war in mehrere Lagen glitzernden, blauen Leinenstoffs gehüllt, der mit einem Maschalister zusammengeschnürt und am Bauch noch zusätzlich mit einem breiten Gürtel in Form gehalten wurde. Zudem trug er kniehohe Stiefel und einen kurzen, dunkelblauen Mantel. Auf seinem Rücken befand sich der eindrucksvolle, lange und verzierte Bogen, den Myra bis heute mit sich trug. Diesen nahm Reō in die Hand und setzte sich neben seine Tochter auf das leicht abschüssige Dach. Anschließend legte er seinen linken Arm um sie und sah sie gefühlvoll an. Der Schatten der riesigen Fischstatue fiel dabei über die Unterseite seines Körpers.

Myra blickte auf die Hand ihres Vaters, die auf ihrer Taille lag. Er trug fingerlose Handschuhe, auf denen, wie auch auf allen anderen seiner Kleidungstücke, das Familienwappen der Ydōrs eingenäht war. Es war die übliche traditionelle Kriegskleidung. Schwermütig schaute sie nun zu ihrem Vater hoch, auf dessen markante Gesichtszüge sich frische Verletzungen abzeichneten. Eine Brise wehte durch seine kurzen blondblauen Haare.

„Deine Mutter hat dich viel gelehrt, mein Kind. Die Sprache der Zarkéet können nur wenige so fließend wiedergeben", gab er beeindruckt zu.

Myra konnte seine Freude jedoch nicht teilen und blickte niedergedrückt auf die Innenseite ihrer Handflächen. Traurig fing sie, in ihrer jungen Mädchenstimme, an zu erzählen: „Warum lässt mich Mutter nicht in die Schule, wo alle anderen Kinder auch hingehen? Ich möchte so gerne mal aus dem Palast, mir die Stadt ansehen und mit anderen Elementaren meines Alters zusammen spielen."

Ihr Vater antwortete ihr ernst, mit seinem Blick über die Stadt schweifend. Dabei erspähte er einige Soldaten, die über der Mauer des zweiten Ringes patrouillierten.

„Es tut mir leid, Myra, aber das geht momentan nicht. Wir leben in schwierigen Zeiten und wissen nicht, wem wir noch trauen können. Wie du vielleicht schon bemerkt hast, sind in dieser Stadt ein paar seltsame Dinge am Laufen. Unser König Neomeris ist nicht das, was er zu sein scheint und auch dieser Krieg fängt langsam an, groteske Formen anzunehmen", Reō hielt kurz inne und erzählte dann etwas hoffnungsvoller weiter: „Niemand kann sich sein Schicksal aussuchen, aber wir können entscheiden, welche Richtung es einschlagen wird. Noch ist es zu gefährlich da draußen und du solltest auf deine Mutter hören, sie ist eine kluge Frau. Doch später ist es dein Leben und dann kannst du selbst bestimmen, welchen Weg du einmal gehen willst."

Die junge Myra sah verwundert zu ihrem Vater hoch, da sie eine leichte Unsicherheit in seiner Stimme wahrnahm. Sie spürte, dass irgendetwas mit ihm nicht stimmte, aber nicht genau was. Sie traute sich jedoch nicht, ihn danach zu fragen.

„Warum streitet ihr beide euch immer so oft, du und Mutter?", fragte Myra stattdessen und schaute wieder trübselig auf ihre Hände.

Sie wusste, dass ihre Streitigkeiten oft von ihr und einer weiteren Person handelten, dessen Namen sie jedoch nie erwähnten. Aber da ihre Mutter jedes Mal verärgert reagierte, wenn sie mal wieder etwas durch Zufall davon mitbekam, wagte sie es nicht, sie danach zu fragen.

Reō antwortete ihr, ohne sie dabei anzusehen. Dieses Gesprächsthema war ihm offenbar vor seiner Tochter unangenehm.

„Ach, mein liebes Kind. Deine Mutter und ich haben gerade ein paar Unstimmigkeiten, die wir erst noch klären müssen. Aber in einer Beziehung muss man sich manchmal streiten, denn so erfährt man etwas voneinander, ob einem dieses

Wissen nun gefällt oder nicht. Du solltest dir darüber nicht so viele Gedanken machen. Es wird sich schon bald alles ändern, glaube mir."

Myra liebte ihren Vater sehr. Er war immer so liebevoll und hilfsbereit zu ihr. Aber seltsamerweise hielt er sich, was ihre Erziehung anging, immer sehr zurück und überließ alles seiner Frau Ōryomai. Er wollte das merklich nicht. Aber aus irgendeinem Grund ließ er es zu und das obwohl Reō eine respektvolle und bedeutsame Persönlichkeit war und sich normalerweise von niemanden etwas vorschreiben ließ. Immerhin war er zu diesem Zeitpunkt noch einer der drei Legendären Krieger der Stadt.

Ein erdrückendes Schweigen legte sich über die beiden und eine weitere schwache Brise zog über sie hinweg. Reō blickte plötzlich wieder zu seiner Tochter.

„Myra?", fragte er ruhig, löste seine Hand von ihrer Taille und hob den Bogen neben sich auf.

„Ja, Vater", sagte sie überrascht und sah ihn dann mit großen Augen erwartungsvoll an.

Während ihres kurzen Blickkontakts erkannte Myra auf einmal eine große Angst in Reōs sanftmütigen Augen. Selbst in seiner gespielten Ruhe konnte er diesen schweren seelischen Schmerz, was auch immer es war, nicht vollständig verbergen. Sie wollte ihm so gerne helfen, aber sie wusste, er würde es ihr nie erzählen, sonst hätte er das schon längst getan. Wenn sie aber damals schon geahnt hätte, dass das ihr letztes Gespräch mit ihm sein würde, bevor er im Krieg starb, hätte sie sicherlich mehr versucht.

Ihr Vater hielt ihr seinen filigranen Bogen hin, deutete auf die Kerben der Verzierungen und fing an zu erzählen: „Wie du weißt, ist das der Bogen der Ydōrs. Er ist schon seit Anbeginn der Zeit in unserem Besitz. Jedes Oberhaupt aus der

Hera der Ydōr hat ihn getragen und ihn stets an die nächste Generation weitergereicht, so wie ich es jetzt auch bei dir vorhabe." Myra sah sich den Bogen, der größer war als sie selbst, genauer an. Dabei fuhr sie mit ihrem Finger behutsam über die winzigen Einkerbungen. „Die Schriftzeichen, die du darauf erkennen kannst, sind all die Namen der Mitglieder unserer Hera, die diesen Bogen je geführt haben. Auch du wirst deinen Namen, übersetzt in der alten Sprache, daruntersetzen und den Stamm der Ydōrs weiterführen."

Unendlicher Stolz kam in ihr auf. Als sie über die Namensliste ging, las sie den Namen ihres Vaters Reō und darüber den ihres Großvaters Kenoō, der erst vor ein paar Jahren verstorben war. Dann folgte sie den vielen, ihr größtenteils, unbekannten Namen bis zur Spitze.

„Leviathan!", rief sie plötzlich überrascht aus.

„Ja, der Bogen soll angeblich einmal der Wassergöttin Leviathan persönlich gehört haben. An allen Leviathanstatuen kann man diesen Bogen noch vollkommen unverziert bewundern", erklärte Reō und musste bei Myras erstaunten Gesicht leicht schmunzeln. „Dies ist kein gewöhnlicher Bogen, wie du vielleicht schon gemerkt hast. Er enthält unbeschreiblich viel Energie und verstärkt die elementarische Wasserfähigkeit seines Trägers. Die darin enthaltene Energie stammt von allen Generationen der Ydōrs. Auch du kannst deine Kraft regelmäßig hinzufügen oder so einsetzen, wie es dir beliebt. Aber bedenke, je mehr Kraft er enthält, umso mächtiger wird er sein."

Vorsichtig nahm sie den Bogen in beide Hände und spürte sofort, wie die Energie durch ihren Körper floss und ein Feuerwerk an Gefühlen in ihr auslöste. Sie fühlte deutlich, wie der Bogen versuchte, eine Verbindung mit ihr aufzubauen.

„Wow, danke Vater!", entgegnete sie ihm fröhlich und

umarmte ihn dankend.

„Aber wie gesagt, du kannst nicht ewig daraus Energie zie-
hen", erklärte Reō ein weiters mal mahnend. „Unsere Fähig-
keit benötigt sehr viel davon für unsere Wassertechniken und
kann sie daher sehr schnell aufbrauchen."

Die kleine Myra dachte kurz darüber nach.

„Was kann ich denn tun, wenn ich kaum noch elementari-
sche Kraft übrig habe und mich immer noch in einer Gefah-
rensituation befinde?"

Jetzt musste das Wissen kommen, welches sie brauchte.

Reō sah ihr tief in die Augen und erklärte es ihr: „Es gibt
tatsächlich eine Möglichkeit, mehr Körperkraft und elementa-
rische Energie zu entwickeln, als wir überhaupt noch zur Ver-
fügung haben. Es ist der Glaube an etwas. Wir haben dieses
Wissen von den Menschen. Wenn sie fest an etwas glaubten,
können sie unglaubliche Dinge vollbringen, die selbst uns
Elementare regelmäßig ins Staunen versetzen. Wir wissen
nicht genau, wie -"

Hier brach Myra ihre Erinnerung ab und war wieder
in dem heillosen Durcheinander des Sogs der Charybdis. Sie hatte jetzt das Wissen, was sie benötigte, um
hier lebend herauszukommen. Sie brauchte jetzt nur etwas, woran sie ganz fest glaubte. Es musste etwas sein,
was stark genug war, sie beide zu retten und sie wusste
auch schon ganz genau, was sie dafür nehmen konnte.
Hoffentlich lag sie mit ihrer Vermutung nicht falsch,
denn sonst würden Xylon und sie hier und jetzt sterben.

Sie rutschte mit ihren Fingern vom Felsen ab und
wurde zusammen mit Xylon in die Richtung des
Schlundes gesaugt.

Kapitel 36
Eine unglaubliche Rettung

Ihre Gedanken wurden jetzt von dem, woran sie ganz fest glaubte, durchströmt und sofort trieben neue Entschlossenheit und neuer Mut frische Energien durch ihren gesamten Körper. Es fühlte sich wie warmes Wasser an, welches durch jeder ihrer Adern floss.

Unmengen von Flusswasser zog Myra nun zu sich heran und bündelte es um ihre Faust. Mit einem weit ausgeholten Schlag schleuderte sie das Wasser mit voller Wucht gegen das gebrochene Heck des Schiffswracks. Dieses zerbrach dadurch in zwei Hälften und löste sich von dem Felsen. Langsam wurde die zerteilte Triere in den Strudel gezogen. Die mit Xylon in Richtung Schlund der Charybdis fliegende Myra, erschuf schnell ein Wasserlasso um ihren mit Wasser überzogenen Arm und holte ein zweites Mal aus. Sie warf das Lasso an die Spitze des Schiffsmastes, zog sich mit aller Kraft daran nach vorne, und kippte damit gleichzeitig die quer auf sie zutreibende obere Hälfte der Triere auf die Seite.

Immer noch Xylon hinter sich in der Luft herziehend, schaffte sie es ganz knapp die Reling des Schiffes zu ergreifen und zog sich daran hoch. Obwohl ihr mittlerweile jeder Muskel und jede Sehne im Körper schmerzte, schob ihr Glaube sie trotzdem immer weiter voran. Nachdem sie über die Reling geklettert war, rannte sie eilig weiter über das sich langsam ankippende Deck. Das Geräusch von knarzendem Holz klang ihr in den Ohren und Eisenstifte schossen um sie herum aus den brechenden Planken. Wie so oft in Adrenalinsituationen, schien sich vor ihren Augen alles wie in Zeitlupe abzuspielen. Sie wich herumfliegenden Ästen und Rudern aus, ließ aber Wasserspritzer und einzelne Blätter einfach ungehindert in ihr Gesicht klatschen. Als vor ihr zwei Fässer umkippten und über das schräge Deck auf sie zugerollt kamen, sprang sie geschwind an den Segelmast und schwang über sie hinweg. Auf der anderen Seite der Triere angekommen, klammerte sie sich schwer atmend an die Reling und sah zu, wie sich die gesamte Schiffshälfte langsam seitlich um 90 Grad drehte. Sie wollte auch noch einmal hinter sich zu Xylon schauen, doch ihre langen, wild umherfliegenden Haare versperrten ihr die Sicht. Nach dem Druck an ihrem Körper zu urteilen, schien er aber immer noch da zu sein.

Wieder nach vorne blickend, zog sie sich mühsam über die Reling. Anschließend ging sie tief in die Hocke, sammelte zum Schluss noch einmal alle verbleibenden Kräfte zusammen und sprang, mit Hilfe einer kleinen, selbsterzeugten Wasserexplosion unter ihren Füßen, soweit nach vorne, wie sie konnte. Durch den kräftigen Sog, blieb sie aber mehr oder weniger mitten in der Luft stehen, schaffte es aber dennoch, denselben Felsen zu ergreifen, an dem sie sich vor dem Loslassen schon festgehalten hatte, nur das sich das Schiffswrack jetzt hinter ihr befand. Dieses trieb nun kopfüber auf den Schlund der Charybdis zu. Nach ihrer Vermutung müsste dieses gewaltige Tierwesen mit seinem Sog aufhören, sobald es die Triere vollständig in sich aufgenommen hatte.

Sie schaute hinter sich und beobachtete ihren wohl durchdachten Plan. Der Hauptmast des Schiffes rammte gegen die Seite des Schlundes und brach unter Xylon krachend auseinander. Anschließend wurde der Rest des Schiffes direkt in das riesige Maul hineingezogen und verschwand für immer darin.

„Geschafft!", rief Myra freudig aus, verlor dabei aber an dem glitschigen Gestein erneut den Halt und wurde heftig mit dem Rücken gegen einen anderen Felsen gestoßen.

Xylon, der die meiste Zeit über nur hilflos in der Luft hing, wurde wieder tiefer in den Schlund der Charybdis gesaugt. Wie Myra geplant hatte, schloss sich zwar das Maul dieser monströsen Kreatur, verschluckte aber in letzter Sekunde auch noch Xylon und tauchte anschließend mit ihm zusammen unter. Über Xylon schlossen sich die langen Zähne und es wurde dunkel um ihn herum. Der Strudel beruhigte sich und der Fluss kam langsam wieder zur Ruhe. Doch mit einem weiten Dröhnen spie das Wesen ein letztes Mal einen großen Schwall Wasser nach draußen und schleuderte Xylon damit durch seine Atemöffnung hoch in die Luft. Dank der bestehenden Verbindung zwischen ihm und Myra, kam er in dem knietiefen Wasser unsanft herunter.

„Uha ... was geht hier bloß vor?", stöhnte Xylon schmerzerfüllt und hob seinen Kopf aus dem Wasser. Er versuchte mühselig auf die Beine zu kommen und sah sich dann verwirrt um. Seine Rüstung, die sich automatisch auf seiner Haut gebildet hatte, um seinen Sturz zu mildern, ging langsam wieder zurück.

Überall um ihn herum kam Wasser in strömenden Bächen mit all dem gesammelten Unrat herunter. Die Fangarme, sowie auch alles andere von dem gigantischen Tierwesen, verschwanden wieder unter der Erde.

„Was sind denn das für seltsame Geschöpfe?", fragte Xylon sich selbst, als er die vier Sirenen vor sich um irgendetwas herum knien sah.

Erst als er vorsichtig näherkam, konnte er erkennen, worüber sie sich gerade hermachten. Seine Augenbrauen zogen sich mit einem Mal wutentbrannt zusammen und sein Herz schlug heftig.

„MYRA!", brüllte er aufgebracht und stolperte eilig durch die vielen Felsen zu ihr. „Lasst eure dreckigen Finger von ihr!"

Auf seinem Rücken ließ er schnell zwei riesige Wurzelarme entstehen, die gewaltsam durch seine Lederweste brachen. Die Sirenen drehten sich zwar überrascht zu ihm um, doch bevor sie überhaupt merkten, was mit ihnen geschah, wurden sie schon von Xylon überwältigt. Zwei schnappte er mit seinen Wurzelarmen an ihren Fischschwänzen und schleuderte sie gewaltsam gegen einen großen Gesteinsbrocken, eine stieß er rabiat mit dem Ellbogen zur Seite und der Letzten schlang er eine Ranke um den Hals. Zornig würgte er sie damit, während in seinen Augen der Hass aufflammte. Die zur Seite gestoßene Sirene erhob sich wieder und eilte ihrer Schwester zur Hilfe, wurde aber schnell, ohne das Xylon hinsehen musste, von einem der Wurzelarme gepackt und mit dem anderen schmerzhaft in den Bauch weggestoßen.

Die verzweifelt nach Luft schnappende Sirene, sah ihn hilfeflehend an, doch er kannte keine Gnade. Jedoch nur kurz, denn dann überkamen Xylon auf einmal elementarische Schuldgefühle, die seine Wut schnell überdeckten. Schließlich ließ er die Fesseln langsam wieder locker. Mit einem kräftigen Ruck befreite sich die Sirene mit den blonden, glatten Haaren und rieb sich den Hals. Angsterfüllt blickte sie noch einmal zu ihm empor, bevor sie wieder, so schnell sie konnte, im Wasser verschwand. Völlig durchnässt und durcheinander, über das, was sich hier gerade alles abgespielt hatte, stand Xylon aufrecht da und schaute über seine Schulter hinweg, wie die beiden Sirenen, die gegen den Felsbrocken geschleudert wurden, sich wieder sammelten und auch in der Tiefe des Ausläufers verschwanden. Daraufhin ließ er seine Wurzelarme wieder im Rücken verschwinden.

Xylon ließ sich erschöpft auf die Knie fallen und lehnte sich sorgenvoll über Myras schlaffen Körper. Ihre Kleidung war von den Sirenen ganz zerfetzt und sie hatte überall Kratzer auf der Haut. Xylon hob sie vorsichtig aus dem Wasser und lächelte sie an. Mit halb geöffneten Augen sah sie ihn liebevoll an.

„Xylon, ich verzeihe dir", sagte sie ganz entkräftet und hustete schwer.

Er freute sich riesig über ihre Worte und sogar noch viel mehr darüber, dass ihr nichts passiert war. Er umarmte sie ganz fest, ließ dann aber wieder verwundert locker.

„Aber wieso? Was hat sich geändert?", fragte er

interessiert und versuchte noch immer verzweifelt die gerade passierten Geschehnisse wie ein Puzzle in seinem Kopf zusammenzusetzen.

„Ich dachte zuerst, dass es, so wie bei mir, nur dein elementarischer Trieb sei, der dich dazu drang mit mir schlafen zu wollen, aber jetzt weiß ich, dass es weit mehr sein muss, als das", erzählte sie, musste aber zwischendurch erneut stark husten. „Männliche Elementare sind normalerweise Immun gegenüber den Gesängen der Sirenen, aber nicht du. Das bedeutet, dass dich unser nicht stattfindendes Zusammentreffen so getroffen haben muss, dass du anfällig für sie wurdest und direkt in ihre Arme gelaufen bist. Wir hätten mehr miteinander sprechen sollen, sonst wäre das her vielleicht niemals passiert und daran sind wir beide schuld und nicht nur du allein, das habe ich jetzt begriffen."

Sie versuchte sich leicht aufzurichten und zog sich anschließend ein Stück an seiner Schulter hoch. Dann lehnte sie sich ganz dicht an sein Ohr und flüsterte ihm so zärtlich zu, dass seine Nackenhaare sich aufstellten.

„Jetzt bin ich bereit, dir endlich deinen gewonnenen Wunsch zu erfüllen."

Kapitel 37
Zärtliche Berührungen

Zurück im Lager starrten beide nervös in Myras Umhängetasche. Xylon perlte dabei sogar ein Schweißtropfen über die Stirn.

„Die Tinktur hat sich endlich mit dem Ilchhaar gebunden", sagte Myra zögerlich und knetete die Masse vorsichtig zwischen ihren Fingern.

„Das bedeutet ... wir können jetzt miteinander ... schlafen, um die Verbindung des ‚conflictio' Symbols wieder ... zu trennen?", fragte Xylon mit zittriger Stimme und traute sich nicht, Myra dabei anzusehen.

Myra rieb sich nervös den Arm. Ihr Herz fing immer schneller an zu pochen. Sie musste zugeben, auch schon lange auf diesen Moment gewartet zu haben und ärgerte sich jedes Mal darüber, wenn Xylon ihr diesen wegen einer erneuten Dummheit kaputt gemacht hatte, doch nun bekam sie doch ein wenig Bammel.

Nach kurzem Zögern antwortete sie Xylon angespannt: „Das sieht wohl ganz danach aus ... sollen wir? Ich meine ... natürlich nur ..., wenn du es auch wirklich noch machen möchtest."

Mein erstes Mal mit Myra, der hübschesten und klügsten

Frau, die ich je getroffen habe und ich bin nur ein einfacher Mischlingselementar, dachte Xylon innerlich ganz aufgewühlt. Es kommt ihm vor, als wäre das nur ein herrlicher Traum, aus dem er jeden Moment drohte aufzuwachen. *Auf jeden Fall sollte ich mich jetzt nicht allzu ungeschickt anstellen, das würde bei ihr sonst für immer so im Gedächtnis bleiben.*

„Ja, ich denke schon. Wie machen wir das jetzt?", fragte Xylon zurückhaltend und nahm Myras zarte Hand sanft in die seine.

Myra schloss daraufhin ihre Augen und ging in sich. Sie holte einmal tief Luft und zog dann ihre Hand wieder vorsichtig von ihm weg. Anschließend stand sie auf, wobei Xylon ihr mit einem verunsicherten Blick folgte.

„In Ordnung, wir machen das so!", fing sie auf einmal an zu erklären, was ein wenig hektisch klang. „Du bleibst hier und bereitest alles vor. Ich begebe mich hinter diesen Felsen dort und bereite mich vor."

„Gut … dann … bis gleich", antwortete Xylon zögerlich und stand nun auch auf.

Myra nahm sich die getränkten Haare und begab sich dann hinter den genannten Felsen, der sich unweit vom Waldrand befand. Xylon jedoch stand noch immer unverändert auf der Stelle und wusste nicht so recht, was er jetzt tun sollte.

Mit gefährlichen Kreaturen und Katastrophen kam er ja klar, aber das hier überstieg seine kühnsten Vorstellungen. Im Selene des Vollmondes sah er sich das trostlose Lager an. Wie sollte er denn hieraus etwas Schönes für sie beide aufbauen? Wenigstens Pan war auf nächtlicher Streife und konnte nicht stören. Es sollte möglichst alles perfekt sein für ihr erstes Mal.

Da er wegen der Verbindung des Konfliktsymbols nicht wegkonnte, hatte er nur mit Hilfe seiner Holzfähigkeit die Möglichkeit ihren Schlafplatz ein wenig zu verschönern. Angestrengt presste er daher von Innen eine dicke Holzschicht aus seinen Armen und legte los. Alles, was er sonst noch so brauchte, zog er sich einfach mit einer selbsterschaffenen Ranke heran.

Myra hockte derweil hinter dem Felsen und führte sich das Haarknäul ein. Danach pausierte sie kurz und presste ihre Hände fest zusammen. Nervös starrte sie vor sich in den Erebos des Waldes.

Auch wenn Xylon jetzt in den intimsten Bereich ihres Körpers vordrang, durfte sie sich jetzt bloß nicht verrückt machen. Sie hoffte nur inständig, dass Xylon wusste, was er tat. Nach ihrer vollständigen Vereinigung gab es nämlich kein Zurück mehr.

Myra lehnte sich mit dem Rücken gegen das kalte Gestein und pustete einen Schwall Luft aus. Dann blickte sie an sich herunter und beäugte skeptisch ihren zerrissenen Chiton.

Verdammt … die Sirenen haben ihn ganz schön beschädigt. Der sieht wirklich nicht mehr schön aus", sagte sie beschämt zu sich selbst und schaute verzweifelt nach oben.

Ihr Blick blieb dabei an ein paar Ästen über ihrem Kopf hängen, die mit etlichen hübschen Blüten besetzt waren. Welche Farbe sie hatten, konnte sie allerdings nicht erkennen, da alles in dem Selene weiß erschien. Wieder an sich herunterschauend, tippte sie nachdenklich mit ihren Fingern auf dem zerrissenen Kleidungsstück herum.

„Hm -", machte Xylon unzufrieden und überblickte

mehrmals kritisch seinen neu erschaffenen Schlafplatz. Um einen frischen Atem zu bekommen, kaute er nebenbei auf einem Minzblatt herum.

Er hatte mit seiner Fähigkeit über einer großen, künstlichen Vertiefung eine verwurzelte Kuppel erschaffen, durch die das Selene des Mondes schimmerte. Um die Kuppel herum steckte er selbstproduzierte Holzstöcker, deren Spitze er mit trockenem Geäst versah und anschließend entfachte, sodass sie ihnen noch zusätzlich Licht spendeten. Er wollte sich nichts von diesem wundervollen Erlebnis entgehen lassen.

Geschwind warf er seine zerrissene Weste vom Leib und kroch in die Kuppel. Darin war genügend Platz für sie beide und dank der Fackeln war es auch noch angenehm warm. Xylon drehte sich auf der Stelle, legte sich anschließend mit dem Bauch auf einen der beiden Moosteppiche und starrte dann ungeduldig nach draußen auf den weißen Felsen, hinter dem sich Myra noch immer befand. Sie war jetzt schon eine ganze Weile dahinter und er befürchtete schon, dass sie es sich wieder anders überlegt haben könnte. Immer unruhiger werdend, wartete Xylon weiter, bis sich plötzlich etwas hinter dem Felsen regte und Myra mit einem Mal zum Vorschein kam.

„Wow!", stieß Xylon sofort erstaunt aus und musste einmal kräftig schlucken.

Myra stand in einem, aus unzähligen Blütenblättern bestehenden, Kleid da und schaute schüchtern zu ihm herüber. In ihrem Haar steckte eine große, weiße Blüte und machte das Gesamtbild perfekt.

„Gefällt es dir?", fragte sie ganz verlegen und drehte sich damit einmal im Kreis.

Vollkommen fasziniert konnte er seine Augen nicht von ihr abwenden. Das war die beeindruckendste Technik, die er je von ihr gesehen hatte. Er ging davon aus, dass sie das Wasser in den Blütenblättern mit ihrer Fähigkeit festhielt. Er will sich gar nicht vorstellen, was das an Energie und Konzentration kosten muss, um die Blüten wie echtaussehenden Stoff bewegen zu lassen und gleichzeitig so stabil zu halten.

„Du siehst wirklich wundervoll aus Myra. Ich bin so sehr gefesselt davon, dass mir glatt die Worte fehlen. Aber eines kann ich dir jetzt schon mit Sicherheit versprechen, dieses unglaubliche Bild, wird mir noch ewig in Erinnerung bleiben und mich immer an diese liebreizende Nyx erinnern", bestätigte Xylon aufrichtig und wollte sie nicht länger mit dieser schwierigen Technik dort stehenlassen. Daher deutete er ihr an, mit zu ihm in die Wurzelkuppel zu kommen. „Komm herein. Ich hoffe, es gefällt dir."

Xylon rutschte noch tiefer hinein und Myra ging zu ihm. Sie duckte sich und kletterte mit ihrem Blütenkleid in die Kuppel, wo er es sich schon auf einem der beiden Moosteppiche bequem gemacht hatte. Liebevoll lächelte er sie an. Auf seinem durchtrainierten Körper zeichnete sich ein netzartiger Schatten des Holzgebildes ab, welcher durch das Licht von Draußen nach Innen geworfen wurde.

Myra blieb noch kurz am Eingang hocken und blickte nachdenklich zu Xylon herunter, was ihn erneut verunsicherte.

Ein Gedanke ging ihr seit dem Vorfall mit der Charybdis nicht mehr aus dem Kopf. Der Grund, weshalb sie da heute lebend rausgekommen sind, haben sie mehr oder weniger ihm zu verdanken, musste sie eingestehen. Denn das, woran sie ganz fest glaubte und was ihr so viel Kraft geschenkt hatte, war der Gedanke an ihn und ihre Liebe füreinander. Myra war sich nicht sicher, ob sie ihm das jemals erzählen sollte, aber vielleicht war es momentan besser, wenn er noch nicht wusste, welche große Rolle er in ihrem Leben bereits spielte. Seine Kontrolle, die er jetzt schon über ihre Gefühle besaß, machte ihr sowieso schon ein wenig Angst.

Sie zwinkerte ein paar Mal mit den Augen und kam mit ihren Gedanken zurück zu ihm in die Kuppel. Xylon lag noch immer unverändert da.

„Bereit?", fragte er noch einmal zur Sicherheit und schaute freundlich zu ihr hoch.

„Ja. Sei aber bitte ganz sanft", bat sie ihn verlegen, lächelte zurück und kam dann langsam auf ihn zu.

Xylon legte vorsichtig seine Hände um sie und fing sofort an Myra innig und zärtlich zu küssen, sodass sie die Konzentration für ihre Technik mit dem Blütenkleid verlor und es sich auflöste. Die vielen weißen Blütenblätter segelten zu Boden und füllten die Kuppel mit ihrem herrlichen, süßen Duft.

Myra saß nun oben ohne auf ihm. Sie trug aber noch immer einen kurzen Rock um ihre Hüfte, der einmal zu der unteren Hälfte ihres Chitons gehörte und Xylon damit signalisierte, dass er nur sehr langsam zu ihrem Intimbereich vordringen sollte.

Ihre intensiven Küsse zogen sich immer weiter in die Länge und ließen die Zeit um sie herum regelrecht stillstehen. Die Lippen schienen sich nicht mehr voneinander lösen zu können. Xylon fuhr mit seinen Händen durch ihre langen, blauen Haare und drückte ihren

Kopf noch näher an seinen. Behutsam öffnete er seinen Mund und drang vorsichtig mit der Zunge voran. Zögerlich öffnete nun auch Myra, während des Küssens, ihren Mund und tat es ihm gleich. Während ihre Zungen den Mundraum des jeweils anderen erkundeten, erforschten ihre Hände ganz andere reizvolle Bereiche ihrer Körper.

Myra richtete sich mit ihrem Oberkörper ein Stück auf und überließ Xylon damit die Führung. Er nahm zuerst seine rechte Hand aus ihren Haaren und ließ sie dann in Richtung ihres Gesäßes wandern. Anschließend umfasste die Hand ihre weiche Haut und strich danach mit zwei gespreizten Fingern den Rücken entlang, hinauf zu ihrem Nacken.

Bei der Berührung des Nackens stöhnte Myra einmal leise zufrieden auf. Das war für sie offenbar eine sehr empfindsame Stelle. Also glitt er mit seinen Fingerspitzen sanft, wie eine Feder, kreisend darauf herum. Seine linke Hand lag in der Zeit besinnlich auf ihrer Taille. Er spürte, aufgrund der frischen Verletzungen der Sirenen, kleine Unebenheiten auf ihrer ansonsten glatten, makellosen Haut. Dann zog er seine Hand langsam zu ihren Brüsten hoch, zeichnete auf ihrem Brustkorb einen Halbkreis und blieb dann auf der rechten Brust liegen. Beim Vorbeistreifen bemerkte Xylon, dass ihre Brustwarzen vor Erregung ganz hart geworden waren. Aber er ließ ihr die Anspannung und ruhte einfach weiter unbewegt auf ihrer weichen Brust, die zwischen seinen Fingern leicht hervortrat.

Myra genoss jeden Augenblick mit Xylon, was sie ihm mit gelegentlichen lustvollen Seufzern und Gestöhne deutlich zeigte und bereute es jetzt schon, es so lange vor sich hergeschoben zu haben. Ihre vielen Bedenken und ihr gelegentliches Zögern, waren längst vergessen. Alles geschah fast von ganz allein. Ihre Körper kommunizierten so gut miteinander, als würden sie sich schon seit Ewigkeiten kennen.

Auch Myra fuhrwerkte mit ihren Händen über Xylons muskulösen Körper und spürte deutlich, wie sein mittlerweile stark erregtes Glied unter seiner Hose, kräftig gegen ihr Geschlecht drückte. Zudem schien sein Element sich wieder einmal in ihr Liebesspiel einzumischen. Denn aus seiner Haut traten Wurzeln hervor und verankerten sich im Boden. An den Wänden kamen sie schließlich wieder heraus und verschlossen langsam alle verbleibenden Öffnungen in der Kuppel. Dadurch wurde es im Inneren immer dunkler, bis sich auch aus Myras Haut ihr Element löste und sich nun viele kleine Wasserkügelchen leuchtend in die Luft erhoben. Um sie herum erstrahlte schon bald alles in einem hübschen, angenehmen Blau.

Als einige der Wasserkugeln jedoch auf Xylons Wurzeln trafen, nahmen diese sie in sich auf und mit einem Mal vereinten sich ihre Gefühle und Gedanken schlagartig zu einem Wesen. Ihr Begehren und ihre Emotionen übertrugen sich auf den jeweils anderen, bis sie selbst nicht mehr feststellen konnten, welche davon die ihren waren. Xylons lustvolle Gedanken, die sie jetzt deutlich in sich spürte, zusammen mit seiner Wärme und seinen sanften Händen, ließen in Myra schon bald den ersten kleinen Orgasmus ausbrechen, der sich in sanften Wellen in ihr ausbreitete.

Xylon spürte, wie sich leichte Muskelkontraktionen durch ihren gesamten Körper zogen und ihre Atmung und Herzfrequenz sich stark erhöhten. Ihre Wangen nahmen in dem bläulichen Licht ein schwaches rot an und sie fing, genauso wie er, immer mehr an zu schwitzen. Beide lösten jetzt ihre Münder voneinander und Xylon wandte sich ihrem Busen zu. Die linke Hand löste sich nun von ihrer weichen Brust und wanderte nach unten zu dem knappen Röckchen, elegant vorbei an ihrem Intimbereich und kreiste dann sanft auf ihrem Oberschenkel. Xylons Lippen, die jetzt ungehindert ihre Brüste liebkosten, zusammen mit seinem warmen Atem, der über ihre empfindsame Haut hinweg zog, erzeugten in Myra ein so erregendes Gefühl, das sie laut aufstöhnen musste. Sie beide befanden sich in einem Rausch der Sinne. All ihre Gedanken waren nur noch auf ihn gerichtet und all seine auf sie. Es war ein so unbeschreibliches Gefühl, dass sie sich wünschten, dass es nie zu Ende ging. Und das gehörte gerade erst zum Vorspiel.

Doch so langsam richtete sich Xylon auf, um die Schlaufe seiner Hose zu öffnen, und ihren Liebesakt auf die nächste Ebene zu bringen. Sein Blick folgte dabei seiner rechten Hand, die den Weg einer Halskette vom Nacken herunter zu ihren anmutigen Brüsten entlangwanderte. Dann sah er in Myras blaufunkelnde Augen. Zuerst sah sie ihn verführerisch an, aber dann, als Xylon den Bund an seiner Hose ergriff, der das letzte Hindernis vor ihrer vollständigen, körperlichen, sowie seelischen Vereinigung darstellte, nahm er ein leichtes Zucken ihres Augenliedes wahr.

Plötzlich fuhr Xylon mit seiner Hand wieder von seinem Hosenbund weg und legte Myra neben sich vorsichtig in die Blüten. Die Anspannung in seinem Körper kam langsam wieder zur Ruhe.

„Was … was ist los? Warum hörst du auf?", fragte Myra überrascht und noch vollkommen in Ekstase. Sie drehte sich auf die Seite und stemmte sich ein wenig hoch, damit sie Xylon direkt ins Gesicht sehen konnte.

„Es tut mir leid, dass ich dir gerade diesen wundervollen Moment kaputt mache, aber ich habe in einem kurzen Augenblick leichte Zweifel in deinen Augen gesehen und ich möchte dich nicht, bloß wegen dieser Verbindung dazu zwingen, mit mir Schlafen zu müssen. Ich möchte es mit dir tun, wenn du auch mit der kleinsten Faser deines Bewusstseins dazu bereit bist."

Myra schaute in Xylons traurige Augen. Sie hatte wirklich kurz gezweifelt, musste sie zugeben. Aber deshalb gleich aufhören? Was für eine Kontrolle von Xylon, so kurz davor noch abzubrechen. Sie liebte ihn und seine Rücksicht zu ihr hatte diese Liebe sogar noch verstärkt. Dadurch fiel es ihr nun umso schwerer, seine Entscheidung jetzt einfach so zu akzeptieren.

„Vielleicht hast du Recht! Vielen Dank, Xylon. Lass uns aber noch ein wenig so liegenbleiben", sagte sie dann schließlich gefühlvoll und legte ihren Arm zärtlich um seinen Brustkorb. „Ich liebe dich über alles, vergiss das bitte nie."

„Ich liebe dich auch über alles, Myra", erwiderte Xylon mit einer angenehm ruhigen Stimme, legte seine Hand entspannt auf ihren Arm und starrte über sich auf die Kuppel, deren Löcher sein Element allmählich wieder frei gab. Dadurch schien ihm nun der Vollmond direkt ins Gesicht. Er war so glücklich, wie noch nie zuvor in seinem ganzen Leben. Auch wenn sie jetzt noch immer zusammenhingen, wusste er, genau das Richtige getan zu haben, auch, um ihr Herz für immer zu gewinnen.

Beide schliefen, zwischen den unzähligen Blütenblättern liegend, friedlich ein und gingen in ihren Träumen jede Einzelheit, die sie in dieser Nacht verspürt hatten, noch einmal durch.

Am nächsten Tag wachten sie gut erholt auf und bemerkten schon bald, dass sie seltsamerweise wieder voneinander getrennt waren und das Zeichen auf Xylons Oberschenkel verschwunden war. Sie konnten sich das nur so erklären, indem sie auf eine zweite Lösung des ‚conflictio' Symbols gekommen war, also Xylons Eingehen auf ihre innerliche Verneinung, die ja von Anfang an bestand. Wahrscheinlich wären sie gar nicht voneinander getrennt worden, hätten sie in der Nacht wirklich miteinander geschlafen. Hätte nämlich nur eine Partei ihren Willen bekommen, wäre der Konflikt nicht gelöst worden.

Die Leute, die dieses Symbol einst entdeckt haben, müssen Genies gewesen sein, dachte Xylon beeindruckt. Denn ihrer Beziehung ging es seit diesem Zeitpunkt noch nie so gut wie jetzt, auch wenn es dafür ursprünglich nicht gedacht war.

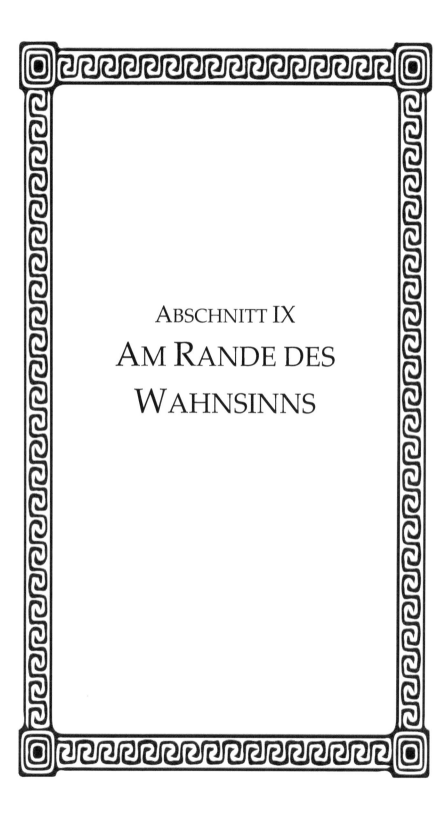

ABSCHNITT IX

AM RANDE DES WAHNSINNS

Kapitel 38

Ajax vs. Riza

Die Sonne stand hoch am wolkenfreien Himmel und strahlte über Nereid. Die Bürger hingen ihre Wäsche zum Trocknen nach draußen. Kleine Eidechsen kamen aus ihren Verstecken, um ein wenig Wärme zu tanken und einige Kinder spielten in den Straßen und Vorhöfen. Das schwere Unwetter war nun auch hier vollständig vorübergezogen und hinterließ vereinzelt große Pfützen und Rinnsale, in denen sich die Häuser und Menschen spiegelten.

Die Hysterie auf den bevorstehenden Krieg hatte sich ein wenig gelegt, auch wenn durch fehlende Informationen und Aufklärung die Anspannung der Leute noch immer sehr groß war. Nur selten kamen Reisende in die Stadt, die wiederum von anderen Reisenden, die sie unterwegs trafen, Auskünfte über die momentane Lage im Süden erhielten. Sie waren aber sehr lückenhaft und viele unwahre Gerüchte wurden oft noch fantasievoll hinzugefügt. Die Wanderer saßen dafür meist in den Straßen und erzählten den Vorbeigehenden viele Geschichten darüber, dass Kyros in seiner Streitmacht angeblich Giganten, Drachen, Gebirgsmonstrositäten und noch weit aus schlimmeres mit sich führte. Niemand wusste aber etwas genaues. Auch nicht der König, der sich bisher nur auf seine Seher und die wenigen Grenzbriefe, die durch Schwalbs gebracht wurden, verließ. Da sie ihm aber auch nur Schlechtes vorhersagten, hatte er sich seitdem letzten, niedergedrückten Auftritt vor dem Bürgeraufstand nicht mehr blicken lassen. Die immer weiter ansteigende Unsicherheit und Angst der Bewohner von Nereid sorgten für zahlreiche kleine Auseinandersetzungen unter den Bürgern und es gab sogar einige wenige, die aus der Stadt in die umliegenden Dörfer flohen, darauf hoffend, dass sich die Lage bald wieder beruhigte.

Riza versuchte sich in dieser Zeit ein wenig bedeckt zu halten, um nicht zu sehr aufzufallen. Denn nachdem sein älterer Bruder Xylon sich von Nereid aus mit Myra auf die Reise zum Diolkos begeben hatte, war er nun ganz auf sich allein gestellt. Zwar bekam er Unterstützung von Meister Terpsichore, wie Xylon gebeten hatte, aber dieser hatte, gerade in diesen schwierigen Zeiten, selbst genug zu tun und konnte nicht immer an seiner Seite sein. Da Riza jetzt in den Schutztempeln der neun Weisen übernachtete, ging er nur noch selten nach Hause zu ihrem Baumhaus und wenn, dann nur, wie auch heute wieder, um von dort etwas Wichtiges abzuholen.

Jedoch fiel ihm unterwegs auf, dass er auf dem Weg dorthin von jemanden beobachtet wurde und benutzte daher die belebteren Straßen und Wege der Stadt. Mit seinem gebogenen Wasserfass auf dem Rücken schritt er gemütlich über den großen Marktplatz, auf dem wieder sehr viel los war. Musiker und Sänger spielten auf einer großen Bühne, Handkarren wurden wild umher-gezogen, Gaukler und Scharlatane präsentierten ihre bi-zarren Kunststücke und etliche Stände boten ihre Wa-ren ihren anspruchsvollen Kunden an.

Riza bahnte sich einen Weg durch die Menschen-menge und bog, ohne sich dabei umzusehen, in eine breite Allee ab. Hier hoffte er, dass sich sein Verfolger endlich zeigte, da sich auf diesem Pfad momentan nur sehr wenige Menschen aufhielten. Außerdem war es der direkte Weg zu seinem Zuhause.

Als er die Allee entlangging, schärfte er seine Sinne. Die Pinienbäume links und rechts vom Weg raschelten, er spürte einen leichten Windzug durch seine verfilzten Haare streifen und die Musik auf dem Marktplatz wurde allmählich leiser. Aber Riza konnte noch deut-lich hören, wie die Musiker gerade ein Stück beendeten und sich für das Nächste bereitmachten. Beim Gehen blickte er unter sich in die vereinzelten Pfützen, worin er sich selbst sehen konnte, bis er hineintrat und die klei-nen Wellen das Bild verzerrten.

Auf einmal nahm er eine Bewegung in seinem Augen-winkel wahr. Sofort drehte er sich danach um, doch es war nichts zu sehen. Die Musiker auf dem Marktplatz begannen ihr neues Stück mit einem aufregenden Knall.

KLING!

Riza schaute wieder überrascht nach vorne, da von dort aus, ein seltsam metallisches Geräusch erklang. Di-rekt vor ihm, mitten auf der Allee, steckte plötzlich ein Xiphos im Boden, welches dort gerade hineingeschla-gen wurde.

Bevor er jedoch etwas darauf sagen konnte, rief ihm schon jemand, von einem Hausdach, über ihm zu: „Hi,

Riza! Schön dich zu sehen."

Die Person sprang von dem Dach an den Ast einer Pinie und schwang sich von dort aus elegant hinab. Er landete auf den Knien genau hinter dem im Boden steckenden Kurzschwert und stützte sich auf dessen Knauf ab. Die Musik auf dem Markt wurde durch leichte Trommelschläge angespannter.

„Du!", sagte Riza aufgebracht. „Du bist doch dieser Typ, der in letzter Zeit ständig Elementare angreift. Ajax, oder?"

Ajax richtete sich daraufhin auf, zog das Xiphos wieder aus dem Boden und hielt dessen Spitze Riza provokant entgegen.

„Und du bist der Junge, gegen dessen Bruder ich bisher als einziges verloren habe", sagte er mit stolzer Brust und nahm das Kurzschwert wieder herunter.

Ajax hatte sich seit dem ungleichen Duell gegen Xylon kaum verändert. Er war noch immer sehr gut durchtrainiert, hatte dicht an den Kopf geflochtene Haare und trug eine geschlossene, lange Lederweste. Zudem zeichneten sich auf seinem Oberkörper unzählige Narben ab.

„Ich wollte –", fing Ajax gerade an zu erzählen, als Riza ihm ohne Vorwarnung eine Salve von Holzdolchen, die er abwechselnd aus seinen Handgelenken holte, entgegenwarf. Sie waren etwas kleiner als die von Xylon, da Riza der Überzeugung war, dass sie so weniger Wasser verbrauchten, handlicher waren und trotzdem genau denselben Zweck erfüllten. Darauf reagierend, zog Ajax schnell sein zweites Xiphos von seinem Rücken und brachte sich in Abwehrhaltung.

Die Melodie, des Musikstückes auf dem Marktplatz kam in die erste aufreibende Phase.

„Was soll das? Lass uns doch erst einmal reden", brüllte Ajax und wehrte die geworfenen Holzdolche mit seinen beiden Schwertern gekonnt ab.

„Vergiss es! Mein Bruder hatte mich vor dir gewarnt. Ich soll mich von dir fernhalten", erwiderte Riza und feuerte auch gleich darauf eine zweite Welle kleiner Holzdolche auf ihn ab.

„Hey, das ist der Kerl! Und er greift schon wieder einen Elementar an", rief plötzlich eine Stadtwachte hinter Ajax, die offenbar von einem der Bürger auf der Straße zur Hilfe gerufen wurde und winkte eine zweite zu sich heran.

„Diese verdammten Soldaten", murmelte Ajax genervt und blickte kurz hinter sich. „Immer kommen sie mir in die Quere, aber nicht dieses Mal."

Er wehrte wieder die ankommenden Dolche ab und zerteilte den letzten so in der Mitte, dass die zwei Hälften die beiden Stadtwachen hinter ihm heftig am Kopf trafen und sie damit zu Boden streckten.

Ajax grinste zufrieden und sah wieder erwartungsvoll nach vorne, blickte dabei aber nur auf eine menschenleere Allee. Verwundert schaute er links und rechts zu den Häusern empor und konnte im letzten Augenblick noch Rizas Fuß erspähen, bevor er vollständig hinter einem einstöckigen Kalksteinhaus verschwand.

„Na warte, du entkommst mir nicht!", rief er Riza hinterher und verstaute die beiden Xiphos wieder fest auf seinem Rücken.

Ajax nahm Anlauf und rannte ein Stück die Hauswand empor. Danach sprang er an den danebenstehenden Pinienbaum und zurück an die Dachkante des Hauses, an der er sich nun mit seinen Fingern festhielt.

Anschließend stieß er sich noch einmal mit dem Fuß am Stamm des Baumes ab und schwang sie das letzte Stück gekonnt hinauf.

In die schnelle Abfolge von Klängen auf dem Markt, mischte sich ein hoher, unerwarteter Ton eines Blasinstruments. Oben angekommen, wartete Riza schon auf ihn und holte mit einer holzüberzogenen Faust an der Kante zum Schlag aus. Ajax hatte damit aber schon gerechnet und ließ sich daher absichtlich nach hinten fallen. Mit beiden Händen an der Kante abstützend, stieß er sich daran ab und trat Riza mit seinen Beinen kraftvoll in die Luft.

Mit einem lauten Krachen stürzte Riza durch eine Dachluke des Hauses und kam eine Etage tiefer auf seinem Holzfass unsanft auf, welches durch sein Gewicht auf der Stelle zu Bruch ging. Riza erhob sich wieder eilig aus den Trümmern der Dachluke und betrachtete entsetzt, wie das ganze Wasser seines Fasses im Boden versickerte. Schnell hielt er seine Hand in die Pfütze und saugte noch so viel davon ein, wie er konnte. Das wenige Wasser floss wie Adern sichtbar unter seine Haut und er erschuf schnell noch einen kleinen Holzdolch, den er eilig in seiner Tasche versteckte.

Nachdem er sich wieder aufgerichtet hatte, sah er sich hektisch in dem kleinen Raum um, in den er gestürzt war. Es gab eine nach unten führende Treppe, ein paar Regale an der Wand und einen Tisch, um den drei Hocker standen. Anschließend sah er über sich zum Loch in der Decke, da gerade ein Schatten daran vorbeigehuscht war.

Es war Ajax, der bis zur Mitte des Daches gerannt war, sich dann absichtlich fallen ließ und das letzte Ende des

Daches entlang rutschte. An der gegenüberliegenden Dachkante festhaltend, schwang er sich durch ein offenes Fenster in die erste Etage des Hauses und machte sich kampfbereit.

Die Musik wurde ein weiteres Mal durch einen hohen Ton unterbrochen, dann aber unerwartet von ruhigen Zupfinstrumenten abgelöst. Der erwartete Angriff von Riza kam nicht. Dieser saß überraschenderweise seelenruhig am Tisch und trank Tee aus einem Becher.

„Gut, dann lass uns reden", sagte Riza, der gemerkt hatte, dass er ihm nicht entkommen konnte und bot ihm einen Platz am Tisch an, auf dem noch ein weiterer Becher stand, eine Teekanne und eine leere Schüssel aus Ton.

Ohne Wasser für seine Holzfähigkeit, konnte Riza keine Techniken mehr ausführen. Trotz seiner inneren Anspannung, versuchte er sich aber nichts anmerken zu lassen. Ajax sah sich misstrauisch in dem Zimmer um, wobei er zufrieden Rizas zerbrochenes Wasserfass am Boden liegen sah. Sie waren offenbar allein in dem Raum und so setzte er sich vor ihm, auf die andere Seite es massiven Holztisches.

„Kommen wir gleich zum Punkt! Was hast du gegen Xylon und mich?", fragte Riza direkt und nahm entspannt einen Schluck aus seinem Becher.

Ajax zog skeptisch eine Augenbraue hoch, lehnte sich dann locker ein Stück zurück und fing leise an zu kichern.

„He, he, wie kommst du denn darauf, dass ich es nur auf euch beide abgesehen habe? Ich habe zwischendurch auch noch viele andere Elementare herausgefordert."

„Ja, sehr eindrucksvoll, nur Elementare unter dem ersten Rang. Diese waren doch nur Übungen für dich. Ich weiß ganz genau, dass du damals Xylon im Auge hattest und Ammos nur dabeihaben wolltest, damit es nicht so auffällt. Dir war aber klar, dass mein Bruder den Kampf aufnehmen würde. Ammos ist für jemanden, der so nahe an einem der vier Grundelemente ist, viel zu beherrscht für solche Provokationen. Du hättest auch, wenn dir jeder andere Elementar egal gewesen wäre, schon viel früher angreifen können, wo die anderen wegen der Prüfung alle total erschöpft waren. Es gab also keinen Grund ausgerechnet auf meinen Bruder zu warten, es sei denn, es ist etwas Persönliches."

Überraschen spiegelte sich in Ajax Gesicht und ließ ihn kurz nachdenken.

„Du bist als Elementar von zehn Sternenzyklen zwar schon so stark wie eine erwachsene Person, aber wesentlich schwächer als Xylon. Nur eines muss ich dir lassen. Dein Scharfsinn ist bemerkenswert. Er übertrifft bei weitem den deines Bruders."

Riza lehnte sich entschlossen nach vorne und starrte ihn finster an.

„Dieses Wissen habe ich von ihm. Er hatte dich damals schon ganz genau durchschaut. Du unterschätzt ihn. Das wurde schon einmal zu deinem Verhängnis und das wird es wieder", erwiderte Riza einschüchternd und lehnte sich dann wieder entspannt zurück. „Also, noch einmal dieselbe Frage. Was hast du gegen uns?"

Plötzlich funkelte Feuer in Ajax Augen. Die Musiker fingen wieder an, die zweite aufreibende Phase ihres Stückes mit einer angespannten Melodie zu beginnen, bei der alle Leute auf dem Marktplatz ungeduldig auf den großen Knall warteten, der ganz gewiss kommen würde.

„Ja, das stimmt. Ich hatte ihn damals unterschätzt. Ich hatte verloren, weil er auch ohne sein Element erstklassig kämpfen konnte. Die meisten Elementare verlassen sich dahingehend viel zu sehr auf ihre Fähigkeiten und sind, wenn man ihre Schwachstelle kennt, relativ leicht zu besiegen. Ich finde es aber trotzdem immer wieder amüsant, wie ihr es schafft, in den unmöglichsten Situationen die Fassung zu behalten. Mal sehen, wie lange du das noch so aufrechterhalten kannst, wenn du hörst, was ich dir jetzt erzähle", sagte er mit einer tiefen Intension in der Stimme und lehnte sich weit über den Tisch, um ganz nahe an Riza heranzukommen. „Ich habe etwas gegen euch, weil euer Vater Dokos schuld an dem Tod meiner gesamten Hera ist, also meinem Vater, meiner Mutter und meinen beiden Geschwistern!"

Etwas überrascht über seine Antwort stellte Riza seinen Becher vor sich ab und schaute ihn nun ungläubig an. Ein verrücktes Grinsen breitete sich über Ajax Gesicht aus.

„Ach, das wusstest du nicht? Dann wusstest du bestimmt auch nicht, dass euer Vater eure Mutter einst aus Karchēdón entführte und damit den Neomeris-Konflikt auslöst hatte, der daraufhin tausenden Menschen und Elementaren das Leben kostete. Nach dem Ende des Krieges ist er dann abgehauen und hat euch damit im Stich gelassen, da er die vielen verachtenden Blicke der Leute nicht mehr ertragen konnte."

Ein für Elementare unbekannter Zorn durchflutete Riza auf einmal. Er konnte sich immer gut beherrschen, aber nicht, wenn es um seine Familie ging. Der Knall der Anspannung war nun gekommen.

„Das ist eine Lüge!", schrie Riza wutentbrannt, sprang auf und schleuderte mit seinen Füßen den Hocker, auf dem er gerade noch gesessen hatte, unter dem Tisch hindurch.

Ajax sprang jedoch, immer noch grinsend, flink auf den Tisch, sodass Rizas Hocker mit Ajax seinem zusammenstieß und hinter ihm zerschellte. Riza schwang sich dann geschwind um den Tisch herum, packte Ajax von hinten an den Armen und rammte ihn gegen die Zimmerwand. Er holte noch einmal Anlauf, um ihn noch kräftiger gegen die Wand zu stoßen, doch Ajax lief mit seinen Füßen einfach an der Kalksteinwand empor und machte gekonnt einen Salto über Riza, sodass er nun direkt hinter ihm war.

Blitzschnell ergriff er den Arm des wesentlich kleineren Riza, machte eine halbe Drehung und hielt ihn gewaltsam mit beiden Armen hinter seinem Rücken fest. Die schnelle, aufregende Musik war nun deutlich in dem stillen Zimmer zu hören.

„Es ist die Aletheia", flüsterte ihm Ajax ins Ohr. „Du kannst das auch gerne deinen Meister Euterpe fragen, wenn du an meiner Aussage zweifelst. Er wird es dir bestätigen können."

Das konnte Riza ihm trotzdem nicht glauben, dass sein Vater seine eigene Frau entführt und dadurch so viel Leid verursacht haben soll.

Krampfhaft versuchte er sich von Ajax festen Griff zu befreien, doch kam nicht von ihm los. Verzweifelt erblickte er vor sich die Tonschale, die durch ihre kurze Auseinandersetzung bis an die Kante des Tisches geschoben wurde. Ohne lange darüber nachzudenken, trat Riza mit dem Fuß ausholend gegen die obere Kante des Gefäßes, zog flink seinen Kopf ein und ließ sie, mit einem surrenden Geräusch, drehend über sich hinwegfliegen. Sie traf Ajax schmerzhaft im Gesicht, der Riza daraufhin abrupt losließ.

Die rasanten Trommeln hatten wieder eingesetzt. Riza stürmte durch den Raum auf die Treppe zu und rutschte mit seinen Füßen das Geländer herunter. Ajax fing sich wieder und eilte ihm so schnell er konnte hinterher. Er sprang an die Wand über der Treppe und schwang sich dann an der Zwischendecke hinab in die unterste Etage. Hier befanden sich nur zwei Frauen, die sich aufgrund des Lärms der beiden, verängstigt hinter einigen Getreidesäcken versteckt hielten.

Ohne sie zu beachten, rannte Ajax durch die Tür, an der ein paar Knollen verdächtig hin und her schaukelten, nach draußen zu einem großen Innenhof. Dort stand Riza und deutete einigen Kindern an, die mit ihren Schnüren und Kreiseln spielten, schnell den Hof zu verlassen. Vier Flöten zusammen mit wilden Trommelschlägen brachten das Musikstück auf dem Markt in die letzte Phase vor dem großen Finale.

„Was jetzt? Bist du endlich bereit, richtig gegen mich zu kämpfen?", fragte Ajax ihn aufgebracht und knackte schon ungeduldig mit seinen Fingergelenken.

Riza sagte jedoch nichts, sondern holte den spitzen Holzdolch aus einer Seitentasche, den er aus dem letzten Wasser seines Fasses erschaffen hatte und warf ihn gezielt in die Luft. Verwundert blickte Ajax über sich und beobachtete, wie der Dolch eine Wäscheleine in der Mitte zerteilte und die vielen Kleidungsstücke überall im Hof zwischen ihnen zu Boden segelten. Das Finale hatte begonnen.

Aus Angst Riza in dem Durcheinander aus den Augen zu verlieren, stürmte Ajax, ohne zu zögern, geschwind durch die herabfallende Wäsche hindurch. Doch Riza schnappte sich ein großes Lacken und schleuderte es ihm, in einer schnellen Drehung, breitgefächert entgegen. Die Wucht war so enorm, dass Ajax darin eingewickelt nach hinten geworfen wurde und unsanft auf dem Boden aufkam.

Riza nutzte die Gelegenheit und versuchte schnell durch einen überdachten Seiteneingang zu entkommen. In einer letzten Aktion schnappte sich Ajax jedoch einen am Boden liegenden Kreisel der Kinder und ließ ihn gezielt über den Boden rutschen. Wie geplant landete er genau unter Rizas Fuß, der im Lauf darauf trat und anschließend ungünstig mit seinem Knöchel zur Seite wegknickte.

„Argh, verdammt!", stöhnte er und ging schmerzerfüllt zu Boden. Panisch drehte er sich zu Ajax um, der sich mittlerweile aus dem Laken befreit hatte und nun, mit Rizas Holzdolch zwischen seinen Fingern herumspielte. Gemütlich schritt er auf ihn zu.

„Habe ich dich! Und dabei brauchte ich noch nicht einmal meine Geheimwaffe einzusetzen, die ich extra für euch Holzelementare entwickelt habe", erklärte er siegessicher und warf den Dolch über Riza in einen der beiden Stützpfeiler der Holzüberdachung, welche daraufhin krachend herabstürzte.

Der Abschlussknall des Stückes der Musiker hallte über den gesamten Markt wider und übertönte sogar den Lärm im Innenhof. Das Holzgebilde war so über

Riza zusammengebrochen, dass er da lag und nur noch sein Kopf durch die Öffnung zweier Stäbe hindurchschaute. Mit Erschrecken blickte er, so liegend, auf ein scharfes Beil, welches wackelnd über ihm auf einem Fensterbrett lag. Dieses fiel schließlich herunter, rutschte über das herabgefallene Dach und hielt genau auf Rizas Hals zu. Verzweifelt versuchte dieser sich zu befreien, bekam aber die fest verankerte Konstruktion nicht angehoben. Das Musikstück wurde langsam leiser und verstummte schließlich gänzlich. Riza schloss seine Augen und machte sich schon bereit geköpft zu werden, doch - nichts geschah.

Ajax hielt im letzten Moment das Beil mit der Spitze eines seiner Xiphos auf und schleuderte es zur Seite. Er lehnte sich dicht über Rizas Kopf und schaute ihm herablassend in die Augen.

„Keine Angst! Das war nur ein Test. Ich will dich jetzt noch nicht töten. Ich möchte gerne, dass dein Bruder dabei zusieht, wenn ich dir das Leben ausknipse. Dann wird er bestimmt auch nicht mehr so zögerlich sein, um sich mir ordentlich entgegenzustellen", sagte Ajax finster, drehte sich auf der Stelle und verließ dann entspannt den Hof.

Riza, der noch immer hilflos unter dem Gerüst lag, starrte schmerzlich in den Himmel. Seine Gedanken waren bei seinem Bruder. Er hoffte, dass dieser schnell wieder zu ihm zurückkam, um sich an seiner Stelle an Ajax zu rächen.

Die Bürger auf dem Marktplatz applaudierten aufgeregt dem Musikstück, etliche Münzen flogen auf die Bühne, die Musiker verbeugten sich dankbar und begannen auch gleich ihr nächstes Lied.

Kapitel 39
Untergang der Kulturen

Xylon stand mit geschlossenen Augen auf der Stelle und hob seinen Kopf in die Höhe. Seine Arme ließ er dabei entspannt vom Körper abstehen. Eine warme Brise wehte ihm durch seine Filzlocken und das Plätschern des Flusses klang ihm in den Ohren. Langsam öffnete er die Augen und starrte in den tiefblauen Himmel, wo die Sonne auf ihn herabschien. Anschließend wanderte sein Blick herüber zu den Bäumen des Waldes. Dort sah er einen silberschimmernden Vogel auf einem Ast sitzen. Voller Eifer putzte dieser sein Gefieder und unterbrach es nur, um sich gelegentlich misstrauisch umzusehen. Doch plötzlich schien er etwas in der Ferne erspäht zu haben und hopste daher an die Spitze des Astes. Er bauschte aufgeregt seine Flügel auf, machte dann einen weiten Satz nach vorne und flog hoch durch die Luft.

WUSCH!

Zur Überraschung des Vogels schoss neben Xylon ein weiterer noch viel größerer Vogel aus dem Wald und schnappte ihn sich mitten im Flug. Mit seinen sehr langen, bunten Schwanzfedern wickelte er diesen ein und stürzte mit ihm hinab, um ihn dann am Boden zu erlegen. Xylon verfolgte dieses Spektakel, bis sie hinter den Baumreihen verschwunden waren.

Dann schloss er erneut die Augen, holte einmal tief Luft und öffnete sie nach kurzer Zeit. Wieder schaute er auf den silberschimmernden Vogel, wie er auf dem Ast saß und sein Gefieder putzte. Er sprang, wie auch beim letzten Mal, von dem Ast herunter, wurde danach in der Luft von dem buntgefiederten Vogel geschnappt und in den Wald verschleppt.

Es machte Xylon fast verrückt, ständig alles zweimal hintereinander zu sehen. Seit seiner ersten Vision, die mittlerweile schon fast eine Woche zurück lag, in der Myra ihn getötet hatte und daraufhin selbst starb, sah Xylon immer weitere Erscheinungen von kommenden Geschehnissen. Jedoch nahm er diese Visionen nicht als außenstehender Beobachter wahr, sondern als reale Erlebnisse. Er konnte nicht nur alles sehen und hören, sondern auch fühlen. Wobei es so echt wirkte, dass er den Unterschied zwischen Realität und Vorhersage nicht erkennen konnte. Zudem nahm die Häufigkeit dieser Erscheinungen zu, die nicht mehr nur schreckliche Ereignisse zeigte, sondern auch solche belanglosen Dinge, wie diese Jagd von diesem Raubvogel.

Der einzige Vorteil lag nur darin, dass er Myra und sich immer wieder vor schrecklichen Dingen bewahren konnte. Einmal hatte Myra in einer Vision unwissentlich auf einer Ameisenstraße geschlafen. Durch seinen Selbstschutz aus Rinde war Xylon zwar geschützt, aber Myra wurde von den Ameisen betäubt und im halbwachen Zustand langsam von ihnen abgetragen. Nachdem er das gesehen hatte, verlegte er, ohne dass sie es merkte, ihren Schlafplatz ein paar Fuß weiter weg. Ein anderes Mal wurde Xylon beinahe von einem riesigen, langbeinigen Insekt in einen Baum gezogen. Dieses stach ihn zunächst tot und wollte ihn danach einwickeln, bemerkte aber schnell, dass nur noch ein Stück Holz, woraus Xylon nach seinem Tod wurde, aus dem Geflecht herausschaute. Ab diesem Moment hielt sich Xylon vorerst vom Waldrand fern.

Trotz dieser Hilfe waren diese Vorhersagen aber der reinste Albtraum. Weder wusste Xylon, woher sie kamen, noch, warum er das plötzlich konnte. Er war sich nie sicher, ob das, was er gerade erlebte echt war oder sich noch einmal wiederholen würde. Myra erzählte er davon nichts, da er glaubte, sie würde ihn für verrückt erklären, was er letztendlich schon fast selbst tat. Wenn das aber so weiterging, war er sich sicher, bald wirklich den Verstand zu verlieren.

Nachdem die beiden Vögel wieder hinter den Baumreihen verschwunden waren, schloss Xylon ein weiteres Mal die Augen. Damit konnte er den Visionen zwar nicht entkommen, aber so musste er zumindest nicht alles zweimal hintereinander sehen.

„Hey Xylon! Komm schon, mache die Augen auf. Ich möchte dir etwas zeigen", rief Myra aufgeregt, die auf einmal direkt vor ihm stand. Xylon stöhnte genervt und öffnete seine Augen. Mit einem freundlichen Lächeln auf den Lippen, winkte sie ihm fröhlich zu. „Alles gut bei dir?"

„Ja klar, wieso?", fragte er mit einem verkrampften Grinsen im Gesicht.

„Ach, nur so. Du wirkst in letzter Zeit ein wenig abwesend, als würde dich etwas beschäftigen", sagte sie sichtlich besorgt und schaute ihn dabei skeptisch an.

„Mir geht es gut, wirklich!", versicherte er ihr und versuchte anschließend das Thema zu wechseln. „Du wolltest mir etwas zeigen?"

„Ja und glaub mir, du wirst überrascht sein!"

Sie nahm seine Hand und rannte dann mit ihm zusammen den Rand des Ausläufers herunter. Die gepunktete Katze Pan, die den beiden mittlerweile fast bis zu den Knien ging, bemerkte von weitem ihre forschen Schritte und lief ihnen dann eilig hinterher. Der Flusslauf war leicht abschüssig und links und rechts vom Ausläufer gab es zerklüftete Stellen.

Doch das bekam Xylon kaum mit, da er sich noch immer tief in Gedanken befand. Nachdenklich schaute er auf Myra, die mit ihm an der Hand vorrannte. Da die obere Hälfte ihres Chitons von den Sirenen zerrissen wurde, trug sie nun den unteren Teil als kurzen Rock um ihre Hüfte und oben herum ein, aus Xylons Wurzeln gefertigtes, Netzoberteil. Die zwei übriggebliebenen Lederfetzen hatte er dabei so geschickt eingearbeitet, dass sie genau über ihren Brüsten lagen.

Es wunderte Xylon, dass sie so schnell locker gab. Normalerweise war sie wesentlich hartnäckiger, wenn sie wieder einmal herausfinden wollte, was mit ihm los war. Gerade dann, wenn er sich, wie jetzt, besonders seltsam verhielt. Irgendetwas schien sie momentan aber mehr zu beschäftigen und er hatte da schon so eine Vermutung, was das sein könnte. Dabei bräuchte er eigentlich ein wenig Ruhe, aber er glaubte nicht, dass Myra ihm diese in der nächsten Zeit geben würde.

Sein Blick wanderte ihren halbnackten Rücken herunter zu ihrer Hand, die auf einmal zu Xylons Überraschung für kurze Zeit transparent wurde, sodass er seine Hand unter ihrer hindurchblitzen sah.

Was war das denn?, überlegte Xylon überrascht und wäre dabei beinahe über die abgeflachten Steinkanten gestolpert. Das war bisher noch nie passiert, oder hatte er sich das gerade nur eingebildet? Bei den vielen Visionen, die er hatte, würde ihm das mittlerweile auch nicht mehr wundern.

„Es muss ein großer See oder so etwas in der Art sein. Ich spüre ihn deutlich vor mir!", rief Myra begeistert und beschleunigte ihren Schritt. Sie freute sich so sehr über diese riesige Menge Wasser, dass sie überhaupt nicht bemerkte, dass Xylon ihr die ganze Zeit über nicht zuhörte.

Der Flusslauf wurde immer steiler. An einigen farnartigen Sträuchern vorbeikommend, hörten sie auf einmal lautes Wasserrauschen. Zudem wunderte sich Myra über die Lage des Sees. Denn je näher sie ihm kamen, desto mehr schien er sich über ihnen zu befinden. Ein Stück weiter bergab erkannten sie aus der Ferne vor sich ein breites Gewässer, in das der Ausläufer hineinfloss. Das Rauschen war nun schon so laut, dass es sämtliche Geräusche des Waldes übertönte. Myra wurde immer schneller. Sie konnte einfach nicht mehr abwarten, endlich zu wissen, was sich am Ende des Ausläufers befand.

Doch als sie unten ankamen, stoppte sie augenblicklich ab und stand staunend da.

„Was zum -?", fing Myra an, unterbrach sich aber selbst und blieb mit offenem Mund stehen.

Bei dem, was Xylon jetzt vor sich sah, kam selbst er aus seinen tiefen Gedanken. Verängstigt bremste auch

Pan schlagartig ihren Lauf ab und versteckte sich hinter Myras Beinen. Alle drei legten ihre Köpfe weit in den Nacken.

Vor ihnen befand sich ein gewaltiger, hölzerner Staudamm von mindestens einem Plethron Breite und einem halben Höhe. Er wurde zwar durch riesige Baumstämme vom Boden gestützt, aber durch seine leichte Verwitterung schoss Unmengen von Wasser kontinuierlich durch vereinzelte Löcher und kamen in hohen Wasserfällen vor ihnen herunter.

Xylon sah verwirrt zu Myra, die aber auch nur fragend zu ihm schaute. Sie ließ vorsichtig seine Hand los und sagte nachdenklich: „Dieser gigantische Staudamm wurde wahrscheinlich von den ehemaligen Bewohnern Delphis errichtet. An dieser Stelle müsste sich eigentlich der Nessosfluss befinden. Aber aufgrund des starken Gefälles gehe ich davon aus, dass es ihnen zur damaligen Zeit mit ihren Schiffen fast unmöglich gewesen war, gegen die starke Strömung anzukommen."

„Also konstruierten sie diesen Staudamm, um den Nessos genau bis zu dieser Stelle befahrbar zu machen", ergänzte Xylon, woraufhin Myra ihm bestätigend zunickte.

„Exakt! Nur kann ich mir nicht vorstellen, wie die Menschen aus Delphi es damals geschafft haben, so ein mächtiges Bauwerk mitten im Hestia Wald zu errichten. Einmal von den vielen Gefahren abgesehen, die hier lauern, hätte die starke Strömung ihr Vorhaben jedes Mal zunichte gemacht", sagte Myra ungläubig und überblickte alles noch einmal kritisch von oben bis unten.

Xylon, der langsam aus seiner Erstarrung gefunden

hatte, ging vorsichtig auf den Staudamm zu. Zuerst blickte er den Flusslauf des Nessos entlang und dann wieder zum Damm hinauf. Dabei watete er behutsam durch die starke Strömung des Ausläufers, um auf die rechte Seite des Dammes zu gelangen.

„Ich glaube nicht, dass er von Menschenhand errichtet wurde", sagte Xylon überzeugt und deutete auf die riesigen Baumstämme, aus denen der Damm bestand. „Ich denke ... nein, ich bin mir sogar ziemlich sicher, dass es sehr erfahrene Elementare gewesen sein müssen. Ein paar, die das Wasser aufhielten und einige, die die Stämme erschufen und aufstellten, würden dafür vollkommen ausreichen."

Myra schien davon noch nicht überzeugt und folgte Xylon mit einem skeptischen Blick zur untersten Kante des Dammes hinunter. Die hellstrahlende Sonne verschwand langsam hinter dem Damm, sodass sie sich nun im Schatten dieses enormen Bauwerkes befanden.

„Bist du dir da sicher? Wie kommst du darauf?", fragte sie verwundert und hielt sich die Hand vors Gesicht, weil ihr kleine, glitzernde Wassertropfen beim Hinaufschauen in die Augen spritzten. So dicht dran war das Rauschen der Wasserfälle so laut, dass fast alles, was sie sagen wollten, herübergerufen werden musste.

Xylon stand nun direkt davor und deutete auf die Lebensringe der Querstämme, die an den Seiten herausschauten. Die Stämme hatten einen gewaltigeren Umfang, als Xylon groß war.

„Siehst du die Ringe hier? Sie deuten auf das Alter des Baumes hin und diese hier haben gerade einmal um die 30. Für einen Baum mit so einem enormen Umfang sind das viel zu wenig", erklärte er Myra und holte ein Holzscheit aus seiner Armbeuge hervor. Dieses warf er zu ihr herüber, welches sie gekonnt auffing und sich dann neugierig ansah.

„Es hat 18 Ringe! Genauso viele, wie du alt bist", stellte die überrascht fest und blickte beeindruckt zu dem Staudamm empor, vor dem sie beide wie Insekten aussahen. „Das bedeutet, dass es nicht nur Elementare in Delphi gab, sondern auch welche, die eine ähnliche Fähigkeit besaßen, wie du. Aber warum haben wir in den Wandgravuren und Bemalungen keine Hinweise auf sie gefunden?"

Xylon setzte sich auf einen der Felsen, die überall vor dem Damm im Fluss lagen und grübelte kurz darüber nach. Vertieft schaute er dabei zu den Wasserfällen, die so durchgehend und klar flossen, dass sie wie durchsichtige Säulen aussahen.

Die Vorstellung, dass es Elementare mit derselben Holzfähigkeit gab wie seine, faszinierte ihn. Vielleicht waren sie sogar auf irgendeine Weise mit ihm verwandt gewesen. Nur wo kamen sie her und wo steckten sie jetzt? Wahrscheinlich war sogar sein Vater vor langer Zeit hier vorbeigekommen, um nach ihnen zu suchen.

„Wir haben keine Hinweise auf sie gefunden, weil es möglicherweise schon seit vielen Sternenzyklen, vor dem Verfall von Delphi, keine Elementare mehr hier gegeben hat und die Natur alle Spuren von ihnen anschließend beseitigte", entgegnete Xylon mit einem strengen Unterton und sah wieder zu Myra, die nur erstaunt zu ihm zurückblickte. „Ich habe dir doch einmal von Meister Klios These erzählt, dass es vielleicht bald keine Elementare mehr geben wird. Er glaubt, dass jede große und fortschrittliche Kultur einst Elementare beherbergte und nur unterging, weil an diesem Ort keine Elementare mehr geboren wurden, sie fortgingen oder in verheerenden Kriegen starben."

„Die letzten Menschen aus Delphi schienen insgesamt keine Freunde von Elementaren gewesen zu sein. Immerhin haben sie einen Stein angebetet, der Elementaren ihre Kräfte raubt. Bei dem vielen illegalen Reliquien- und Tierwesenhandel ist das aber auch kein Wunder. Und nach dem Fortgang der Elementare, hatten diese säurespuckenden Echsen wahrscheinlich leichtes Spiel mit den Bewohnern gehabt und damit ihren Untergang eingeleitet", warf Myra ein und ließ Xylon dann weitererzählen.

„Ja, gut möglich! Auf jeden Fall ist Meister Klio im festen Glauben das Nereid, eine weitere große Kultur, auch kurz davorsteht, alle Elementare zu verlieren und im Anschluss daran selbst untergehen wird. Ich hatte dir ja damals erzählt, an wie vielen Merkmalen man diese Entwicklung heute schon beobachten konnte. Zudem ist er davon überzeugt, dass es an dem Verhalten der Menschen liegt, ob es die Elementare noch lange geben wird oder nicht."

Myra starrte bedrückt zu Boden. Sie kam sich jetzt so unbedeutend vor. Nicht nur, dass die Menschen so einen großen Einfluss auf ihre Existenz hatten, sondern auch, dass sie, wenn sie starb, sich komplett in ihr Element auflöste und die Natur alles beseitigte, was von ihrem Dasein auf dieser Welt zurückblieb. Nach dem Zerfall einer Zivilisation waren von den Menschen wenigstens Ruinen und Aufzeichnungen vorhanden, aber von ihnen verschwand alles und zwar für immer. Sie waren nur ein Schatten ihrer selbst und würden noch nicht einmal in den Erinnerungen der nächsten Generation weiterleben können.

„Ich denke, die Schlacht gegen Kyros II. ist unsere einzige Möglichkeit dem entgegenzuwirken. Wenn wir verlieren, wird nicht nur Nereid fallen, sondern auch die Elementare hier in Thessalien endgültig verschwinden", ergänzte Xylon und blickte Myra finster an.

Zuerst schaute sie ihn erschrocken an, doch dann entschlossen zu dem imposanten Bauwerk empor. Ein paar Vögel, die an der obersten Kante des Dammes saßen, sprangen gerade davon herunter und flogen im hohen Bogen über sie beide hinweg, wobei das Echo ihres Krächzens in dem Tal mehrmals widerhallte.

„Wir werden es schaffen, davon bin ich überzeugt! Wenn nur ein paar Elementare einen so gewaltigen Staudamm im gefährlichsten Wald Thessaliens errichten konnten, dann werden wir es auch schaffen, Nereid die benötigten Informationen für den Sieg gegen Kyros II. zu beschaffen", sagte sie überzeugt und hob Pan vorsichtig vom Boden auf. Ihre Augen funkelten dabei heroisch. „So, genug geredet! Nun lass uns dort hinaufklettern und uns umsehen. Wie ich vorhin schon erspürt habe, hat sich dort oben ein großer Stausee gebildet und das wäre der perfekte Ort für unseren nächsten Rastplatz."

Myra stieg auf die ersten Felsen an der Außenseite des Dammes und versuchte mit Pan im Arm mühselig daran hinaufzuklettern. Doch nach kaum zehn Fuß rutschte sie an dem, vom vielen Wasser glitschig gewordenen, Gestein ab und fiel herunter. Blitzschnell wurde sie aber von Xylon in seinen Armen aufgefangen. Denn dieser stand direkt unter ihr und fing sogar die Katze mit einer Hand separat auf, die er ihr nun mit einem liebevollen Lächeln überreichte.

„Huch, danke!", entgegnete sie erstaunt und schaute Xylon verblüfft an. „Gute Reflexe."

Doch der äußerlich lächelnde Xylon sah innerlich nur bedrückt zurück. Er hatte schon wieder eine Vision, dieses Mal der ihres Sturzes. Daher konnte er auch so schnell darauf reagieren. Aber eines musste Xylon zugeben, er war wirklich überrascht von dem, was Myra ihm zeigte, auch wenn es nicht ganz das war, was sie damit gemeint hatte.

Kapitel 40

Der Stausee

Nachdem sie gemeinsam die Steilwand zum Damm emporgeklettert waren, blieben sie, überwältigt von dem riesigen und eindrucksvollen Stausee, noch für einen kurzen Moment oben stehen und ließen dieses idyllische Bild auf sich wirken.

Der See war mehrere Stadia groß und die gesamte Umgebung spiegelte sich auf der ruhigen, glitzernden Wasseroberfläche wider, als ob sich unter ihnen noch eine weitere auf dem Kopf stehende Welt befand. Das herrliche Bild wurde noch dadurch ergänzt, dass sich um den Stausee herum allerlei seltsame Geschöpfe versammelten und gemächlich Wasser daraus tranken. Von den verschiedenen Wesen ging eine friedfertige Stimmung aus. Auch eine Gruppe von Gregis graste auf der gegenüberliegenden Seite. Unter Wasser konnte Myra jedoch auch ein paar Geschöpfe erspüren, von denen eine eher gefährliche Präsenz auszugehen schien.

Kaum waren Xylon und Myra über die Kante des Dammes gestiegen, wurde das Rauschen der Wasserfälle hinter ihnen deutlich leiser und die Geräusche des Waldes erfüllten wieder die Luft. Sie gingen am, teilweise mit Gras bewachsenen, Ufer entlang und suchten nach einer geeigneten Stelle für ihren nächsten Rastplatz. Pan lief ihnen dabei mit fröhlich wedelndem Schwanze hinterher.

„Wir sollten eine Weile hierbleiben und uns ein Floß bauen. Der Nessos kann an manchen Stellen zu Fuß unpassierbar sein", erklärte Myra und hielt kurz inne, da sich vor ihnen plötzlich ein riesiger Baumstamm vom Boden erhob. Darin versteckte sich offenbar ein großes Tier, welches sich aber nicht für die beiden zu interessieren schien und sich daher mit seinen vier kurzen Beinen Richtung Hestia Wald begab.

„Ein Floß?", fragte Xylon überrascht, war aber schon nach kurzem Nachdenken sofort davon überzeugt: „Ja, ein Floß. Das klingt gut! Erwarte aber nicht von mir, dass ich solche breiten Stämme, wie die von dem Staudamm erzeugen kann."

„Das weiß ich doch", entgegnete sie fröhlich und stieß ihn dabei keck an der Schulter, wobei sie fast über ein kleines, korallenartiges Wesen gestolpert wäre, welches sich mit Saugnäpfen unbeholfen über den Erdboden bewegte. „Dünnere Stämme würden dafür auch schon völlig ausreichen. Ich habe nur keine Lust, für den Bau extra in diesen grausigen Wald gehen zu müssen. Ich weiß nicht, ob du es schon bemerkt hast, aber seitdem wir dieses Plateau betreten haben, stehen wir unter ständiger Beobachtung von irgendwelchen Raubtieren."

„Ja, das habe ich bemerkt", bestätigte Xylon ihr angespannt und blickte misstrauisch zum Wald, wo er jedoch nur ein paar friedfertige lila Minsel in den Baumwipfeln klettern sah. „Daher verstehe ich auch nicht, warum wir das ausgerechnet hier oben machen müssen. Hast du dir mal überlegt, wie wir das fertige Floß dann später auf die gegenüberliegende Seite des Dammes schaffen wollen?"

Myra dachte kurz darüber nach. Da blaues Licht von Xylons Aquamarinanhänger sie blendete, ging sie ein paar Schritte voraus. Doch auf einmal blieb sie stehen und breitete aufgeregt ihre Arme neben sich aus. Erschrocken wich Xylon ein Stück vor ihr zurück.

„Ich weiß, was wir machen! Kannst du dich noch an den Angriff der Pflanzensetzlinge erinnern, die sich ständig verdoppelt haben?"

„Nur ungern, aber ja. Das war, als wir die Körper getauscht haben", entgegnete Xylon und schaute sie dabei misstrauisch an.

„Und weißt du noch, wie wir dieser heiklen Lage damals entkommen sind?"

Plötzlich dämmerte Xylon, worauf Myra hinauswollte und er erschrak bei diesem irrsinnigen Gedanken.

„Du willst doch nicht etwa -"

„Doch genau das will ich!", unterbrach ihn Myra eindringlich. „Damit könnten wir auch gleichzeitig unsere verlorene Zeit wieder einholen."

Auch wenn Xylon zugeben musste, dass diese Idee zwar waghalsig, aber auch gar nicht so schlecht war, gefiel ihm dieser Gedanke trotz allem nicht. Zudem wunderte er sich darüber, dass sie nicht nur für den Bau des Floßes, sondern offenbar auch zum Übernachten lieber hier oben bleiben wollte, obwohl es unten wahrscheinlich viel sicherer war.

„Außerdem ist es hier oben so wundervoll romantisch. An diesem traumhaft schönen Ort könnten wir uns endlich voll und ganz unserer Liebe hingeben und dort weitermachen, wo wir vor ein paar Morgen aufgehört haben", säuselte Myra träumerisch, drehte sich einmal im Kreis und blickte Xylon dann verführerisch an.

Nun hatte er seine Antwort. Denn seltsamerweise wollte Myra sich mit Xylon, seit ihres kurzen Liebesaktes, mehr denn je vereinigen. Sie neckte ihm ständig, machte erotische Andeutungen und versuchte ihn mit all ihren weiblichen Reizen zu zeigen, dass sie jetzt wirklich bereit war, mit ihm zu schlafen. Er konnte es sich anfangs nicht richtig vorstellen, da Myra immer sehr zurückhaltend war, wenn es zwischen ihnen um Nähe und Zweisamkeit ging, doch nun war er sich ganz sicher. Er vermutete, dass Myras anfängliche Angst daraus resultierte, dass sie noch sehr wenig Erfahrung mit Männern gehabt hatte. Sie verbrachte fast ihr ganzes Leben in diesem großen, blauen Palast und hatte wahrscheinlich viele negative Vorträge von ihrer Mutter bekommen, die wiederum selbst schlechte Erfahrungen mit Männern gemacht hatte. Aber nun hatte sie offenbar Gefallen daran gefunden und zwar mit ihm einen Mann, der nicht zu den Erzählungen ihrer Mutter passte.

Doch seit den vielen Visionen ihres Todes, stand Xylon die meiste Zeit ein wenig neben sich und konnte sich daher nicht wirklich auf Myra einlassen. Er dachte viel über seine momentane Situation nach und hatte sogar eine schlimme Vorahnung, was sie anging, die er erst noch klären wollte, bevor er diesen letzten Schritt mit ihr gemeinsam ging. Durch dieses ganze Geturtel, bemerkte sie zum Glück nicht, dass etwas mit ihm nicht stimmte und so hoffte er, wenn sie ihm noch ein klein wenig mehr Zeit geben würde, endlich eine Antwort auf seine vielen Fragen zu finden.

Xylon ließ sich davon also nichts anmerken und lächelte einfach zufrieden zurück. Myra nahm daraufhin wieder seine Hand und spazierte mit ihm zusammen gemütlich weiter am Seeufer entlang. Nach ein paar Fuß hatten sie auch schon einen geeigneten Platz für ihr Lager gefunden.

Kapitel 41

Verkehrte Welt

Zur Dysis hatten sie ihr Lager errichtet, genügend Proviant zusammengesammelt und bereits die ersten Baumaterialien für ihr Floß besorgt. Unter anderem Schilf, welches fast um den ganzen Stausee herum wuchs und Hornplatten der Gregis, die hier überall auf dem Boden herumlagen. Aus irgendeinem Grund warfen diese Tiere sie nach einer gewissen Zeit einfach von sich ab. Die Sonne stand tief am Himmel und tauchte alles in ein angenehm warmes Rot.

Myra und Xylon hockten neben der Feuerstelle und lehnten sich über die dunkle Erde. Mit einem Stock kritzelte Xylon Pläne darüber, wie ihr Floß später einmal aussehen sollte.

„Ich habe zwar noch nie ein Floß gebaut, aber ich denke, ein einfacher Einmaster würde für uns beide vollkommen ausreichen. Ich würde zudem noch zwei separate Schwimmausleger links und rechts vom Kiel anbringen, damit es später stabiler ist und nicht so leicht umkippen kann", sagte Xylon, ganz in seine Arbeit vertieft, und fügte der Zeichnung noch ein paar Striche hinzu.

Er führte die meisten Detailzeichnungen aus, da Myra, wie sie selbst zugab, nicht sehr gut in solch künstlerischen Dingen war. Sie schaute aber unzufrieden über ihre Pläne.

„Wie wäre es mit einem kleinen Beiboot?", erkundigte sie sich und pustete ein paar ihrer langen Haare aus dem Gesicht. Sie nahm einen Stock in die Hand und malte hinter dem Floß noch ein kleines Viereck, welches dann an einem Seil hinterhergezogen werden konnte.

„Okay, das ist eine gute Idee. Pan ist wasserscheu und wird daher die meiste Zeit bei uns an Bord sein. Da wäre es besser, wenn wir unsere Vorräte separat aufbewahren würden."

Myra schob wütend ihre blauen Augenbrauen zusammen.

„Nein! Das ist natürlich für uns beide und unsere gewissen Horen", fauchte sie aufgebracht, wurde dann aber wieder ganz sanft. „Du weißt schon, fürs intensivere Kennenlernen und so."

Während sie das sagte, lehnte sie sich ganz dicht zu ihm herüber, sodass Xylon ihr direkt in ihren tiefen Ausschnitt sehen konnte. Seltsamerweise waren ihre Brüste deutlich größer als sonst und die Haut darüber stark gespannt.

„Was zum … hast du die etwa mit Wasser gefüllt?", fragte Xylon erschrocken.

„Ach Xylon, du musst doch nicht immer alles so kleinlich sehen", entgegnete sie verführerisch und strich mit ihrem Stock zärtlich über seinen freien Oberkörper.

Doch Xylon hielt sofort ihre Hand fest und sah sie fassungslos an.

„Was stimmt nicht mit dir? Deinen Körper so kaputt

zu machen, nur um mir zu gefallen und dass, obwohl wir schon so lange ein Paar sind?"

Erneut stieg Wut in ihr auf. Sie zog ihre Hand aus seinem Griff und ließ das Wasser durch winzige Poren der Haut wieder aus ihren Brüsten entweichen.

„Was ich für ein Problem habe? Was hast du für ein Problem? Vor ein paar Morgen hättest du mich noch eiskalt hintergangen, um mit mir schlafen zu können und jetzt wo ich es auch möchte, weist du mich ab", sagte sie sichtlich verärgert und starrte ihm verzweifelt in seine Augen, um den Grund dafür zu erfahren, doch erkennen konnte sie überraschenderweise nur Unsicherheit und Zweifel. „Ich dachte, dass ich für dich vielleicht nicht mehr attraktiv genug bin. Nach all den Strapazen auf dieser langen Reise sehe ich bestimmt total zerzaust und ungepflegt aus. Woran könnte es denn sonst liegen? Du bist den ganzen Morgen um mich. Da kann doch nichts mehr sein, was noch zwischen uns steht. Sag mir, was ich besser machen kann!"

Xylon schüttelte nur enttäuscht den Kopf. Er stützte sich mit der Hand auf sein Bein ab und stand dann auf, bevor sie noch einen weiteren unüberlegten Versuch starten konnte, ihn zu umgarnen.

„Es liegt nicht an dir, das hatte ich dir doch schon einmal gesagt. Außerdem brauchst du dich für mich nicht zu verändern. Du bist für mich perfekt, genauso wie du bist. Du bist klug, hübsch und liebevoll. Mehr kann sich ein Mann von einer Frau nicht wünschen. Gerade jetzt in dieser Abendröte siehst du so unwiderstehlich und anziehend aus, dass ich gerade nichts lieber tun würde, als deinem Verlangen nachzugeben. Aber es gibt da etwas, was ich für mich selbst noch klären muss und darum bitte ich dich um ein klein wenig mehr Zeit. Kannst du das denn nicht verstehen?"

Seine Worte verschlugen ihr glatt die Sprache. Verständnislos schaute sie ihm an. Was passierte hier gerade? Das war doch nicht ihr Xylon, der da vor ihr stand. Was für eine verdrehte Welt.

„Aber was … wann … wie viel Zeit brauchst du denn noch? Ich habe dir, wie du gewünscht hast, ein bisschen mehr Freiraum gegeben. Aber du grenzt dich immer weiter von mir ab. Es ist jetzt schon gefühlt eine Woche her, dass wir uns zuletzt geküsst, geschweige denn mehr gemacht haben. Zuerst hatte ich Angst dich anzusprechen, dann dir meine wahren Gefühle zu offenbaren und schließlich mit dir intim zu werden. Aber nun habe ich nur noch Angst, dich wieder zu verlieren. Entschuldige, dass ich damals so zurückhaltend zu dir war, aber bitte lass uns das Problem dieses Mal gemeinsam klären."

Xylon ging kurz in sich und rieb sich die Augen. Dann schaute er stirnrunzelnd zu ihr herunter.

„Seit wann willst du denn so dringend mit mir schlafen?"

Myra senkte daraufhin schüchtern ihren Blick und rieb sich verlegen den Arm.

„Mal abgesehen davon, dass unsere Anziehungskraft aufgrund unserer Elemente von Morgen zu Morgen immer größer wird, hat mich unser intimes Zusammenspiel nach der Charybdis ganz verrückt nach mehr gemacht. Wenn du mich jetzt auch nur berührst, kribbelt es in meinem ganzen Körper und ich muss sofort an diesen einen unvergesslichen Moment denken. Es war das erregendste und intensivste Gefühl, welches ich in meinem ganzen Leben je erfahren habe und dass war bisher nur das Vorspiel. Du hast wirklich alles richtig gemacht. Du warst gut, viel zu gut und ich möchte das gerne wieder. Dass du damals diesen Liebesakt nur für mich abgebrochen hast … das war so süß und selbstlos von dir. Aber jetzt, wo ich nichts mehr ersehne, als dir wieder so nahe zu sein, stößt du mich weg und willst lieber für dich allein sein. Ich verstehe das einfach nicht."

Xylon schüttelte nur fassungslos den Kopf.

„Ich kann es momentan einfach nicht und es hat nichts mit dir zu tun. Wenn ich aber weiß, was mit mir los ist, sage ich es dir, versprochen. Es tut mir wirklich leid, dir das zu sagen, aber wenn du in der nächsten Zeit jemanden zum Kuscheln brauchst, dann wende dich bitte an Pan", versuchte er es ihr klar zu machen.

Xylon wollte sich gerade von ihr abwenden, als Myra ihn reflexartig am Arm festhielt. Sie ließ aber sofort wieder los, da ihr in gewisser Hinsicht die Hände gebunden waren. Denn so eine ähnliche Situation hatte es schon einmal zwischen ihnen gegeben, nur mit getauschten Rollen. Da hatte sie ihm nämlich auch nicht erzählen wollen, was mit ihr los war und auf sein Vertrauen gepocht.

Xylon schaute kurz auf Myras sinkende Hand, die schon wieder für einen kurzen Augenblick durchsichtig wurde und schloss dann seine Augen. Zu Myras Verwunderung hämmerte er sich mit der Faust mehrere Male gegen den Kopf und ging dann betrübt zum Seeufer herunter.

Sie verstand um sich herum die Welt nicht mehr. Normalerweise würde sie sich jetzt einen ausgeklügelten

Plan ausdenken, der seine wahren Gedanken preisgab, aber das konnte sie, aufgrund ihrer eigenen Vertrauensregel, nicht. Wieso quälte sie das Fatum nur immer so? Warum konnte es nicht einmal gut für sie laufen?

„Warts nur ab!", entgegnete sie dann doch entschlossen und blickte auf ihre Zeichnung. „Ich werde es auch auf herkömmliche Weise schaffen, seine Sinneslust zu mir wieder neu zu entfachen und zwar so sehr, dass er sich ein Bein dafür ausreißen wird, um mit mir Liebe haben zu können. Und wenn es das Letzte ist, was ich tue. Eine Frau hat da schon so ihre Möglichkeiten."

Sie nahm sich wieder ihren Stock und malte ein zweites Beiboot hinten an den Ausleger, eines für die Essensvorräte und eines für ihre gemeinsamen Stunden zu zweit. Das werden sie nämlich noch brauchen, davon war sie überzeugt.

Währenddessen kniete sich Xylon vor dem großen See und schaute schwermütig in ihn hinein. In dem ruhigen Gewässer spiegelte sich sein Gesicht. Aufgrund der tiefhängenden Sonne zogen sich lange Schatten über seine traurige Mimik, wodurch er sogar noch bekümmerter aussah.

In seinem Augenwinkel nahm er ein paar Tiere wahr, die auf der anderen Seite Wasser aus dem Stausee tranken. Das saubere und klare Trinkwasser schien auch einer der Hauptgründe zu sein, weshalb hier an der Wasserstelle die Tiere so artenreich vertreten waren. Darunter war auch eine kleine Herde von grazilen, langbeinigen Geschöpfen mit riesigen, wunderschönen Geweihen auf dem Kopf, die beinahe größer waren, als die Tiere selbst. Zwischen ihnen liefen ein paar Jungtiere umher, die schon wie die Älteren, bei dem kleinsten

Geräusch verschreckt zusammenzuckten und sich dann argwöhnisch umsahen. Überall um den See herum konnte man zudem leises Zirpen hören und ab und zu kamen kleine Fische an die Wasseroberfläche, wodurch winzige Wellen entstanden. Eine helle, glitzernde Linie der rotschimmernden Sonne spiegelte sich auf dem Wasser.

Das ist ein wirklich bezaubernder Ort und diesen mache ich Myra aufgrund meiner eigenen Probleme gerade zunichte, dachte Xylon niedergeschlagen.

Es tat ihm schon irgendwie leid für sie, aber zuerst musste er seine schlimme Vorahnung über sie widerlegen, ansonsten befürchtete er noch ein böses Nachspiel für sie beide. Wenn er jetzt schon so etwas konnte, dann sollte er so eine Warnung auch nicht ignorieren. Zum Glück hatte sie noch nicht herausgefunden, dass er auf eine gewisse Art und Weise, die Zukunft vorhersehen konnte. Er musste nur gut aufpassen, dass es auch weiterhin so blieb. Jedoch war das in so einem fürchterlichen Wald, wie Hestia, in dem es vor Gefahren nur so wimmelte, gar nicht so einfach. Aber er war sich sicher, dass er das schon irgendwie hinbekommen würde.

Xylon wischte mit der Hand über die Wasseroberfläche, woraufhin sein Spiegelbild in kleinen Wellen ringförmig auseinander ging. Anschließend stand er auf und begab sich wieder zurück ins Lager.

Kapitel 42
Der Bau der Fýlloma

Die nächsten zwei Tage des Schiffsbaues waren so chaotisch, wie Xylon es schon vermutet hatte. Am ersten Tag ließ Xylon für das Deck große Bäume aus der Erde wachsen, während Myra aus dem Schilf breite Netze für das Segel flocht. Dort begann sie auch langsam mit ihrem Verführungsspiel. Sie pustete imaginäre Küsse zu ihm herüber, stöhnte laut auf, wenn sie so tat, als ob ihr die Arbeit zu mühselig war und ließ ihr Netzoberteil ganz unscheinbar an der Schulter heruntergleiten. Xylon war schon klar, was sie damit bezweckte, aber er konnte einfach nicht umhin und musste doch ab und zu mal einen Blick auf ihren schlanken und makellosen Körper werfen. Er war schließlich auch nur ein Mann, versuchte Xylon sich einzureden. Und natürlich musste er sie auch immer im Auge behalten, da sie wegen ihrer Unaufmerksamkeit laufend vor irgendwelchen Dingen gerettet werden musste, die er vorher schon in seinen Visionen gesehen hatte.

Als sie am Seeufer Markierungen in die Erde malte, wo später einmal die Rampe stehen sollte, richtete sie lieber ihren Hintern für Xylon aufreizend in die Höhe, als auf das rote, doppelmäulige Reptil zu achten, welches hinter ihr plötzlich aus dem Wasser geschnellt kam. Doch bevor es Myra mit einem der beiden Mäuler zu schnappen bekam, hatte Xylon das riesige Tier schon mit seinen Wurzelfesseln umschlungen und zurück in den See geworfen. Ein anderes Mal wäre sie beinahe von zwei männlichen, rivalisierenden Gregis überrollt worden, die kämpfend aus dem Wald gestürmt kamen. Doch auch da konnte Xylon sie noch rechtzeitig dort wegziehen, bevor sie von den beiden wild tobenden Tieren zerquetscht wurde. Zwar konnte er sie jedes Mal, dank der Vorhersagen retten, aber ihren Tod musste er trotzdem immer wieder tatenlos mit ansehen.

In der Nacht ging Myra dann in die Offensive und schmiegte sich eng an Xylon, ließ Wasser in Herzform um sie herum aufsteigen und brachte mit jeder Bewegung ihre Kurven vollends zur Geltung. Zudem zeigte sie mit Worten, wie: „Mir ist so kalt, kannst du mich aufwärmen?", „Meine Sachen kratzen so, ich werde mich mal ein wenig frei machen" und „Küssen ist die Sprache der Liebe, komm her und sprich dich mit mir aus!", genau was sie wollte, betonte aber auch immer wieder, dass sie ihn zu nichts zwingen möchte und es ganz ihm überließ, was er mit ihr alles anstellten könnte. Was letztendlich auch nur wieder ein aufreizender Spruch von ihr war.

Am zweiten Tag ging das Ganze dann wieder von vorne los. Xylon war froh, dass er mit dem Grundgerüst des Floßes fast fertig war, denn so langsam konnte er nicht mehr, weder ihr zu widerstehen, noch sie ständig zu retten. Einmal wurde sie in einer Grube von Treibsand erfasst, aus der sie von allein nicht mehr herausgekommen wäre und ein anderes Mal, wäre beinahe der Hauptmast auf sie gestürzt. Sie war gerade dabei, die großen Holzstämme mit aller Kraft zusammenzuschnüren, als der zu locker aufgestellte Mast plötzlich umkippte. Im letzten Augenblick schaffte es Xylon aber noch, einen Bumerang aus seiner Armbeuge hervorzuholen und diesen in einem weiten Bogen auf Myra zuzuwerfen, der sie dann aus der Gefahrenzone stieß.

Etwa zur Mesembria des zweiten Tages am Stausee saßen beide wieder entspannt am Lagerfeuer und genossen ihren Proviant.

„Nur noch ein Beiboot und wir sind endlich fertig", gab Xylon erleichtert von sich und schaute zufrieden zu seinem Meisterwerk herüber. Dabei biss er ein Stück von einer schwarzweiß gestreiften Frucht ab.

Das Floß hatte eine große Grundplatte, die aus zwei Dutzend Holzstämmen bestand. Genau in der Mitte davon, war ein massiver Mast, mit einem breiten Schiffssegel aufgestellt. Links und rechts vom Hauptteil, gab es, wie geplant, die beiden Schwimmausleger, zwischen denen grobmaschige Wurzelnetze gespannt waren. Am Ende des Floßes befand sich, an einem Seil befestigt, das noch halbfertige Beiboot. Alles stand auf einer aus Xylons Holz errichten Rampe, über die das Floß zum Schluss dann ins Wasser geschoben werden konnte.

„Es sieht wirklich klasse aus. Ich hätte nicht gedacht, dass wir das so gut und vor allen Dingen so schnell auf die Reihe bekommen", gab Myra zufrieden von sich und kaute nebenbei ein paar Nüsse, die sie vor sich aufgetürmt hatte. Es fühlte sich für sie richtig gut an, mal etwas mit ihren eigenen Händen erbaut zu haben. „Wie wirst du es nennen? Es besteht immerhin größtenteils aus deinem eigenen, selbstproduzierten Holz."

Mit einer von Xylons selbstgeschnitzten und sehr vereinfachten Form eines Nussknackers, brach sie die Schale ihrer Nüsse auf und aß genüsslich deren Inhalt. Neugierig blickte sie Pan nach, wie diese im Wald verschwand, wahrscheinlich, um sich auch etwas Essbares zu besorgen.

Xylon saß auf einmal vollkommen geistesabwesend da und starrte in die Leere. Über einen Namen hatte er sich tatsächlich noch gar keine Gedanken gemacht. Doch plötzlich fiel ihm ein geeigneter für das Floß ein, der ihm in seinem Leben sehr viel bedeutete, obwohl er diese Person kaum kennenlernen konnte.

„Fýlloma!", sagte Xylon und sah halb lächelnd, halb traurig zu Myra herüber.

„Oha. Nach deiner verstorbenen Mutter?", fragte Myra und schaute überrascht zu Xylon. „Das ist eine wirklich schöne Idee."

„Ja, sie schenkte mir einst das Leben. Ohne dieses ich diese fantastische Reise mit dir nicht hätte machen können, um somit dieses Floß zu bauen. Es ist das Mindeste, was ich ihr zu Ehren tun kann", erklärte Xylon stolz und schaute kurz in die wild tanzenden Flammen des Lagerfeuers, die ihn aus irgendeinem Grund auf einmal erschaudern ließen.

„Xylon, das ist wirklich lieb von dir. Es tut mir leid, dass mit deiner Mutt –", fing Myra, berührt von Xylons Worten, gerade an zu erzählen, wurde aber von ihm rabiat unterbrochen.

„Vorsicht!", brüllte er panisch und schlug ihr das Essen brutal aus der Hand.

„Spinnst du? Was hast du denn auf einmal für ein

Problem? Das sind doch nur Trauben!", entgegnete sie erschrocken und hob die Staude wieder vom Boden auf.

Aber plötzlich erkannte sie, dass es keine Trauben waren, sondern Fischeier, die sich zu einer einzelnen großen Staude zusammengeschlossen hatten und leicht mit einem matschenden Geräusch hin und her wankten.

„Iiieeee!", schrie Myra angeekelt und warf das Teil angewidert ins Wasser. „Jetzt reicht es mir aber! Wie machst du das immer?"

„Was? Mit wachsamen Augen durch den Morgen gehen?", fragte Xylon und versuchte so ahnungslos, wie möglich zu klingen, hatte dabei aber einen leicht zittrigen Unterton.

„Das hat nichts mehr mit Wachsamkeit zu tun. Seitdem du dich so komisch verhältst, schaffst du es irgendwie immer in der Nähe zu sein, wenn etwas Schlimmes passiert, um es noch rechtzeitig zu verhindern. Das ist zwar toll, aber so viel Voraussicht besitzt noch nicht einmal ein Elementar."

Xylon wischte sich nach dem Essen den Mund ab und stand auf, um wieder weiterzuarbeiten.

„Ach, dass bildest du dir bloß ein", tat er es belanglos ab und drehte sich von ihr weg.

Jetzt reichte es ihr aber mit der Rücksichtnahme. Zornig stand Myra auf und packte ihn blitzschnell am Arm.

„Entweder, du sagst mir sofort, was mit dir los ist oder du schläfst auf der Stelle mit mir!", sagte sie in einem finsteren Ton und funkelte ihn dabei böse an.

Xylon hätte bei ihren Worten beinahe seine distanzierte Haltung verloren.

„Was ist denn das für eine Drohung?"

„Eine Gute", erwiderte sie wütend und aufgebracht

zugleich. „Beides ist mir momentan gleich viel Wert. Wenn du dich aber für keine der beiden Optionen entscheidest, mache ich auf der Stelle Schluss mit dir und das meine ich dieses Mal wirklich ernst."

Xylon schüttelte dabei nur amüsiert den Kopf.

„Dann hast du dafür aber die falsche Auswahl getroffen", sagte er halb lachend, nahm anschließend Myras Arm und warf sie entgegen aller Vernunft küssend zu Boden.

Jetzt war es Xylon auch egal, welche Konsequenzen dies nach sich ziehen könnte. Er hatte sich nun lange genug zurückgehalten. Mehr konnte man von einem männlichen Elementar in seiner Position nun wirklich nicht erwarten. Total überrascht ließ Myra noch kurz ihre Arme locker, krallte sich dann aber begierig in seinem freien muskulösen Oberkörper fest.

Kapitel 43
Wildes Zusammenspiel

Während Xylon über Myra herfiel, grinste sie zufrieden in sich hinein. Es war dieses Mal sogar noch intensiver, als nach der Auseinandersetzung mit den Sirenen. Denn Xylon war jetzt nicht mehr so unsicher und hielt sich daher auch nicht mehr zurück, sondern ließ sich einfach von seiner Lust vorantreiben. Er konzentrierte sich voll und ganz darauf sie vollends zu befriedigen.

Xylon lag auf Myra. Ihre Münder waren eng aneinandergepresst und seine Hände strichen sanft über die empfindsamsten Stellen ihres Körpers. Myra genoss eine lustvolle Minute nach der anderen mit ihm. Sie zerfloss regelrecht unter seinen zauberhaften Händen. Sie schloss ihre Augen und ließ sich einfach fallen. Was auch immer er mit ihr jetzt vorhatte, so in Ekstase dürfte er alles mit ihr machen, was immer er wollte und das tat er dann auch. Als erstes legte Xylon seine Hand auf ihren Brustkorb und belebte ihr Netzoberteil aus Wurzeln neu, indem er es ein wenig Wasser zuführte. Nachdem er sich damit verbunden hatte, spürte er nicht nur ihren samtweichen und warmen Körper, sondern konnte es auch nach seinen Wünschen bewegen.

Myra schnappte sich währenddessen mit ihrer Wasserfähigkeit sein Glied, welches sich noch in seiner ungeöffneten Hose befand und brachte es blitzschnell zum Stehen. Vor Schreck zuckte Xylon plötzlich zusammen und bekam kaum noch Luft. Denn Myras kontrolliertes Wasser war in sein Glied eingedrungen und stimulierte es in von innen her, was so ein intensives Gefühl war, dass er jetzt schon beinahe gekommen wäre. Xylon stöhnte einmal laut auf und riss Myra ungeduldig das Netzoberteil vom Leib. Ihre Liebe zu ihm, seine Erregung, ihr betörender Duft, ihre zarte Haut und viele weitere Eindrücke, die er nicht hätte in Worte fassen können, trieben ihn immer weiter voran. Beide fingen auch immer stärker an zu schwitzen.

Xylon löste jetzt seinen Mund von ihrem und fuhr mit Küssen über ihre Brust fort. Er saugte und leckte ihre hart gewordenen Brustwarzen. Jedoch nicht lange, denn er nutzte die Zeit und ließ währenddessen unter Myra ein Wurzelgeflecht entstehen, welches sie nun fest in Position hielt. Er packte mit seinen freigewordenen Händen ihre beiden Oberschenkel und schob sie ruckartig auseinander. Sein Gesicht wanderte ihren flachen, angespannten Bauch herunter und verschwand unter ihrem kurzen Rock.

Ihr Geschlecht blitzte ihm zwischen ihren geschmeidigen Beinen am helllichten Tag lustvoll entgegen. Myra stöhnte bei Xylons aufbrausenden Art wild und unkontrolliert auf. Doch was er jetzt vorhatte, nahm ihr endgültig den Atem. Denn er fuhr mit seiner Zunge über ihre Scheide und in sie hinein. Da sie aber noch immer in seinem Wurzelgeflecht festgehalten wurde, welches ihre obere Hälfte weiterhin befriedigte, musste sie alles hilflos über sich ergehen lassen. Der erste Orgasmus jagte durch ihren Körper und ließ sie mehrmals unkontrolliert zusammenzucken. Myra war so überglücklich, dass ihr sogar die Tränen kamen.

Aus den offenen Kratzwunden, die sie in ihrer Lust mit ihren langen Fingernägeln in Xylons Oberkörper verursacht hatte, sprossen plötzlich Wurzeln heraus, die Xylon nicht kontrollieren konnte. Ihre Elemente fingen erneut an, sich in ihr Liebesspiel einzumischen. Die Wurzeln aus seiner Haut schlugen gewaltsam in die Erde und zogen ihn noch näher an Myra heran. Um sie herum kamen sie wieder heraus und stiegen langsam und allmählich zu einer Holzkuppel über ihnen empor. Auch Myras Wasserelement bildete sich aus ihren Schweißtropfen und vereinte sich mit seiner Kuppel. Wie eine Explosion tauschten sich ihre Gedanken, Wünsche, Ängste, Träume und Gefühle über den jeweils anderen schlagartig aus.

Myra wurde langsam ungeduldig und ließ daher das Holzgebilde unter sich vertrocknen, sodass ihr Oberkörper wieder frei war. Xylon war jedoch so eifrig unter ihrem Rock zugange, dass er sie unfreiwillig nach hinten über die Erde schob. Als sie aber über ihrem Kopf gegen einen großen Stein zu stoßen drohte, zerlegte ihr Wasserelement diesen in schmale Scheiben. Denn nicht nur sie beide wollten sich in ihrem Liebesspiel auf gar keinen Fall von irgendetwas unterbrechen lassen, sondern auch ihre Elemente, die mehr miteinander zu kommunizieren schienen, als jemals zuvor. Beide waren extrem gespannt darauf, was ihre Elemente zusammentaten, wenn sich ihr Akt endlich auf dem Höhepunkt befand.

Obwohl Xylons Zungenfertigkeit mit nichts auf dieser Welt übertroffen werden konnte, wollte Myra nun die Führung übernehmen und schnappte sich Xylons Oberkörper. Sie zog ihn zu sich hoch, umklammerte mit ihren Beinen seinen Körper und drehte sich mit ihm um die eigene Achse. Seine Wurzeln rissen dabei brutal aus der Haut, suchten aber schnell wieder nach neuem Bodenkontakt. Myra, die jetzt aufrecht auf ihm saß, leuchtete, in der schon halb verschlossenen Kuppel, am ganzen Körper leicht bläulich. Schweiß lief an ihr herunter, die Haare klebten ihr am Kopf und ihre Brustwarzen standen stark erregt in die Höhe. Ihre Augen trafen sich für einen kurzen Augenblick und sagten beide das Gleiche. Es war endlich soweit. Nun gab es kein Zurück mehr.

Xylon wollte sich etwas aufrichten, wurde aber sofort wieder von Myra nach unten gedrückt. Dabei krallte sie sich mit ihren Fingernägeln schmerzvoll in seinen muskulösen Oberkörper. Damit auch ja nichts mehr schiefging, wollte sie jetzt für den Rest des Geschlechtsaktes die Kontrolle übernehmen. So auf seinem Schoß sitzend, spürte sie deutlich seine Erregung zwischen ihren Beinen und machte sich daran diese ungezähmte Bestie so schnell wie möglich zu befreien. Mit einem schnellen Handgriff hatte sie seinen Hosenbund geöffnet und zog ihm das einzige Kleidungsstück, welches er noch trug, herunter. Sein warmes, steifes Glied lag nun unter ihrer Scheide und war bereit in sie einzudringen.

Von Myras ungebändigter Lust, war Xylon total überrumpelt. Er hätte nie erwartet, dass diese einst so schüchterne junge Frau, so unfassbar wild sein konnte und es gefiel ihm gut. Endlich konnte sie vollständig aus sich herauskommen und tun und lassen, was immer sie wollte. Endlich war sie - frei.

Xylon öffnete nur schwach seine Augen und wollte einen kurzen Blick auf Myras zierliche, aber perfekten runden Brüste werfen. Mit einem beschwingten Gesichtsausdruck schaute sie zu ihm herunter und Xylon lächelte sie überglücklich an. Doch dann passierte es wieder. Ihr gesamter schweißgebadeter, nackter Körper wurde mit einem Mal vollständig transparent, sodass er die Wurzelkuppel hinter ihr hindurchscheinen sah.

Was ist das nur? Oder besser gesagt, was ist sie?, dachte Xylon erschrocken und blickte sie angsterfüllt an. Er konnte das nicht tun. Er musste hier weg!

Xylon versuchte sich wieder aufzurichten, doch Myra hatte seine plötzliche Unsicherheit in seinen Augen sofort erkannt. Sie drückte ihn auf der Stelle wieder mit aller Kraft nach unten und verband ihre Körper noch zusätzlich mit Wasserfäden aus ihrer beider Schweiß. Verzweifelt beobachtete Xylon über sich, wie die Wurzelkuppel langsam hinter ihm verschloss.

Er starrte panisch in Myras Augen, die nur eines antworteten: ‚Wenn du mir diesen schönen Moment jetzt zerstörst, bringe ich dich um, darauf kannst du dich verlassen'.

Xylon blickte ganz tief in Myras azurblaue Augen. Noch bevor die Kuppel um sie herum vollständig schloss, konnte er in der Spiegelung ihrer Pupillen überraschend Pan erkennen, wie sie gerade hinter ihm völlig zerzaust und auf einem Bein humpelnd aus dem Wald kam.

„Pan!", rief Xylon, wieder vollkommen klardenkend,

und stieß Myra rabiat mit einem schnellen Ruck zur Seite.

Brutal riss er sich die Wasserfäden von der Haut und hechtete durch die letzte Öffnung der Holzkuppel. Als er auf der anderen Seite rollend wieder zum Stehen kam, zog er sich die Hose schnell hoch und riss sich die restlichen Wurzeln schmerzhaft vom Körper, der daraufhin stark anfing zu bluten. Kaum war er an der frischen Luft, hörte er auch schon ein tiefes, boshaftes Grummeln aus dem Inneren des Holzgebildes.

„XYLON!", brüllte Myra stinksauer und schlug mit ihrer Wasser überzogenen Faust mit so einer enormen Wucht auf den Boden, dass dieser sich davon ausbreitende Druck über den gesamten See als flache Welle ausbreitete. Dabei brach auch das Holzgebilde, welches nach Xylons Loslösung nur noch totes Holz war, in zwei Hälften.

Erschrocken beobachtete Xylon hinter sich, wie Myra die Erde zwischen ihnen bebend aufbrach. Ohne zu zögern stürmte er eilig in Pans Richtung, während unter ihm aus Wasser bestehende Hände aus der Erde kamen und versuchten nach seinen Füßen zu greifen. Schnell erschuf er eine Ranke und schwang sich das letzte Stück geschwind zu Pan. Xylon kam vor ihr hockend zum Stehen und lehnte sich dann vorsichtig über das verletzte Tier. Als Pan ihn erreicht hatte, ließ sie sich einfach erschöpft in seine Arme fallen.

So langsam hatte auch Myra begriffen, dass etwas mit ihrem Schützling passiert war und blickte verwundert zu den beiden herüber. Sie löste ihre Wassertechnik auf und kletterte hastig aus den Überresten der Kuppel. Sie rannte zu ihnen, kniete sich neben sie hin und schaute, genauso wie er, nervös in Richtung Waldrand.

„Was ist nur mit ihr passiert? Irgendetwas muss sie angegriffen haben", fragte Xylon aufgeregt und reichte sie behutsam an Myra weiter.

Sie blickte ihn zuerst nur böse an, dann aber doch besorgt zu Pan herunter. Sie nahm die kleine Katze vorsichtig in beide Arme und schaute nach ihren Verletzungen. Blut klebte auf ihrem orangebraunen Fell und ihr Halsband war völlig zerrissen. Als Xylon genauer hinsah, stellte er mit erschrecken fest, dass der Stein darin verschwunden war.

„Der Antielementarstein aus dem Halsband, er ist weg!", rief Xylon panisch, der versuchte ihre Wut, so gut es ging, zu ignorieren. „Wir müssen ihn um alles in der Welt wiederfinden."

„Klar!", entgegnete Myra grantig und setzte Pan liebevoll auf den Boden, die auch sofort anfing ihre Wunden zu lecken. „Aber dass du mir das hier eben kaputt gemacht hast, wird für dich auf jeden Fall noch ein übles Nachspiel haben."

„Ja, ja, ist ja schon gut. Ich erkläre dir alles, wenn wir Pan versorgt und den Stein wiedergefunden haben. Ich fertige schnell eine heilende Salbe und du musst unbedingt versuchen ihre Verletzungen mit deinem Wasserelement zu reinigen", erklärte er hastig und versuchte damit von sich abzulenken.

Doch trotz Pans zerschundenen Anblicks und das Verschwinden des Steines ließ ihr Xylons Geheimnis keine Ruhe mehr. Nachdenklich starrte sie kurz zu Boden und dann wieder mit einem klaren Blick zu ihm hoch.

„Xylon, warte!", sagte sie ruhig und eindringlich. Mit

der Hilfe ihres Elements fiel es ihr nicht schwer, ihre Wut zu ihm schnell zu unterdrücken. Eine neue Erkenntnis über ihn machte ihr Sorgen. „Erzähle mir, was dich bedrückt und lasse mich dir helfen. Ich bin auch nicht mehr böse auf dich. In dem Moment, wo unsere Elemente vorhin aufeinandertrafen, habe ich es gesehen. Es herrscht eine große Unsicherheit und Angst in dir. Bitte rede mit mir. Ich habe auch allen Schutz an mir abgelegt."

Nach kurzem Zögern, drehte er sich zu ihr um und schaute sie an. Sie saß Oberkörperfrei vor ihm und ließ ihre Arme an den Seiten locker herunterhängen. Ihre wohlgeformten, nackten Brüste machten ihn ganz nervös. In der hellleuchtenden Sonne, zusammen mit dem vielen Schweiß, stachen sie wie zwei glitzernde Hügel hervor.

„Ist gut. Ich erzähle es dir. Aber du musst mir bitte bis ganz zum Schluss zuhören und mich wirklich ernst nehmen, sonst breche ich das hier sofort wieder ab", sagte er endgültig nachgebend und ließ seinen ganzen Druck mit einem Mal heraus, in dem er einen großen Schwall Luft auspustete. Myra nickte ihm entschlossen zu.

„Ja, das verspreche ich!"

Kapitel 44
Rückkehr nach Hestia

Nachdem Xylon ihr alles über seine Vorhersagen und ihrem durchsichtig werden gebeichtet hatte, sah sie ihn eine ganze Weile irritiert an und brachte kein einziges Wort heraus.

„Ich wusste es doch! Du glaubst mir nicht", gab Xylon enttäuscht von sich und rollte die fertig behandelte Pan in ein großes Blatt ein, damit sie sich die heilende Salbe nicht sofort wieder herunterlecken konnte. Da die kleine Katze sich in dem Ding nicht mehr bewegen konnte, schloss sie einfach die Augen und versuchte zu schlafen.

Während Myra darüber nachdachte, was er gerade alles gesagt hatte, deutete sie ihm an, ihr zerrissenes Netzoberteil wieder zu erneuern. Daraufhin legte Xylon seine Hand auf ihren Brustkorb, während sie die beiden Lederfetzen auf ihre Brüste legte und erschuf auch gleich darauf ein neues Wurzelgeflecht, welches sich wie eine zweite Haut über sie legte.

„Nein, ich glaube dir! Es ist schon ungewöhnlich, aber du hast in den letzten Morgen mehr als nur einmal bewiesen, dass du das beherrschst. Ich überlege nur, warum du das so plötzlich kannst. Wann hattest du es denn das erste Mal?", fragte sie und setzte sich im Lager gemütlich auf den Boden.

„Na, in der Cypris, wo ich so früh schlafen ging und anschließend in die Gesänge der Sirenen geraten bin. Das habe ich dir doch gerade gesagt", erklärte Xylon ihr aufgebracht und setzte sich ihr im Schneidersitz gegenüber.

„Nein, das meine ich nicht. Das war deine allererste klare Vision, aber hattest du vorher nicht schon einmal das Gefühl, etwas zu wissen, bevor es wirklich geschah?", fragte sie weiter und hatte da schon so ein bestimmtes Ereignis im Auge.

„Ja, jetzt wo du es sagst. Auch wenn ich es letztendlich doch gemacht habe, hatte ich, bevor ich mich mit dem ‚conflictio' Symbol bemalt habe, eine ganz schlimme Vorahnung. Irgendwie wusste ich schon vorher, dass mein Vorhaben schiefgehen würde und das ist es ja dann schließlich auch."

„Vielleicht sogar noch früher?"

„Das kann gut sein. Bei den duplizierenden Pflanzenwesen habe ich die Situation mit dem ausgetrockneten See und dem gestauten Wasser schnell erkannt und genau gewusst, wie ich sie loswerden konnte. Möglicherweise auch schon davor, bei den Alligatorhaien. Mit Sicherheit kann ich dir das aber nicht genau sagen."

„Ein kleines Stück weiter in die Vergangenheit noch", hakte Myra ein letztes Mal nach.

„Das letzte, was mir einfallen würde, ist der Python, den du in deiner menschlichen Wut angegriffen hattest. Ich ahnte irgendwie schon vor dem Angriff, dass dir etwas Schlimmes widerfahren wird. Ich habe dich auch noch versucht zu warnen, aber da war es leider schon zu spät."

„Und? Hast du auch schon denselben Gedanken wie ich?", erkundigte sich Myra und zog beide Augenbrauen gewitzt nach oben.

Plötzlich blieb Xylons Mund überrascht weit offenstehen und er sah sie verblüfft an.

„Meinst du, ich bin irgendwie in Kontakt mit dem Brunnen in Delphi gekommen und habe daher diese übersinnliche Vorhersagefähigkeit?"

„Möglich wäre es. Anders kann ich mir das momentan nicht erklären", sagte sie für sich abschließend und zuckte mit den Schultern. Dann stand sie auf und strich ihren Rock glatt.

„Und was machen wir jetzt deswegen?", fragte Xylon panisch und schaute verängstigt zu ihr hoch. Er befürchtete nämlich, dass es für immer so bleiben könnte oder sich sogar noch weiter verschlimmerte.

„Auch aus Steinen, die einem in den Weg gelegt werden, kann man etwas Schönes bauen", sagte sie zuversichtlich, stemmte ihre Hände in die Hüfte und starrte ernst zu dem angrenzenden Wald herüber. „Wir müssen wieder in den Hestia Wald und nach dem Tempelstein suchen, da könnte uns deine Vorhersagefähigkeit noch von Nutzen sein. Vor allem, da einer von uns auf dem Rückweg, wegen des Steines, sein Element nicht mehr benutzen kann. Danach können wir uns immer noch in Ruhe darüber Gedanken machen, wie du das wieder loswirst. Was hältst du davon?"

Xylon sah zuerst nachdenklich zu Boden und dann missmutig zu ihr hinauf.

„Ist gut", sagte er wenig begeistert und stand dann

ebenfalls auf. Er holte sich sein Wasserfass und schnallte sich dieses auf den Rücken.

„Sehr schön, dann wollen wir mal!", erwiderte Myra entschlossen und schnallte sich auch ihren Bogen auf den Rücken. „Hestia. Pah, wir haben dich schon einmal bezwungen und das werden wir erneut. So gefährlich bist du nun auch wieder nicht."

Während sie beide so dastanden, schauten sie fasziniert einem hübschen, scharlachroten Vogel hinterher, der zielstrebig auf Hestia zusteuerte. Kaum hatte er den Waldrand erreicht, wurde er auch schon von einem der Bäume direkt in der Luft weggeschnappt.

MAMPF! MAMPF!

Schockiert schauten beide zu, wie der Astauswuchs den kleinen Vogel mit einem zufriedenen Brummen zerkaute.

„In Ordnung, das Zweite nehme ich wieder zurück", sagte sie leicht verunsichert.

Anschließend begaben sie sich an die Stelle, wo Pan vorhin aus dem Wald herausgehumpelt kam. Zögerlich gingen sie hinein und achten auf jedes noch so kleine Geräusch. Alle ihre Sinne waren nun aufs äußerste geschärft.

„Was ist eigentlich damit, dass ich dich ab und zu transparent sehe?", fragte Xylon, bevor das Dickicht die Sicht zum See hinter ihnen vollständig verschloss. Beide waren jedes Mal wieder aufs Neue überrascht, wie dicht bewachsen Hestia schon am Waldrand sein konnte.

„Ach das! Darüber würde ich mir nicht so viele Gedanken machen", entgegnete Myra zuversichtlich und kämpfte sich durch das viele Gestrüpp. „Du sagtest, es wäre noch relativ neu. Es kann also nur mit dem

Grundproblem zusammenhängen. Ich denke, dass bildest du dir nur ein. Bei so vielen Todesvisionen würde ich auch irgendwann durchdrehen."

Nach ein paar Fuß tiefer im Wald hielten beide kurz an und besprachen ihre weitere Vorgehensweise.

„Gut! Von hier aus könnte der Tempelstein eigentlich fast überall sein. Ich schlage daher vor, getrennt weiterzugehen. Somit könnten wir ein größeres Gebiet in kürzester Zeit absuchen. Du weißt, das Schweregefühl des Steines verrät uns seine Position", erklärte Myra und versuchte durch das dichte Blattwerk etwas zu erspähen. Es kam aber so wenig Licht auf den Grund des Waldes, dass sie kaum etwas erkennen konnte.

„Hältst du es wirklich für eine gute Idee, getrennt weiterzugehen?", fragte Xylon sie skeptisch.

„Ja klar, warum auch nic –", fing sie gerade an zu erzählen, unterbrach sich aber, bei dem was sie jetzt sah, selbst. Nervös deutete sie mit dem Finger hinter Xylon. „Vorsicht Xylon! Hinter dir. Nicht bewegen!"

Denn dutzende, gelbleuchtende Augenpaare starrten gierig auf sie beide herab. Dank einer weiteren Vorhersage blieb Xylon aber vollkommen ruhig, drehte sich entspannt um und fuchtelte mit den Armen.

„Verschwindet!", rief er und die Augenpaare stellten sich als kleine Insekten heraus, die gelbleuchtende Flügel zur Abschreckung besaßen. Im völligen Durcheinander flogen sie an ihnen vorbei.

Xylon wendete sich wieder Myra zu.

„Bist du dir wirklich ganz sicher, dass wir getrennt weitergehen sollten?", fragte er zur Sicherheit noch einmal.

„Natürlich! Ich bekomme das schon hin", antwortete

Myra genervt, die sich von den seltsamen fliegenden Insekten ein wenig verschaukelt vorkam. Sie drehte sich rasch auf der Stelle und wollte in die entgegengesetzte Richtung weitergehen.

„Okay, dann solltest du aber nicht dort entlang", rief Xylon ihr mahnend hinterher und wartete geduldig auf der Stelle.

„Was, warum –", wollte Myra fragen, musste aber erneut abbrechen, da der Busch vor ihr mit einem luftzerschneidenen Ton auf einmal hunderte von Stacheln ausfuhr.

„Hier lang?", fragte Xylon schon leicht amüsiert.

„Ja, was immer du sagst", gab Myra schließlich nach und presste ihre Lippen verärgert zusammen. Sie musste eingestehen, dass sie ohne ihn hier nicht weit kam. Also stapfte sie missmutig zu ihm zurück, damit sie zusammen weitergehen konnten.

Was letztendlich eine gute Entscheidung war. Denn die merkwürdige Pflanzenwelt hatte es heute besonders stark auf sie beide abgesehen. Sie wehrte sich mit irritierenden Farben, juckenden Giftkapseln, markdurchdringenden Tönen und eine beschoss sie sogar mit ihren eigenen Samenkörnern. Sie konnten kaum verstehen, wie Pan hier überhaupt so lange unbeschadet überleben konnte. Hinter einem breiten, stark verwurzelten Baum hatten sie den Stein endlich gefunden.

„Da ist er! Ich spüre ihn deutlich vor uns", flüsterte Xylon zu Myra und lugte nur knapp an der Rinde eines Baumes vorbei. Der Stein lag gut sichtbar unter ein paar beschädigten Luftwurzeln, die Pan offenbar für kurze Zeit als Schutz dienten.

„Ja und da ist auch wieder Gefahr, die uns den Weg

dorthin versperrt", flüsterte sie zurück und suchte einen alternativen Weg, um dorthin zu gelangen.

Denn auf der kleinen mit winzigen Pflänzchen übersäten Lichtung stand ein riesiges bärenartiges Ungetüm, was sich gerade über seine frischerlegte Beute hermachte. Das massige Tier hatte schütteres, tiefschwarzes Fell, seltsame, große Auswüchse auf dem Rücken und lange, gefährliche Klauen an seinen kräftigen Vorderbeinen, die deutlich länger waren, als die Hinterbeine. Zudem besaß er ein längsliegendes Maul, anstatt wie normalerweise bei jedem anderen Wesen üblich quer.

Xylon entdeckte vor sich am Boden Fußabdrücke mit sieben Zehen. Nach den Spuren zu urteilen, hatte dieses Tier offenbar zuerst Pan angegriffen und wurde dann von dieser gewaltigen Bestie in der Jagd erlegt. Pan konnte dadurch zwar glücklicherweise entkommen, aber nun stand dieses Monstrum zwischen ihnen und dem Antielementarstein.

Es gab absolut kein Durchkommen. Grüblerisch schaute sich Xylon mehrmals nachdenklich um. Doch selbst wenn sie es irgendwie schaffen könnten, an den Stein heranzukommen, hätte einer von ihnen keine Fähigkeiten mehr und der andere müsste dann versuchen, beide dort wieder unbeschadet herauszubekommen.

„Und was jetzt?", fragte Myra leise.

„Wir müssen uns wohl durchkämpfen und das Tier außer Gefecht setzen, was sonst?!", erklärte Xylon wild entschlossen und schaute ernst zu ihr herüber.

Doch letztendlich beobachteten Myra und Xylon eine ganze Weile nur stillschweigend das fruchtbare Gemetzel und unternahmen rein gar nichts. Blut und Gedärme klebten dem riesigen Bären im längsliegenden Maul. Auch wenn die beiden sich übereinandergestellt hätten, wäre das Wesen immer noch deutlich größer gewesen.

„Könntest du ihn nicht einfach mit ein paar Wurzelfesseln an Ort und Stelle festhalten?", schlug Myra vor, weil sie merkte, dass es irgendwie nicht voran ging.

Xylon, der völlig perplex dastand, antwortete ihr mit einer deutlich hörbaren Nervosität in seiner Stimme. Ihm war nicht ganz klar, was sie beide gerade so sehr einschüchterte, entweder der Einfluss des Steines oder einfach nur diese angsteinflößende Aura dieser gewaltigen Kreatur? Aber einen frontalen Angriff hielt er nach kurzem Überlegen nun doch für zu riskant.

„Wurzelfesseln, nein! Hast du dir dieses Ding mal genauer angesehen? Die würden sofort reißen!"

„Also nicht angreifen? Was sagen dir deine Visionen? Kommen wir hier wieder lebend heraus?", fragte Myra, die ihre Furcht vor diesem mächtigen Geschöpf nicht mehr verbergen konnte.

„Ich weiß nicht genau, wann ich diese Visionen habe. Ich merke es erst dann, wenn ich alles noch einmal sehe und momentan ist das alles noch das erste Mal. Außerdem bin ich mir nicht immer zu einhundert Prozent sicher, ob ich auch immer eine zweite Chance bekommen werde, wenn mal wieder etwas Schlimmes passiert. Irgendwann ist es das letzte Mal und um uns ist es geschehen. Also viel mit ausprobieren ist da nicht", entgegnete Xylon bitter und erblickte über sich die vielen Lianen, die von den gigantischen, stark bewachsenen Bäumen hingen. „Aber ich glaube, ich habe da schon eine Idee!"

Xylon deutete nach oben und fing an, ihr seinen Plan

zu erläutern. Myra folgte mit ihrem Blick sein geplantes Vorgehen, als ob sie ihn dabei schon sehen würde.

„Gut! Ich schlage vor, wir machen das so. Da mein Element auch mit dem Stein seine Form nicht verliert, werde ich ihn holen und du wartest hier. Ich klettere dafür so weit nach oben, wie ich kann und dann herüber auf die andere Seite. Anschließend lasse ich mich unbemerkt ein Stück herunter und versuche mir von oben den Stein mit einer Ranke zu angeln. Wenn das erledigt ist, verschwinde ich mit ihm schnell wieder, als ob nichts geschehen wäre", erklärte er ruhig und Myra nickte bei jeden seiner Worte. Xylons Stimme wurde ein wenig dunkler. „Sollte aber irgendetwas schiefgehen, dann musst du mich sofort dort herausholen, verstanden? Mit dem Tempelstein kann ich nämlich keine Techniken mehr benutzen und wäre diesem Vieh dann hilflos ausgeliefert."

Xylon wartete, bis sie auch dies abgeknickt hatte und fing dann an, ohne noch mehr Zeit zu verlieren, lautlos mit seinen Hand- und Fußwurzeln den Baum neben sich emporzuklettern. Einmal drehte er sich noch zu ihr um und deutete mit zwei Fingern zuerst auf sie und dann mit einem einzelnen nach oben, was bedeutete, ihn die gesamte Zeit über nicht aus den Augen zu verlieren.

Myra verfolgte ihn auch zuerst aufmerksam, blickte dann aber verwundert nach unten, da ihre nackten Füße plötzlich leicht im Morast versanken und es sich zwischen ihren Zehen seltsam glibberig anfühlte.

„Was zum -?", fing sie leise an sich zu wundern und erschrak, bei dem, was sie unter sich sah.

Denn aus dem Schlamm starrten sie plötzlich zwei

große, mit Dreck verklebte, Augen an und ein breites Maul kam direkt vor ihr aus dem Matsch. Schleimige Finger umfassten ihre Beine und das Wesen gab ein quakendes Geräusch von sich. Wie erstarrt blickte Myra auf diese seltsame Amphibie.

Davon nichts mitbekommend, hangelte sich Xylon unterdessen, wie geplant, von einer Liane zur nächsten, weit über das Bärenmonster hinweg. Als er den Baum, unter dem der Stein lag, erreicht hatte, seilte er sich, mit den Beinen an der Liane festhaltend, ein Stück kopfüber herunter. Gut zehn Fuß über der gewaltigen Kreatur blieb er stehen und holte eine Ranke aus seinem Arm. Er ließ sie vorsichtig bis zum Stein herunter und wickelte diesen mit einem schnellen Ruck in sie ein. Sofort spürte Xylon dieses erdrückende Gefühl, welches von dem Stein ausging. Seine gesamte Umgebung war mit einem Mal vor seinem Geist verschlossen. Ohne lange darüber nachzudenken, zog er die Ranke mit dem Stein darin, schnell wieder zu sich hinauf.

„Ja, geschafft!", triumphierte Xylon leise und hielt den Antielementarstein wieder freudig in beiden Händen.

Er schaute sicherheitshalber einmal zu dem Monstrum herunter, ob es auch ja nichts von seiner Aktion mitbekommen hatte und erschrak.

Denn Myra kam hektisch aus ihrem Versteck gestolpert und blickte sich noch einmal angeekelt zu dem Morastwesen um, indem sie gerade noch gestanden hatte.

„Bäh, ich hasse diesen verfluchten Wald! Warum passiert das immer nur mir?", stieß sie verärgert aus und schüttelte sich den Schlamm von den Füßen.

Plötzlich senkte sich ein gigantischer Schatten über sie, wodurch ihr Herz fast vor Schreck stehenblieb.

Angsterfüllt drehte sie sich danach um. Das Bären-monster türmte sich vor ihr zu voller Größe auf, gab ein dominantes Gebrüll von sich, was mehrere Male im Wald widerhallte und holte dann wütend mit seiner Tatze nach ihr aus.

Myra sprang zwar blitzschnell in einer seitlichen Dre-hung über den ersten Schlag hinweg, konnte aber dem nächsten, schnell darauffolgenden, frontalen Angriff des Wesens nicht mehr ausweichen. Dieser, weit von oben ausholenden, Wucht der Bärenfaust konnte sie nichts entgegensetzten und wurde von ihr brutal in den Boden gestampft. Hilflos musste sich Xylon das mit an-sehen. Verwundert betrachtete das Ungetüm seine Tatze, an der Wasser anstatt Blut heruntertropfte.

Myra wurde zu ihrem Element, dachte Xylon schockiert und konnte nicht glauben, was hier gerade passiert war. *Sie ist tot!*

Kapitel 45

Eine schier unmögliche Flucht

Ein Schweißtropfen perlte Xylon von der Stirn und flog hinab. Doch der Tropfen fiel auf einmal immer langsamer, bis er mitten in der Luft stehenblieb. Anschließend flog er wieder zurück an Xylons Stirn und wanderte sie hinauf. Alles schien sich vor seinen Augen erst langsam und dann immer schneller Rückwärts abzuspielen. Nachdem das Bärenungetüm seine Tatze mit aller Kraft nach oben zog, stand Myra wieder vollkommen unbeschadet da. Sie wich flink einem weiteren Schlag aus und stolperte, nachdem das Monstrum wieder ganz unscheinbar seiner Tätigkeit nachging, rückwärtslaufend in das Gebüsch.

Schon wieder eine Vision, überlegte Xylon, dem sein Herz vor Aufregung raste. *Ich muss das unbedingt verhindern.*

Er zog sich schnell an der Liane ein Stück hinauf, sodass er sie mit einer Hand zu greifen bekam. Anschließend sprang er nach vorne und warf den Stein dabei im hohen Bogen durch die Luft.

„Hier Myra, fang!", rief er ihr zu, noch bevor sie wusste, in was für eine Gefahr sie sich gerade begeben hatte.

Verwundert drehte sie sich um und fing den Antiele-mentarstein auf, der perfekt in ihrer Hand landete. Überrascht schaute sie an der mächtigen Bärengestalt vorbei und beobachtete Xylon, wie er in der Luft dre-hend einen Holzspeer aus seinem Arm holte und ihn mit aller Kraft dem Wesen in den Arm rammte. Schmerzerfüllt brüllte dieses klagend auf und brach den Speer zornig ab, sodass die Spitze noch immer in der blutigen Wunde steckte.

„Na los, verschwinde von hier!", brüllte er zu Myra und stellte sich der riesigen Kreatur entgegen.

Myra stand jedoch noch immer völlig perplex da. Von den vielen schnellablaufenden Geschehnissen verwirrt, musste sie erst einmal begreifen, was hier gerade pas-sierte.

Das Monstrum schlug, wie vorher bei Myra, nun mehrmals wutentbrannt auf Xylon ein. Es hörte nur ein-mal kurz damit auf, um zu sehen, ob Xylon noch am Le-ben war. Dieser stand jedoch mit ausgebreiteten Armen vollkommen unbeschadet in einem aus stabilen Wur-zeln bestehenden Käfig. Angestrengt starrte er nach oben. Rasch ließ er noch weitere Wurzeln am Käfig ent-stehen, da dieser an manchen Stellen, durch die vielen Schläge, schon stark beschädigt war.

„Myra! Worauf wartest du denn noch? Ohne elemen-tarische Fähigkeiten kannst du mir hier eh nicht weiter-helfen. Nun lauf schon!", versuchte Xylon sie ein weite-res Mal aus ihrer Erstarrung zu holen, was ihm nun of-fenbar auch gelang.

Sie blickte kurz auf den Stein in ihrer Hand und rannte dann so schnell sie konnte los. Das gewaltige Monstrum fing zu Xylons Grauen erneut an, mit voller Wucht auf den Käfig einzuschlagen. Panisch schaute Xylon auf sein selbsterschaffenes Wurzelgerüst, welches, trotz weiterer Verstärkungen, immer mehr auseinanderfiel.

Nach einigen schnell aufeinanderfolgenden Schlägen holte das Tier erneut aus und schlug dieses Mal mit beiden Armen mit aller Kraft auf das schützende Gebilde.

GRUUUAAHHHRRR!

Schmerzend zog das Bärenwesen seine mit Blut überströmte Tatze reflexartig zurück. Denn Xylon hatte aus dem Käfig eine lange stabile Holzspitze wachsen lassen, die nun im Arm der Kreatur steckte. Zornig schlug es den zerstörten Käfig zur Seite, aber da war Xylon schon an einer Ranke schwingend herausgesprungen. Ohne zu zögern rannte die Kreatur, wie ein Gorilla hinter Xylon her.

Dabei stieß sie so gewaltig gegen einen am Boden liegenden Baumstamm, dass dieser quer durch die Luft geschleudert wurde und nur knapp über die davonlaufende Myra hinwegflog. Sie stoppte daraufhin, sprang geschwind zur Seite und ließ die beiden an sich vorbeiziehen. Zuerst verfolgte sie mit ihrem Blick die rasante Verfolgungsjagd, wie das monströse Ungetüm einen Ort der Verwüstung hinter sich zurückließ und dann schaute sie sich in dem tiefen Dickicht des Waldes um.

„Iy nabaar!", fluchte Myra zähneknirschend. „Mit diesem verdammten Stein bei mir, kann ich ihm momentan nicht helfen."

KNACKS!

Ruckartig drehte sie sich zu dem Geräusch um, welches hinter ihr auf einmal aus dem Unterholz zu hören war, konnte aber nichts entdecken. Denn selbst die

Büsche am Waldboden waren so hoch, dass nur ihr Kopf knapp über die Sträucher ragte. Zudem blockierte der Stein ihre Verbindung mit der Natur, weshalb sie auch die Umgebung, nicht erspüren konnte. Wieder nach vorne schauend, rannte sie erneut los, immer der Verwüstung hinterher. Ihre elementarische Kontrolle war zwar unterbrochen, aber sie wusste noch in etwa, aus welcher Richtung sie beide vorhin gekommen waren. Denn dort befand sich der Stausee mit dem rettenden Floß.

Xylon schwang sich währenddessen eilig zwischen den unzähligen Bäumen hindurch und wechselte dabei sogar mehrmals die Richtung, um das Raubtier damit zu irritieren. Doch dieses ließ ihn keine Sekunde aus den Augen. Die unbändige Wut dieser Kreatur kannte keine Grenzen. Kleinere Büsche und Gestrüpp rannte es einfach über den Haufen und manchmal schwang es sich mit seinen starken Armen sogar an größeren Bäumen vorbei, damit es Xylon zwischen dem vielen Geäst nicht verlor. Einer der Bäume brach bei dem immensen Gewicht des Wesens schließlich doch weg und kippte zur Seite, was eine gewaltige Kettenreaktion zur Folge hatte. Der morsche Baum riss andere Bäume mit sich, die daraufhin auch umstürzten. Der tosende Lärm, der brechenden Äste und Stämme, übertönte sämtliche Geräusche des Waldes. Zwischen dem vielen umherfliegenden Geäst, Blättern und abgesplitterter Rinde hindurch bemerkte Xylon gerade noch rechtzeitig, wie ein breiter, stabiler Baum, von der Kettenreaktion mitgerissen, vor ihm herunterkam. Mit einem weiten Schwung schoss er auf die Lücke zu und erschuf kurz bevor er vollständig hindurch war, schnell noch eine weitere

Ranke, mit der er dahinter rasant um die Ecke schwingen konnte.

„JUUHHHUU!", brüllte Xylon im Rausch der Geschwindigkeit. So langsam hatte er richtig Gefallen an dieser rasanten Verfolgungsjagd gefunden.

Kaum war er von den herabstürzenden Bäumen weit genug entfernt, klammerte er sich an die Rinde eines Riesenbaumes und versteckte sich dort. Da die große Bärengestalt Xylon aufgrund des vielen umherfliegenden Unrats aus den Augen verloren hatte, rannte sie wie geplant an ihm vorbei.

„Puh, das war knapp!", stöhnte Xylon erleichtert und war ganz außer Atem. „Wo steckt Myra? Ich kann sie hier ganz in der Nähe spüren."

Aufgeregt kletterte er die Rinde ein Stück nach oben und schaute sich dann um. Schnell hatte er sie hinter sich gesichtet. Zu seinem Erschrecken war sie jedoch nicht allein.

Die in Kampfposition stehende Myra war umringt von fünf großen, dunkelblauen Katzenwesen. Sie besaßen lange, scharfe Schneidezähne und Klauen. Ihr kurzes Fell konnten sie von innen heraus bedrohlich bewegen, als ob sie ununterbrochen vom Wind angeweht wurden. Sie hatten einen breiten, stacheligen Schwanz mit einer knubbeligen Kugel am Ende. Um den Bauch und am Schwanz schauten zudem spitze Knochen heraus, die sie sogar noch furchteinflößender aussehen ließen, als sie es sowieso schon waren.

„Myra! Ich helfe dir!", rief Xylon ihr zu und hangelte sich mit seinen selbsterschaffenen Ranken eilig zu ihr, was ein großer Fehler war.

Denn das riesige Bärenmonster hatte seinen Ruf

gehört und blieb daraufhin ruckartig stehen. Es sah sich hektisch um, bis es Xylons Bewegungen zwischen dem dichten Blattwerk erspäht hatte, woraufhin es sofort wieder zielstrebig auf ihn zugestürmt kam.

Myra, die Xylons Ruf auch vernommen hatte, stand in geduckter Haltung da und blickte nervös in die vielen Augenpaare dieser gut drei Fuß großen Raubkatzen. Sie sah, wie sich die Sehnen und Muskeln der blauen Katzen anspannten. Sie fletschten ihre Zähne und gingen gemächlich um Myra herum. Doch auf einmal verließ eines der Wesen seine Kreisbahn und sprang direkt auf sie zu.

„Der Stein. Fang!", rief sie zu Xylon, der nun nahe genug herangekommen war und warf ihm ohne hinzusehen den Antielementarstein herüber.

In dem Moment, als der Stein ihre Hand verlassen hatte, spürte sie deutlich, wie ihre Wasserkräfte sie wieder durchströmten. In einer Drehung zog sie mit ihrer Hand schnell alles Wasser aus dem Boden, der Luft und den Pflanzen und erschuf daraus im gleichen Atemzug eine lange Wassersäule. Diese packte dann die aggressive Wildkatze an den Hinterbeinen und warf sie im hohen Bogen ins Dickicht zurück. Kontrolliert mit den Armen schwingend, griff sie sich mit dem flexiblen Wasserschlauch eine der Katzen nach der anderen und schleuderte sie weg.

Unterdessen hatte der riesige Bär Xylon wieder eingeholt. Da er sich aber mit dem Stein, den er von Myra zugeworfen bekommen hatte, nicht gegen das Monstrum verteidigen konnte, warf er ihn schnell wieder zu ihr zurück.

„Myra, Stein!", rief er nur knapp und wurde dann

durch die kräftigen Pranken des Bären gegen den Baum hinter sich gedrückt. Das Wesen brüllte Xylon zornig an und holte dann zum Schlag aus.

Xylon holte sich daraufhin schnell eine Liane von einem der Bäume, die er dann über die festhaltende Pranke und anschließend um den Hals der Kreatur wickelte. Noch bevor diese ihren Schlag beenden konnte, ließ Xylon die Liane mehrmals zusammenziehen und wieder locker, damit sich das Ungetüm mit seiner eigenen Tatze selbst einige Male schmerzvoll ins Gesicht schlug. Wütend riss es aber die Liane zu Xylons Erschrecken mit Leichtigkeit auseinander und schlug dann mit voller Wucht auf ihn ein. Dieser Kraft hielt noch nicht einmal seine Holzrüstung stand. Xylon, mitsamt dem Baumstamm, zersplitterte und flog explosionsartig auseinander.

Die einzelnen Holzteile flogen immer langsamer, blieben dann plötzlich mitten in der Luft stehen und zogen sich wieder blitzschnell zu einem unbeschädigten Stamm zusammen. Das Wesen zog seine Bärenfaust zurück und Xylon kam wieder unbeschadet darunter hervor. Erschrocken blickte er zu der Kreatur hinauf.

Erneut wurde Xylon von der Pranke des Monsters am Riesenbaum festgehalten und das Wesen schlug sich wieder, aufgrund der Liane, mit seiner eigenen Tatze selbst.

Schon wieder eine Vision!, dachte Xylon schweißüberströmt und kam panisch aus seinen Gedanken, da der Schlag an dem er gerade gestorben war, erneut auf ihn zukam.

Die Wucht war auch bei der Wiederholung so enorm, dass der Baum vollständig an der Stelle zersplitterte, doch dieses Mal war Xylon schon durch den Baum hindurch abgetaucht und kam auf der Rückseite wieder heraus. Er sprang von der abplatzenden Rinde und hangelte sich an den Lianen so schnell er konnte davon.

Myra, die jetzt wieder den Antielementarstein in den Händen hielt, rannte eilig vor den Katzenwesen durch das Dickicht davon. Viel Zeit zum Verschnaufen hatte sie allerdings nicht. Denn eine von ihnen kam plötzlich neben ihr aus dem Gebüsch gesprungen und schnappte sie sich. Myra versuchte mit aller Kraft, auf dem Rücken liegend, das schwere Tier von sich wegzudrücken. Dafür packte sie der Raubkatze an den langen Reißzähnen, wurde von ihr aber nach hinten über den Erdboden geschoben. Der zubeißende Kiefer hing ihr dicht über dem Gesicht und tropfte sie mit Speichel voll. Kurz bevor sie nicht mehr konnte, entdeckte sie große, runde Nüsse, die unter einem Farngewächs neben ihr lagen. Kraftvoll stieß sie die Wildkatze mit dem Fuß weg und schnappte sich ein paar davon. Sie warf die Nüsse vor das Wesen auf eine lichte Stelle, wo die Sonne zwischen den unzähligen Baumkronen hindurch bis auf den Waldboden schien und wartete ab. Plötzlich schossen die Nüsse in alle Richtungen und trafen die Katze dabei nervig im Gesicht. Diese Blöße nutzte Myra sofort aus und rannte davon.

Sie kannte diese Nüsse, da sie diese hier im Wald schon öfters gesehen hatte. In ihnen befanden sich winzige, Licht empfindliche Raupen, die bei Kontakt mit der Sonne reflexartig so stark darin ruckten, dass die Hülsen der Nüsse wild umherfolgen.

Allerdings hatten Myra drei weitere riesige Katzenwesen erspäht, die von dem Gebrüll ihres Artgenossen herbeigeeilt waren und hechteten ihr ohne zu zögern hinterher.

„Xylon, Stein!", rief sie erneut und warf den Stein im hohen Bogen durch die Luft, in der Hoffnung Xylon würde ihn wieder auffangen.

Anschließend schnappte sie sich im Lauf einige Blätter und stapelte sie auf ihrer Handfläche. Sie verhärtete das Wasser in ihnen und drehte sich anschließend ruckartig um. Zuerst zog sie beide Hände nur langsam auseinander und ließ die Blätter dazwischen mit etwas Abstand übereinander schweben. Mit einem kraftvollen Ausholen ihrer mit Wasser überzogenen Hand schoss sie dann aber die gehärteten Blätter, schnell aufeinanderfolgend auf das Katzenrudel. Die Blätter zerteilten alles, was sich in ihrer Flugbahn befand und verletzten die Tiere schwer. Mit einem klagenden Geheul stoben sie in alle Richtungen davon.

„Myra, Stein!", hörte sie plötzlich wieder, gefolgt von einem gewaltigen Rumsen, welches die Stille des Waldes durchbrach. Ganze Baumstämme und riesige Äste flogen ihr um die Ohren. Erschrocken hielt sie sich die Arme über den Kopf.

Als es vorbei war, sammelte sie schnell den Stein vor sich vom Boden auf und lief neugierig zum Ursprung der Explosion. Überrascht blieb sie stehen und schaute auf Xylon, der vor ihr mit gesenktem Blick auf dem Boden kniete. Auf seinem Unterarm schoben sich einzelne Holzplatten übereinander und verschwanden dann langsam wieder in der Haut. Vollkommen Fassungslos schaute sie an Xylon vorbei und erblickte das gigantische Bärenungeheuer, welches schwer verletzt hinter ihm am Boden lag. Nur noch schwach hob und senkte sich sein Brustkorb.

„Was war das denn?", fragte sie völlig perplex und überblickte mehrmals ungläubig das riesige, bewusstlose Tier.

Xylons zuckte jedoch plötzlich so zusammen, als ob er gerade aus einem Albtraum erwacht wäre. Er stand ruckartig auf und rannte eilig zu Myra herüber. Schnell hob er seine Hand neben sich und zog ein paar Wurzeln eines nahestehenden Baumes aus der Erde.

„Eine neue Technik. Erkläre ich dir später. Komm schnell! Eine weitere Vision. Hinter dir kommt gleich wieder eine dieser grässlichen Katzenviecher herausgesprungen", entgegnete Xylon aufgeregt, schnappte sich Myras Arm und schwang mit ihr an einer Liane in die höheren Baumebenen.

Und wie vorhergesagt, kam auch schon eine der großen Raubkatzen aus dem Gebüsch und nahm die beiden ins Visier. Doch Xylon ließ schnell die vorher herausgerissenen Wurzeln direkt über der Wildkatze wieder herunter, sodass sie am Boden festgehalten wurde. Mit einem flehenden Jammern versuchte sie sich verzweifelt daraus zu befreien, kam aber nicht los.

Kapitel 46

Jäger und Gejagte

Mit rasantem Tempo schwang sich Xylon mit Myra an der Hand durch das stark verworrene Geäst und rutschte mit ihr über die verdrehten Luftwurzeln des Waldes. Nur einmal musste Myra den Stein wieder an Xylon übergeben, da vor ihnen ein hoher Wasserfall auftauchte. Myra ließ das Wasser mit ihrer Fähigkeit erstarren, sodass sich beide, wie an einer Felswand, am erstarrten Wasser festhalten konnten und den Wasserfall mit nur wenigen Sprüngen erklommen. Nach ein paar weiteren Schwüngen an den Lianen, kamen sie direkt vor dem Stausee wieder aus dem Wald heraus.

Erstaunt mussten sie feststellen, dass sich in der Zwischenzeit ein dichter Nebel um den gesamten See herum gebildet hatte. Feuchtwarme Luft stieg ihnen ins Gesicht. Kaum hatten sie wieder festen Boden unter den Füßen, begaben sie sich eilig ins Lager.

„Wir müssen schnell aufs Wasser! Ich mache die Fýlloma startklar", sagte Xylon hektisch und lief zum Floß herüber. „Und Myra. Das war wirklich super, wie du an den Lianen geschwungen bist. Ich bin beeindruckt."

Myra, die im Lager alle ihre Sachen schnell zusammenpackte, antwortete ihm schweratmend, aber dennoch keck: „Ich hatte ja auch einen guten Lehrer."

„Dann war das Training ja nicht ganz umsonst", gab Xylon breitgrinsend von sich, während er mit seinem Schnitzmesser das Seil zu dem noch unfertigen Beiboot kappte. „So, wird Zeit hier endlich zu verschwinden!"

Xylon verband sich mit der Rampe, auf der das Floß stand und schob es darüber langsam auf den See zu.

Myra schaute währenddessen verwundert auf ein paar Fußspuren im Sand. Zuerst weiteten sich ihre Augen und dann blickte sie finster in die Richtung, aus der sie gerade gekommen waren. Dort hörte sie auch schon deutlich, wie die großen Raubkatzen langsam immer näherkamen.

Diese Biester waren hier bei uns im Lager, während wir weg waren. Sie wissen ganz genau wo wir sind, überlegte Myra scharfsinnig. *Wer weiß, wie lange sie uns schon beobachten?*

„Xylon! Hier nimm den Stein. Ich werde versuchen uns ein bisschen Zeit zu verschaffen. Der See ist mein Element. Hier bin ich im Vorteil", entgegnete sie entschlossen und warf ihm wieder den Stein zu. Während sie sich beide Hände abwehrend vor den Körper hielt, verband sie sich mit dem Wasser in ihrer Umgebung.

Xylon schaute ihr dabei kurz fasziniert zu und schwang sich dann auf die Fýlloma, welche, über die Schräge hinweg, nun von ganz allein ins Wasser glitt. Mit einem leisen Platschen kam sie schließlich auf der Wasseroberfläche des Sees auf.

„Ja, sie schwimmt", gab Xylon freudig von sich und befreite, mit ein paar vorher angebrachten Wurzelseilen, das große Schiffssegel, welches sich aber ohne Wind vorerst nicht entfaltete.

„Myra, beeile dich!", schrie Xylon und winkte ihr aufgeregt zu.

„Ja, einen Augenblick noch. Ich bin gleich soweit!", rief sie zurück und schaute dabei nach vorne.

Denn im dichten, undurchsichtigen Nebel erschien plötzlich der Schatten eines dieser Katzenwesens, welche lautlos auf sie zukam. Wäre sie jetzt davongelaufen, hätte es sie blitzschnell von hinten gegriffen und mit einem Nackenbiss getötet.

Gierig schnaufte die große Raubkatze sie an. Doch dieses Mal wartete sie nicht, sondern setzte sofort zum Sprung an.

WUSCH!

Myra hielt ihr die offene Handfläche entgegen und stieß die winzigen Wassertropfen aus dem Nebel wie eine Druckwelle vor sich weg. Die Katze wurde davon mitgerissen, flog im hohen Bogen durch die Luft und schlug schmerzvoll gegen einen Baum. Der Nebel zwischen ihr und dem Tier war danach vollständig verschwunden.

„Coole Technik! Die muss ich mir unbedingt merken", rief Myra begeistert und schien von sich sehr überzeugt.

„MYRA!", brüllte Xylon ein weiteres Mal und zog ihre Aufmerksamkeit wieder auf das Floß.

Daraufhin lief sie, ohne sich noch einmal umzusehen, mit ihrer umgeschnallten Umhängetasche und dem Bogen, auf den Stausee zu und sprang dann, mit einem weiten Satz, auf die Fýlloma. Sie kam auf den Knien darauf sicher zum Stehen.

„Tut mir leid, aber das musste sein. Diese Katzen haben genau sieben Zehen. Ich gehe davon aus, dass eines dieser Viecher meine kleine, süße Pan so schwer verletzt hat", erklärte Myra und erschrak plötzlich. „Oh, verdammt! Wir haben Pan vergessen."

Beide blickten gleichzeitig panisch zum Seeufer. Durch den dichten Nebel hindurch sahen sie die schwache Silhouette der verletzten Pan und direkt dahinter wieder eine dieser riesigen Wildkatzen. Das monströse Wesen schlug mit seinem stachelbesetzten Schwanz mehrmals wütend auf den Boden und erzeugte damit ein rasselndes Geräusch, welches das mitleidige Miauen von Pan übertönte.

„In der Zeit, als die Raubkatzen das Lager durchstöbert haben, musste Pan sich versteckt haben. Ich hole sie!", rief Myra entschlossen und machte sich bereit loszustürmen, doch Xylon hielt sie auf.

„Nadias! Das würdest du nicht mehr rechtzeitig schaffen. Ich mache das."

Xylon warf den Antielementarstein in eine Ecke des Floßes, holte Anlauf und sprang mit einem weiten Satz von der Fýlloma herunter. Nun holte er eine Ranke aus seinem Handgelenk, die er um den Ast eines am Seeufer befindlichen Baumes wickelte und sauste dicht über den Stausee schwingend zu Pan herüber. Noch bevor die riesige, blaue Raubkatze bemerkte, was geschah, hatte Xylon Pan schon ergriffen und schwang mit ihr auf dem gleichen Weg wieder zurück. Dabei zog er eine kleine Welle hinter sich her und flog unter einem Vogel hindurch, der gerade dabei war, über den Stausee zu fliegen. Mit Hochspannung verfolgte Myra diese Rettungsaktion.

„HEUREKA!", rief Xylon freudig, weil sie mal wieder dem Hestia Wald unbeschadet entkamen. Sein Ruf hallte mehrere Male über den Stausee hinweg.

Doch Xylons Freude währte nur kurz. Denn die monströse Katze setzt unerwartet zu einem Sprint an und sprang dann hoch in die Luft. Vollkommen fassungslos starrte Myra auf das Katzenwesen, welches auf einmal alle vier Beine einknickte, die dann zu Flossen wurden und seine Knochen an Bauch und Schwanz breitgefächert auseinanderbrach. Es öffnete seine Kiemen, die links und rechts vom Kopf erschienen und tauchte dann mit einem Hechtsprung blitzschnell unter.

„Was zum Hades war das?", fragte Xylon verwundert, der mit Pan im Arm gerade auf der Fýlloma ankommen war und die Metamorphose der Katze nur schwach im Augenwinkel mitbekam.

Doch bevor Myra darauf antworten konnte, kam die seltsame Meereskatze schon aus dem Wasser gesprungen, wandelte sich blitzschnell wieder zurück und schnappte sich Myra an der Taille. Mit ihrer immensen Beißkraft riss sie Myra brutal in zwei Hälften, die daraufhin zu Wasser wurde und nahm anschließend Xylon ins Visier. Rasch drehte die Raubkatze sich um und sprang zielstrebig auf Xylon zu. Doch bevor das Wesen ihn erreichen konnte, blieb das Bild vor Xylons Augen erneut stehen. Furchtsam blickte er in das weit geöffnete Maul der Kreatur, als sich alles wieder einmal rückwärts abspielte, bis zu dem Punkt, als er mit Pan im Arm auf der Fýlloma aufkam.

Aufgrund dieser Vision wusste Xylon ganz genau, wo die Fischkatze auf dem Floß landen würde und streckte daher, zu Myras Verwunderung, seinen Fuß neben sich aus. Das Wesen kam, wie auch zuvor, aus dem Wasser gesprungen, holte wieder die mit Klauen besetzten

Pfoten aus dem Fell und kam direkt vor Xylons Bein auf der Fýlloma auf. Es knickte mit den Vorderpfoten um und kam unsanft, auf der Seite liegend, auf dem Floß auf. Von seiner Aktion erstaunt, rückte Myra sofort an Xylons Seite und hielt sich an ihm fest. Pan fauchte, zwischen seinen Beinen stehend, die Wildkatze die ganze Zeit über aufgeregt an.

Wütend rappelte sich das Katzenwesen erneut auf und starrte die drei durch ihre zwei blutroten, zu Schlitzen geformten Augen an. Es setzte erneut zum Sprung an, wurde aber, zur Verblüffung aller, überraschend von einer gigantischen Seeschlange, hochgeschleudert und dann im Ganzen verschlungen.

„Was ist das denn jetzt schon wieder für ein Monster?", rief Myra aufgebracht und blickte angsterfüllt gen Himmel.

Das Schlangenwesen war gewaltig und überragte alles in seiner Umgebung. Dadurch, dass seine gesamte Haut leicht transparent war, konnte man seine Knochenstruktur, Muskelfasern und sogar einige Organe sehen.

„Keine Ahnung! Aber es wird höchste Zeit, diesem Albtraum endlich zu entkommen", entgegnete Xylon ernst, den die vielen Viecher mittlerweile kaum noch beeindruckten. „Mach dich lieber bereit für unseren Plan!"

„Okay, ich hoffe das funktioniert. Von mir aus kann es losgehen", antwortete sie entschlossen und schaute nervös zu ihm herüber.

Xylon streckte seine Arme vor sich aus und versuchte sich auf etwas in der Ferne zu konzentrieren. Er hatte am Tag zuvor lebende Bäume umgebogen und sie um die riesigen Stützpfeiler des Dammes gewickelt. Mit diesen versuchte er sich nun im Geiste zu verbinden, was ihm letztendlich auch gelang. Jetzt ballte er seine Fäuste fest zusammen und die Pfeiler brachen genau an der schwächsten Stelle auseinander. Myra bewegte zeitgleich mit aller Kraft das viele Wasser vor dem Damm hin und her und drückte es dagegen, bis der beschädigte Damm dem Druck nicht mehr standhielt, nachgab und schließlich den gestauten See freiließ.

Währenddessen nahm die riesige Seeschlange das Floß ins Visier, das langsam auf die Öffnung des Dammes zutrieb. Sie renkte ihren Unterkiefer aus und weitete ihr breites Maul. Dessen ungeachtet schnappte sich Xylon schnell zwei Ruder und Myra musste sich stark konzentrieren, um bei der bevorstehenden starken Flut, die Fýlloma in Balance zu halten.

Mit einem lauten Getöse befreite sich der See und die enorme Wasseransammlung ergoss sich in das schmale Flussbett. Nahestehende Bäume knickten wie Grashalme einfach weg. Das viele Wasser breitete sich ungehindert in alle Richtungen aus. Auch die Seeschlange hatte nun bemerkt, was geschehen war, renkte rasch ihren Kiefer wieder ein und tauchte eilig unter.

„Das wird holprig. Halt dich fest!", brüllte Xylon aufgeregt, während sie gerade durch die Öffnung des zerstörten Dammes trieben.

Sie wurden immer mehr von der Strömung mitgerissen. Vor ihnen ging es steil bergab. Sie konnten weit über die vielen Baumkronen des Waldes blicken. Spritzwasser durchtränkte sie beide von oben bis unten. Xylon kämpfte mit den Rudern, Pan krallte sich ängstlich an der Bodenplatte des Floßes fest und Myra versuchte angestrengt, die Fýlloma gerade zu halten, was aber in den unbändigen Fluten so gut wie unmöglich war. Das herausströmende Wasser hielt sich in etwa an den Flusslauf und schlängelte sich wie eine Schlange über ihn hinweg. Nun bauschte sich auch das große Segel der Fýlloma auf und flatterte im Wind wild hin und her.

„Gleich haben wir es geschafft!", schrie Xylon voller Euphorie, doch seine Worte gingen in dem Krach der Wassermassen unter. „Wir sollten endlich aufhören, überall wo wir hinkommen, immer alles kaputt zu machen, ha, ha!"

Was für eine gewaltige Kraft der Natur, dachte Myra erstaunt. Ihre langen, blauen Haare wehten wild zerzaust in der Luft. *Solch eine Kraft könnten wir Elementare niemals erreichen.*

Völlig im Rausch blickte Xylon fröhlich zu Myra. Das viele Wasser bahnte sich immer weiter seinen Weg durch den Hestia Wald. Ihre Geschwindigkeit nahm stetig zu. Myra, die sich langsam wieder entspannen konnte, lächelte nun auch freudestrahlend zu ihm zurück.

Doch zu Xylons Verwunderung, erschrak sie plötzlich. Er drehte sich zwar noch reflexartig um, doch das letzte, was er sah, war das weit aufgerissene Maul der Seeschlange, die hinter ihm aus dem Wasser geschnellt kam und sich ihn schnappte.

Kapitel 47
Zweifel

*A*uf einmal wurde es schwarz um ihn herum. Es dauerte eine Weile, bis Xylon es schaffte, seine Gedanken wieder neu zu sortieren.

Was war geschehen? Was passierte hier bloß? War er tot? Und dieses Mal für immer?

In der Dunkelheit tauchte vor ihm plötzlich ein heller Schein auf, auf den er sich langsam zubewegte. Es war die Sonne, die hoch oben am Himmel stand. Als sich seine Augen wieder an das Licht gewöhnt hatten, erblickte er weit unter sich den Fluss Nessos, wie er sich seinen Weg durch den Hestia Wald bahnte. Sein Geist stieg hinab und wanderte dann über den Flusslauf entlang, an einem Vulkan vorbei, herüber zu einer Oase, die in einer Wüste mündete. Von hier aus konnte er ein Gebirge sehen, auf das sein Geist nun zusteuerte. In noch nicht einmal einem Wimpernschlag hatte er dieses erreicht und verschwand daraufhin im Gestein.

Viele verschiedene Farben taten sich nun vor ihm auf, verschmolzen mehrmals miteinander und schwer erkennbare Gegenstände und Personen trieben völlig durcheinander vor ihm her. Eine junge Frau und ein großer Typ mit Keule, der dem Kyklopen in der Prüfung sehr ähnlich sah. Nun erschien

*ein schweres Holzteil, welches auf die junge Frau traf und sie
verschwimmen ließ, als wäre sie aus Rauch. Jemand saß weinend und allein am Boden. Plötzlich umfing ihn Hitze.*

*„Feuer!", schrie jemand aus der Ferne. Wild tobende Flammen tanzten vor seinen Augen. Furcht stieg in Xylon auf.
Doch dann nahm er ein leises, beruhigendes Flüstern wahr,
welches langsam an sein Ohr drang und ihm neue Hoffnung
spendete. Xylon versuchte genauer hinzuhören. Es wurde immer lauter. Jemand rief seinen Namen.*

„Xylon. XYLON!"

Mit einem Mal spulte sich alles, was passiert war, vor
seinen Augen wieder rückwärts ab, was dieses Mal aber
so schnell geschah, dass er kaum etwas davon erkennen
konnte.

Überrascht blickte Xylon wieder auf Myra, die gemütlich hinter ihrem Stapel mit Nüssen saß und seinen Namen rief: „Xylon? Hey! Wie willst du das Floß denn nun
nennen?"

Sein Gesicht war kreidebleich und sah wie versteinert
aus, sein Herz schlug heftig und er brachte kein einziges
klares Wort mehr heraus.

„Ist alles in Ordnung mit dir? Du siehst aus, als ob dir
schlecht wäre?", fragte Myra verwundert und kam besorgt zu ihm herüber. „Was ist denn plötzlich mit dir
los? Bis eben war doch noch alles ganz normal. Sonst
vergessen wir das mit dem Namen einfach wieder. Das
ist ja nicht so wichtig."

Das kann alles unmöglich echt sein, dachte Xylon vollkommen durcheinander und schaute sich hektisch um.
Es war alles nur Einbildung, eine einzige lange Vision.
Der Damm war wieder heil, der Stausee an Ort und

Stelle, sie beide hatten nicht einen Kratzer und Pan …
Pan! Wo war ihre, über allesgeliebte, Patenkatze? Xylon
drehte sich um und erblickte mit Schrecken die kleine
Pan, wie sie gerade dabei war, fröhlich in den Wald zu
spazieren. *Oh nein!* Das war kurz vor ihrem wilden Liebesspiel, wo Pan den Stein verlor und diese schrecklichen Geschehnisse, bis zu ihrem Tod, den er noch nicht
einmal mit den vielen Vorhersagen verhindern konnte,
ihren Lauf nahmen.

Xylon löste sich aus seiner Erstarrung, stieß Myra rabiat zur Seite und stürzte sich auf die vieräugige Katze.

„Nein, nein, nein, noch einmal rennst du uns nicht davon!", sagte Xylon in einem übertrieben manischen Unterton und streichelte, die sich gegen seinen kräftigen
Griff wehrende, Pan.

„Was ist denn plötzlich los mit dir? Ich erkenne dich
gar nicht mehr wieder. Zuerst verschließt du dich so
viele Morgen vor mir und jetzt das?", fragte Myra vollkommen durcheinander, ging zu ihm und hockte sich
vor ihm hin. „Bitte lasse mich dir helfen."

Xylon blickte sie total verängstigt an. Er setzte Pan
vorsichtig neben sich ab, die daraufhin aufgeregt von
ihm weghopste und warf sich anschließend Myra in die
Arme. Tränen kullerten über seine Wangen. Myra
spürte deutlich, wie Xylon am ganzen Körper zitterte.
Sie verstand gar nicht, was hier gerade passierte. Sie
wusste nur, Xylon litt und das zu wissen, schmerzte sie
sehr. Deshalb legte sie einfach ihre Arme um ihn und
streichelte sanft über seinen Rücken.

„Myra … schnief … entschuldige, dass ich … rotz …
dir nichts erzählt habe, aber ich … schnief … glaube, ich
verliere langsam den Verstand. Ich sehe ständig so

seltsame Sachen … schluchzt … und ich weiß gar nicht mehr … rotz … was davon überhaupt noch real und was eine erneute Wahnvorstellung ist. Ich weiß noch nicht einmal, ob … schnief … das hier gerade wirklich geschieht."

Zu Xylons Worten fiel Myra auf Anhieb nichts ein, was sie ihm hätte sagen können. Sie versuchte gerade selbst angestrengt zu verstehen, was hier gerade los war.

„Es tut mir alles so unendlich leid", fügte er am Ende noch ein weiteres Mal weinend hinzu.

„Psst, psst", machte sie beruhigend und drückt ihn noch näher an sich. „Es wird alles gut. Gemeinsam bekommen wir das schon wieder hin, versprochen. Beruhige dich erst einmal."

Nach einiger Zeit in Myras Armen, löste sich langsam seine Anspannung. Er lehnte sich leicht zurück und versucht dann wieder, so normal wie möglich, in ihr Gesicht zu sehen. Doch plötzlich erschauerte er. Denn Myras körperliche Gestalt verschwamm erneut kurz vor seinen Augen.

„Was ist? Was siehst du?", fragte sie neugierig und schaute abwechselnd von seinem einen zum anderen Auge.

„Du … du existierst gar nicht!", sagte Xylon auf einmal vollkommen unerwartet, dem die Bilder seiner letzten Vision aufflackerten, in denen das Holzteil durch die junge Frau geflogen war. Furchtsam wich er vor ihr zurück.

„Was?"

Myra sah ihn nun noch verwirrter an.

„Jetzt weiß ich endlich, was mir mein Verstand schon

die ganze Zeit über sagen wollte. Du bist damals in der Theus-Prüfung getötet worden! Du wurdest doch beinahe von einem der Trümmer getroffen, die der Kyklop auf dich geschleudert hatte. Ich glaubte, ich habe es verhindert, doch das war nicht so. Das Teil, was ich dir zum Schutz herüberschleuderte, hatte dich nicht gerettet, sondern getroffen und umgebracht. Du warst gestorben und ich bin dein Mörder. Ich bin mir nun ganz sicher. Mein Gewissen wollte es die ganze Zeit nur einfach nicht wahrhaben und hatte daher versucht, es zu verdrängen."

„Was erzählst du denn da? Was soll das alles?", stieß Myra entsetzt aus, die bemerkte, dass Xylon es ernst zu meinen schien. „Ich lebe! Bei mir Zuhause, unten im Amphitheater, wir konnten nur zusammen diesen Auftrag bewältigen. Weißt du das denn nicht mehr? Diese Reise wäre ohne mich doch gar nicht möglich gewesen."

Xylon spielte alle diese Szenen noch einmal in seinem Kopf ab. Doch sah er diese, aber auch weitere, wie er nicht bei ihrem Zuhause war und mit ihr zur Mesembria aß, sondern allein bei sich war und weinend auf seinem Bett saß. Auch sah er sich zu Meister Terpsichore laufen, wie er bei ihm an der Tür lauschte und somit von der bevorstehenden Schlacht und dem Diolkos erfuhr.

„Alles Einbildung! Ich ging allein los, um meine Schuld zu begleichen, für meine schreckliche Tat an dir. Ich fühlte mich auf einmal so einsam, von allen im Stich gelassen und stellte mir immer wieder vor, wie es gewesen wäre, wenn du nicht umgekommen wärst", sagte er unter Tränen und wich weiter vor Myra zurück.

„Lass das! Du machst mir Angst. Ich bin nicht gestorben!", wiederholte Myra noch einmal mit Nachdruck.

„Wenn ich angeblich schon in der Prüfung gestorben bin, wer hat dann den Kyklopen beinahe erstickt und verlor daraufhin seine Kräfte? Das war ich!"

„Nein, mein Holzteil, auf dem ich lag und ihm anschließend vor Wut entgegengeworfen habe, traf nicht auf seine Kniekehlen, sondern auf seinen Hals und nahm ihm damit für kurze Zeit die Luft weg."

„Und was ist mit den riesigen Pflanzenboas zu Beginn unserer Reise? Ich habe damals den stumpfen Wasserpfeil auf einen der Köpfe abgeschossen und dich damit gerettet. Hast du das etwa schon wieder vergessen?"

„Das war nicht so! Wo ich dachte, dass ich dich hinaufgeworfen habe, um dich aus der Gefahrenzone zu bringen, hatte ich stattdessen einen schweren Stamm hochgeschmissen, der dann über der Pflanze wieder herunterkam."

Myra erschien ein weiteres Mal vor seinen Augen transparent.

„Aber die Würmer. Du hast sie doch aus mir herausgeholt und was ist mit dem Python in Delphi? Ich habe ihn getötet und dadurch unendlich viel Leid erfahren und nicht du", rechtfertigte sich Myra immer aufgebrachter und konnte einfach nicht fassen, was Xylon da gerade alles von sich gab.

„Die Würmer bekam ich selbst und habe sie mir dann auch selbst schmerzvoll aus dem Körper entfernt. Anschließend habe ich mich quälend durch den Hestia Wald geschleppt und der Python ist durch mein hochgeschleudertes Wasserfass gestorben."

Die Geschichte am Wasserfall, auf dem Baum mit den Waldgeistern, ihr intimes Liebesspiel nach dem Angriff der Sirenen, jede zärtliche Minute mit ihr, das war alles nur Einbildung. Aus Xylons Sicht wurde alles immer klarer. Er sah sich jetzt jedes Mal nur allein und traurig am Lagerfeuer sitzen, mit den Gedanken bei Myra und was er sich mit ihr alles ausmalte. Myra verschwamm schon wieder vor seinen Augen und blitzte nur noch schwach auf. Sie war bei diesem Auftrag nie mitgekommen. Sie war nur noch ein Teil seiner Träume und Sehnsüchte. Doch nun sollte er sie loslassen und endlich die Tatsache akzeptieren, dass sie tot war.

Myra blickte traurig in Xylons starren Blick, der sich langsam und allmählich zu verlieren schien. Immer und immer weiter entfernte er sich von ihrem Geiste.

Bevor Myra jedoch vor seinen Augen vollständig erlosch, riss bei ihr endgültig der Geduldsfaden. Pure Entschlossenheit flammte plötzlich in ihr auf.

„Xylon, hör mir gut zu! Es reicht! Ich lebe! Also lass das gefälligst!", sagte sie zornig, packte ihn grob an den Schultern und starrte ihn ernst an. „Wer hat dich denn damals vor Kaysōns Angriff gerettet oder vor der Säure spuckenden Echse? Wer aktivierte die Bodenfalle, in der Pans Mutter so elendig verendete? Von wem hast du all dein Wissen über die vier Elemente und die Fähigkeit, für kurze Zeit vor Feuer immun zu sein? Mit wem konntest du denn vorübergehend die Körper tauschen und warst eine Zeit lang untrennbar miteinander verbunden, sodass du nicht in den Schlund der Charybdis gesaugt wurdest? Das war alles ich, klar! Denk doch mal genauer darüber nach! Ich wäre bestimmt nicht so schnell an so einem einfachen Holzteil gestorben. Mein Wasserentzugsselbstschutz hätte es zwar nicht vollständig zerfallen lassen, aber zumindest klein genug vertrocknet, um nicht daran zu sterben. Xylon! Ich existiere und bin hier und jetzt für dich da!"

Ihre Erscheinung wurde wieder ein wenig klarer, doch Xylon schaute sie noch immer ungläubig an. Widersprüche und Zweifel machten sich immer noch in seinem Verstand breit.

„Ich ... ich weiß einfach nicht, woran ich noch glauben soll", brachte er nur schwach heraus und ließ hoffnungslos seinen Kopf sinken.

„Woran du glauben sollst? Ich gebe dir etwas woran du glauben kannst. Ohne diesen Glauben wären wir der Charybdis damals nie entkommen. Und zwar daran, dass ich dich über alles in dieser Welt liebe, Xylon!", sagte sie so gefühlvoll, wie er es noch nie zuvor von ihr gehört hatte.

Sie nahm sein Gesicht sanft in beide Hände, hob es vorsichtig hoch und küsste ihn innig auf seine Lippen. Er spürte diesen sehr intensiven Kuss mit jeder Faser seines Körpers und schloss dabei seine Augen. Es war das Schönste, was er jemals empfunden hatte und realer als jede Wahnvorstellung. Dieser Kuss schien die Ewigkeit zu überdauern. Alle seine fehlgeleiteten Sinne und zerstreuten Gedanken konzentrierten sich nun auf diesen einen Punkt.

Xylon öffnete langsam wieder seine Augen und erblickte Myra in ihrer gewohnten, prachtvollen Erscheinung. Ihre Lippen lösten sich wieder voneinander und sie sahen sich gegenseitig liebevoll lächelnd an.

„Vergib mir, dass ich so an dir gezweifelt habe, Myra ... ich weiß auch nicht, was -", wollte Xylon sich rechtfertigen, doch Myra legte ihren Zeigefinger auf seine Lippen.

„Psst, dass brauchst du nicht zu tun. Es ist alles wieder

in Ordnung. Als deine Freundin sollte ich dir immer die Melodie deines Herzens vorsingen können, wenn du sie selbst einmal vergessen hast. Ich möchte nur, dass zwischen uns alles wieder so wird, wie es einmal war", entgegnete sie verständnisvoll und lehnte sich leicht zurück.

So etwas Wunderbares wie sie, hat er überhaupt nicht verdient, dachte Xylon überglücklich, holte einmal tief Luft und lehnte sich dann auch entspannt zurück.

Von Xylons liebenden Blick ganz verlegen, senkte Myra ihre Augen und erblickte dabei zufällig etwas mattes Schwarzes zwischen seinen Zehen.

„Was ist das denn? Wo bist du denn da reingetreten?", fragte sie verwundert und lehnte sich wieder leicht nach vorne.

Neugierig hob Xylon daraufhin seinen Fuß, spreizte die Zehen und starrte auf die seltsame, schwarze Flüssigkeit, die dort klebte. Dann hatte er einen Gedankenblitz.

Natürlich! Der Vorhersagebrunnen von Delphi. Xylon nahm einen Blick an, als ob er gerade die Antwort, auf den Sinn des Lebens gefunden hätte. Nun wurde ihm alles klar. Die zweite Vorhersage war seine eigene und nachdem Myra den Tempelstein entwendet hatte, zerbrach der Brunnen und es trat etwas von dieser schwarzen Flüssigkeit aus. Diese lief dann über seinen Fuß und etwas musste daran klebengeblieben sein. Je länger er damit Kontakt hatte, desto stärker wurde er auch mit seinen eigenen Vorhersagen verbunden, bis es schließlich keinen Unterschied zwischen Vision und Wirklichkeit mehr gab.

Überglücklich schaute er wieder zu Myra hoch und

umarmte sie freudig. Eine Träne lief ihm vor Freude übers Gesicht.

„Hey … hey, was hast du plötzlich? Also jetzt bist du mir nun doch noch eine Erklärung schuldig", sagte sie munter und freute sich sehr darüber, ihn wieder glücklich zu sehen.

Irgendwie verstand sie noch nicht einmal die Hälfte von dem, was hier gerade passiert war. Normalerweise würde sie die Antwort darauf vor Ungeduld nicht mehr abwarten können. Doch dieses Mal hielt sie ihre Neugierde für diesen wunderbaren Moment mit ihm zurück und genoss einfach seine lange, freudige Umarmung.

Nachdem Xylon das hartnäckige, schwarze Zeug mühselig mit einem Blatt entfernt hatte und sich die ganze Aufregung wieder legte, erklärte er ihr alles, von der ersten Vision bis jetzt.

Wow! Was für eine unglaubliche Geschichte und ich habe davon noch nicht einmal viel mitbekommen, dachte Myra überrascht und war froh, dass dieser Albtraum für ihn endlich ein Ende gefunden hatte.

Nur um auf Nummer sicher zu gehen, hielten sie Pan so lange mit einer Leine im Lager fest, bis sie mit den, wie Myra es sich gewünscht hatte, zwei Beibooten fertig waren. Auch wenn das der kleinen Katze überhaupt nicht gefiel. Vorsichtshalber starteten sie ihre Floßfahrt auf der Fýlloma auch nicht mehr oben auf dem Stausee und zerstörten den Damm, sondern ganz normal unten am Fluss.

Alles war nun bereit, dass sie ihre Reise gemeinsam fortsetzen konnten. Doch bevor es richtig losging, setzten sie sich noch einmal hoch oben auf den Damm und blickten Arm in Arm zusammen über den herrlichen, idyllischen See, der untergehenden Sonne entgegen, so wie es sich Myra die ganze Zeit über vorgestellt hatte.

„Danke Myra, für alles, was du je für mich getan hast. Ich weiß gar nicht, was ich ohne dich machen würde. Du bist das Beste, was mir je passiert ist. Ich liebe dich über alles, vergiss das bitte nie!", sagte Xylon zärtlich und schmiegte sich noch dichter an sie.

„Ich liebe dich auch, Xylon", erwiderte sie gefühlvoll, legte ihren Kopf entspannt auf seine Schulter und blickte über das glitzernde, rote Wasser.

Wenn Myra ganz genau darüber nachdachte, dann war eigentlich die rotweiß gestreifte Frucht, die sie sich von Xylon in Delphi durch einen kleinen Trick erbeutet hatte, schuld an diesen ganzen Vorkommnissen gewesen. Denn ohne dieses Ereignis wären sie beide wahrscheinlich nie zum Orakel hinaufgegangen. Durch die Versuchung einer verbotenen Frucht, brach über ihnen das Paradies ein. Auch wenn sie zugeben musste, dass sie ohne Xylons Vorhersagen beide wahrscheinlich schon längst nicht mehr leben würden.

Xylon machte sich über das, was geschehen war, keine Gedanken mehr. Für ihn war alles wieder so, wie es sein sollte. Nur eine kleine Sache beschäftigte ihn dann doch noch. Wenn es nicht Myra war, die in seiner Vision von dem Holzstück getötet wurde, wer dann? Doch diesen Gedanken ließ er für diesen schönen Moment mit ihr erst einmal weit hinter sich und genoss einfach jede Sekunde mit ihr, die ihm geschenkt wurde.

Xylon wusste zwar nicht, was diese lange Reise für sie beide noch alles bereithielt, aber er war sich sicher, dass es nichts mehr auf dieser Welt gab, was sie jemals wieder voneinander trennen könnte.

Während Myra und Xylon die letzten Minuten ruhig auf den Untergang der Sonne warteten, standen vier dunkle Gestalten mit langen Umhängen auf einem Felsvorsprung des Berges Othrys und blickten im Abendrot zu einem der Trainingslager herunter, die überall in Nereid errichtet worden waren.

Eine der Gestalten drehte sich zu den anderen drei um und sprach: „Die Vorbereitungen sind nun abgeschlossen, Meláni."

Der angesprochene Mann, der einen breiten Schirmhut trug, trat nach vorne an die Spitze des Vorsprungs, hockte sich hin und strich mit seiner Hand sanft über den feinen Sand.

Er antwortete ihm in einem selbstzufriedenen, aber finsteren Ton: „Gut! Dann kann der Krieg ja beginnen!"

Fortsetzung folgt …

König Kyros II. fällt in Thessalien ein, große Geheimnisse offenbaren sich und ein globales Ereignis versetzt die gesamte Welt in Aufruhr.

Auf geht's in die dritte Runde!

SVEN SCHRÖTER

ELEMENT

DIE RACHE DES FEUERS

BAND 3

GLŌSSARIO

Philosophie

das Alphabet – Alpha, Beta, Gamma, Delta, Epsilon, Zeta,
Eta, Theta, Iota, Kappa, Lambda, My, Ny, Xi, Omikron,
Pi, Rho, Sigma, Tau, Ypsilon, Phi, Chi, Psi, Omega
die 12 Stunden des Tages – Auge = erstes Licht, Anatole =
Aufgang der Sonne, Mousika, Gymnastika, Nymphe,
Mesembria = Mittag, Sponde, Elete, Cypris, Hesperis =
Abend, Dysis = Untergang der Sonne, Arktos = letztes
Licht
der Kalender – Hekatombaion, Metageitnion, Boedro-
mion, Pyanepsion, Maimakterion … der attische Kalen-
der beginnt mit dem Monat Hekatombaion, dass würde
dem heutigen Monat Juli entsprechen
Meridiane – These, dass alles in der Welt über unsichtbaren Linien z. B. in Form von Schriftzeichen, Materialien
und Farben miteinander in Verbindung steht
Hibränische Feindsicht – Methode, um einer Person den
Unterschied von Freund und Feind zu nehmen

Kleidung

Chiton – ein um den Körper gelegtes Stück Stoff oder Le-
der, welches an den Seiten miteinander verbunden und
an der Taille mit einem Gürtel zusammengeschnürt
wird
Chlamys – rechteckiger Mantel, der über die linke Schulter geworfen und an der rechten Schulter mit einer
Spange zusammengehalten wird

Maschalister – ein eingenähtes Band, um die Kleidung an den Schultern in Form zu halten

Peplos – großes, viereckiges Wolltuch, welches gefaltet, von vorne um den ganzen Körper gelegt und dann an beiden Schultern mit Nadeln geschlossen wird

Waffen

Shamshir – eine gebogene, einschneidige Klinge
Xiphos – schmales Kurzschwert

Maßeinheiten

Fuß – 30,48 cm
Plethron – 30,83 m
Stadion – 184,97 m
Hore – 1 Stunde
Morgen – 1 Tag
Sternenzyklus – 1 Jahr, Zeit, in der sich die Sonne einmal durch alle 12 Tierkreiszeichen bewegt
Quantar – 44,68 kg
Obolus – kleinste Währungseinheit

Geografie

Babylon – Hauptstadt von Babylonien, bekannt durch ihre hängenden Gärten und ihren gewaltigen Stadtmauern

Delphi – ehemalige Handelsstadt, befindet sich direkt am Hauptknotenpunkt aller Meridiane, beherbergte einst das weltberühmte heilige Orakel

Diolkos – Punkt zwischen dem korinthischen und sardonischen Gebirge und einziger Zugang aus dem Süden nach Thessalien

Hestia – ein von Menschenhand fast vollkommen unberührter, riesiger Wald westlich und östlich von Nereid

Megara Wüste – größte Wüste Thessaliens, liegt zwischen der Stadt Theben und dem Diolkos

Nereid – Hauptstadt von Thessalien und Hochburg der Elementare von Hellas

Nessos – ein Fluss, der von Norden nach Süden durch den Wald Hestia fließt

Othrys – ein Berg im Norden von Nereid, dort wird die Heimat der vier Schöpfer vermutet

Auf der Welt lebende Tiere

Amiphien – vierbeinige, gehörnte Tiere, die große Lasten hinter sich herziehen können

Aragasch – leicht zu dressierende, sehr große Adler, die für Lufttransporte eingesetzt werden können

Gregis – große, leicht zu zähmende Nutztiere, die dem Menschen Fleisch, Knochen und Häute liefern

Kwapeln – Vorstufe einer gelben Amphibienart

Minsel – nasenbärartige Wesen, mit flauschigem lila Fell und einem langen, gestreiften Schwanz

Nimíel – ein fliegendes, schwarzes Pferd, mit eindrucksvollen Adlerschwingen

Schwalbs – Nachrichten übermittelnde Vögel, die täglich sehr lange Strecken fast ohne Pause zurücklegen können

Seelurch – ein breiter, flacher Lurch, der bevorzugt in großen Flüssen jagt

Tierwesen

Charybdis – gewaltiges Seeungeheuer mit einem großen, runden Schlund, welches ganze Schiffe in einem Sog in sich aufnehmen kann

Greif – Mischwesen, mit dem Kopf und den Flügeln eines Raubvogels und dem Leib eines Löwen

Kentaur – Mischwesen, mit dem Oberkörper eines Menschen und dem Rumpf und den Beinen eines Pferdes

Minotaurus – Ungetüm, mit dem Kopf eines Stieres und menschlichem Körper. Trägt meistens eine langstielige Axt bei sich

Python – eine in Flammen gehüllte, elementare Kreatur, die das Orakel von Delphi beschützt

Sirene – bildhübsches Wesen, mit dem Oberköper einer Frau und der unteren Hälfte eines Fisches, lockt bevorzugt Seemänner ins Verderben, um sie anschließend zu verspeisen

Sonstiges

Agora – zentraler Fest-, Versammlungs- und Marktplatz einer Stadt

Asklepios – Heilpflanze

Bireme – Ruderkriegsschiff, mit zwei Reihen von Riemen übereinander

Tschang – vertikale Winkelharfe

Daira – rhythmische, kleine Rahmentrommel

Flanagan – samtig weicher Stoff, welcher aus feinen Baumfasern gewonnen wird

Hellenen – Völkergruppe von Thessalien und deren

umliegende Polis: Böotien, Euböa, Attika, Ätolien, usw.
Iolith – ein seltener Edelstein, der je nach Lichteinfall drei
  verschiedene Farben umfasst, gelb, violett und blau
Menhir – senkrecht aufgestellter Felsen
Ney – Endkantenflöte ohne Mundstück
Santur – Hackbrett
Stylobat – Grundfläche des Tempels
Triere – großes Kriegsschiff mir drei übereinanderliegen-
  den Ruderbänken
Zummara – Doppelrohrpfeife, deren Mundstücke nicht
  miteinander verbunden sind

Sprache

Aletheia – Wahrheit
Algu di Sindré! – Viel Glück!
Allaminoir! – Gehe in Frieden!
Apaspa Zomai! – Lebe wohl!
Dekára! – Mist!
Erebos – Finsternis
Fatum – Schicksal
Hades – Hölle
Helios – Sonne
Hera – Familie
Heureka! – freudiger Ausruf
Iris – Regenbogen
Iy nabaar! – gehobenes Fluchen
Nadias! – Nicht!
Nyx – Nacht
Peripsēma – Abschaum
Selene – Mondschein

Sven Schröter wurde 1988 in Pritzwalk geboren und lebt derzeit in der wunderschönen Stadt Hamburg. Er schloss erfolgreich eine Ausbildung als Kaufmann für Bürokommunikation ab und arbeitete dann viele Jahre am Hamburger Flughafen. Aufgrund seiner Krebserkrankung musste er lange Zeit im Arbeitsleben aussetzen, wodurch es ihm jedoch möglich war, seinen Debütroman ‚Element – Das Schicksal der Erde' fertigzustellen. Um ein besseres Gefühl für seine Charaktere zu gewinnen, reist er regelmäßig nach Griechenland, übt den Klettersport aus und war sogar schon einmal für eine Szene beim Fallschirmspringen.

Weitere Informationen zu Autor und Buch unter: www.element-das-schicksal-der-erde.de

DANKSAGUNG

Da beide Bände von *Element* nahezu zeitgleich entstanden sind, geht der Dank auch in Band 2 wieder an dieselben Leute wie schon im ersten Teil.

Meiner geliebten Frau Sonja danke ich auch weiterhin für ihr offenes Ohr, das Ausformulieren und Korrigieren der Texte und dafür, dass sie mir über die vielen Jahre hinweg mit Rat und Ideen zur Seite steht.

Meine Cousine Stephanie für ihre bedingungslose Unterstützung und ihre stetige Motivation niemals aufzugeben.

Meiner Schwester Ivonné für die Erstellung einer Website und das Einpflegen neuer Inhalte, wenn ich selbst einmal nicht weiterkomme.

Meiner Testleserin Carolin Schwebke für ihre ansteckende Begeisterung fürs Schreiben und ihre hilfreichen Reviews.

Meiner Lektorin und Korrektorin Charleen Bärbel Mark, dass Sie es mir ermöglichte, auch mit nur wenigen Mitteln, ein erstklassiges Lektorat und Korrektorat zu bekommen, ohne diese das Buch niemals zu Stande gekommen wäre.

Meinen unschätzbaren Bloggern, die diese Geschichte gelesen, rezensiert und fleißig auf ihren Portalen beworben haben.

Und zu guter Letzt danke ich noch allen Lesern dafür, dass sie mich auch weiterhin auf dieser wunderbaren Reise begleiten. Ich hoffe, ihr hattet beim Lesen wieder genauso viel Freude, wie ich beim Schreiben.

INHALTSWARNUNGEN

Dieses Buch enthält fiktive Schilderungen von Erlebnissen, die ggf. Auslösereiz bei Betroffenen sein können.

Die Liste wurde gewissenhaft erstellt, dennoch kann keine Garantie für Vollständigkeit übernommen werden:

- Krieg und Tod
- Darstellung von sexuellen Inhalten
- Gefangenschaft und Folter
- Verlust einer Vaterfigur
- Psychische und physische Gewalt
- Besessenheit
- Suizid (keine explizite Darstellung)
- Gewalt gegen Tiere
- Unterdrückung von Frauen
- Fantasien über nicht-einvernehmliche sexuelle Handlungen